杭州钱江新城国内最大的球型建筑——杭州国际会议中心(2007 年建成)

国内第一座全新钢结构高层建筑——杭州瑞丰际商务大厦(2003 年建成)

世界最长的跨海大桥——杭州湾跨海大桥于 2008 年 5 月 1 日通车

正在建设中的高层建筑

采用盾构施工技术穿越钱塘江杭州市庆春路钱江隧道入口处(2011 年建成)

浙江省玉环县坎门街道一幢18层居民楼出现严重不均匀沉降,地下室一根框架柱被压碎(2011年11月事故发生)。

2008年"5·12"大地震毁坏四川汶川县映秀中学。

2009年6月,上海市"莲花河畔景苑"7号楼北侧在短期内堆土过高,同时紧邻大楼南侧的地下车库基坑又正在开施工,形成大楼两侧的压力差过大,致使土体发生水平位移。过大的水平力超过桩基的抗侧能力导致房屋整体倾倒。

2011年11月,温州市鹿城区双井头新村正在施工的高达30米的吊塔突然拦腰截断,砸中了该村35、36两栋居民楼。

2011年7月,杭州钱江三桥辅桥主桥面右侧车道部分桥面突然塌落,一辆重型半挂车从桥面坠落,又将下闸道砸塌。

应用型本科规划教材

材 料 力 学

（第二版）

主　编　林贤根

副主编　杨云芳　张苑竹　周赵凤

ZHEJIANG UNIVERSITY PRESS
浙江大学出版社

内 容 简 介

本书是浙江省高校"十二五"重点建设教材。全书以教育部课程指导委员会颁发的材料力学教学大纲的基本要求为依据,以应用型本科院校的土建类专业教学计划要求为重点,并结合参编者多年的教学实践与改革的经验编写而成。在内容安排上体现土建类专业的常用材料、常用结构、工程应用性等特点,以讲清概念、强化应用为重点,突出培养学生分析和解决问题的能力。

本书在妥善处理传统内容、构建力学模型、解决工程问题、力学素养的培养等方面进行了积极的探索,是重视应用能力培养的新教材。

全书共分 12 章,其主要内容有:绪论与基本概念;轴向拉伸与压缩;剪切的实用计算;扭转;梁的内力;截面的几何性质;梁的弯曲应力与强度计算;梁的位移—转角、挠度;应力状态分析与强度理论;杆件在组合变形时的强度计算;压杆稳定;计算位移的能量法;研究材料力学性能的其他问题简介。每章配有学习导航,小结,思考题和习题,书后还附有习题参考答案。

本书可用于土建、园林类等本科专业的教材和参考书,也可作为相关工程技术人员参考用书。

图书在版编目(CIP)数据

材料力学 / 林贤根主编. —杭州:浙江大学出版社,
2012.12(2020.7 重印)
ISBN 978-7-308-10836-2

Ⅰ.①材… Ⅱ.①林… Ⅲ.①材料力学 Ⅳ.①TB301

中国版本图书馆 CIP 数据核字(2012)第 277041 号

材料力学(第二版)

林贤根 主编

丛书策划	樊晓燕
责任编辑	王 波
出版发行	浙江大学出版社
	(杭州市天目山路 148 号 邮政编码 310007)
	(网址:http://www.zjupress.com)
排 版	杭州中大图文设计有限公司
印 刷	虎彩印艺股份有限公司
开 本	787mm×1092mm 1/16
印 张	18
彩 插	1
字 数	438 千
版 印 次	2012 年 12 月第 2 版 2020 年 7 月第 6 次印刷
书 号	ISBN 978-7-308-10836-2
定 价	45.00 元

前　言

本书根据应用型本科土木工程等土建类专业的教学改革需要而编写。全书以材料力学教学大纲的基本要求和近年来应用型本科院校的土建类专业教学计划为编写依据,结合参编者多年的教学实践与改革的经验编写而成。为适应各地教学改革和学时设置的需要,本书设带有"＊"号的内容,各院校可以酌情选学。全书参考学时为 70～90 之间。

在内容安排上体现土建类专业的常用材料、常用结构与应用性等特点,以讲清概念、强化应用为重点,突出培养学生分析和解决问题的能力。本书还注意了与后续课程的衔接,有意识地培养学生的学习与研究深化问题的积极性。

本书参编单位和人员有:浙江大学城市学院张苑竹;浙江树人大学林贤根、周赵凤、赵伟;浙江理工大学杨予。编写任务分工为:张苑竹编写第 1 章、第 2 章、第 3 章和附录 1 截面的几何性质;周赵凤编写第 4 章、第 9 章、第 10 章;林贤根编写第 5 章、第 6 章、第 8 章;杨云芳编写第 7 章、第 12 章;赵伟编写第 11 章。全书由林贤根任主编,张苑竹、周赵凤、杨予任副主编。

由于编者水平有限,书中难免存在一些错误和欠妥之处,恳请广大读者给以批评指正。

编　者
2007 年 5 月

再版前言

本书是在传承和发展第一版的基础上编写而成。为适应各用书高校教学改革和学时设置的需要,本书仍然设带有"＊"号的选学内容,全书参考学时为70~90课时。再版时具有以下特点:

1.插图设计。注入一些能反映当前建设工程前沿案例的彩色图片和工程灾害教训彩色图片,力求做到学生在接触"第一门工程课"时就能建立起工程意识和安全意识。

2.术语统一。为了方便后续课程的教学,在介绍相关术语和力学模型的符号时,尽量做到了前后统一,如果不能统一者则同一问题几种术语都作了交代,减少初学者在学习相关课程时可能会产生的不必要误解。

3.更多地体现工程性。在教材的案例选取时,尽量多地选取源自于工程问题的案例和简化力学模型,让学生学习时能与工程实际问题有一个形象的联想,以利于培养学生分析和解决实际问题的能力。

4.培养学生"建立力学模型"的能力。将工程实际问题转化成力学计算模型往往是学生面临的难点,而这又是应用型高校学生必须要掌握的能力。针对这一矛盾,在教材修订过程中,相关章节特别有意识地介绍常见的工程问题如何转化为材料力学所能解决的力学模型,使学生学习后能举一反三。

5.适当强化稳定问题的学习。鉴于钢结构建筑工程应用越来越广泛,而钢结构的稳定问题又是非常致命的工程隐患问题,在教材修订过程中适当地加大了杆件稳定问题的介绍与计算。

再版参编单位和人员有:浙江大学城市学院张苑竹副教授;浙江树人大学林贤根教授、周赵凤副教授;浙江理工大学杨云芳教授;浙江省交通职业技术学院赵伟副教授。编写任务分工为:张苑竹编写第1章、第2章、第3章;周赵凤编写第4章、第9章、第12章;林贤根编写第6章、第7章、第8章;杨云芳编写第5章、第10章;赵伟编写第11章。全书由林贤根任主编,杨云芳、张苑竹、周赵凤任副主编。

由于编者水平有限,书中难免存在一些错误和欠妥之处,恳请广大读者给以批评指正。

目　　录

第1章 绪论与基本概念

【学习导航】
本章主要介绍材料力学的基本任务、基本假设、基本概念以及杆件变形的基本形式。

【学习要点】
1. 材料力学是一门研究变形固体的力学,研究对象是杆件。它的基本任务是研究材料的力学性能,合理解决工程设计中安全与经济之间的矛盾。

2. 构件是组成结构的元件,它要满足强度、刚度和稳定性三方面的要求。

3. 材料力学的基本假设包括连续性假设、均匀性假设、各向同性假设和小变形假设。

4. 杆件的基本变形形式包括轴向拉伸(或压缩)、剪切、扭转和弯曲。

5. 物体受力后形状和尺寸的改变称为变形。应变反映了一点附近的变形程度,应变包括正应变和切应变。

6. 在外力作用下,物体内部各部分之间相互作用力的变化量称为内力。一般采用截面法来求解截面上的内力。应力反映了内力的分布密集程度,应力包括正应力和切应力。

1.1 材料力学的基本任务与地位

建筑结构中承受**荷载**(load)起到骨架作用的部分称为**结构**(structure),组成结构的各个部件统称为**构件**(element)。图 1-1 所示梁、板、柱等构件共同组成了框架结构。

结构设计中工程人员首要关心的是如何保证结构在承受荷载时能够正常工作。这要求各构件在荷载作用下不发生断裂,在正常使用荷载下不会产生过大的变形,此外对受压的细长构件,还要求在荷载作用下能保持原有的直线平衡状态,不会突然失去稳定性。如果结构物不能满足上述要求,无一例外会造成严重的结构损害,导致财产损失、甚至人员伤亡。例如,1995 年韩国三丰百货大楼由于强度失效倒塌,导致 108 人死亡(见图 1-2);图 1-3 所示为俄罗斯伏尔加河大桥在风振中受扭变形导致无法正常使用;图 1-4 所示为 1907 年加拿大魁北克大桥由于压杆失稳破坏,造成 75 人死亡。

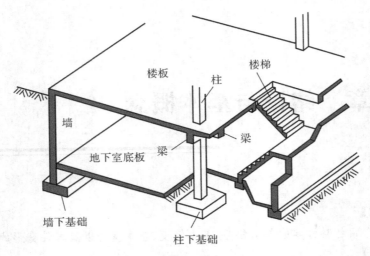

图 1-1　框架结构

图 1-2　韩国三丰百货大楼倒塌

图 1-3　俄罗斯伏尔加河大桥蛇形变形

图 1-4　加拿大魁北克大桥失稳

可见,对构件的正常工作有三方面的能力要求:

(1)**强度**(strength)要求:构件应有足够的抵抗破坏的能力,在规定荷载作用下构件不发生断裂和屈服。

（2）**刚度**（stiffness）要求：构件应具有足够的抵抗变形的能力，在规定荷载作用下所产生的变形不超过工程中所允许的范围。

（3）**稳定性**（stability）要求：构件应具有足够的维持原有的平衡形式的能力，在规定荷载作用下构件不发生突然的失稳。

在工程上，为了保证每一构件具有足够的强度、刚度和稳定性，应该合理地选择构件的材料、截面尺寸和形状。如果选用不当，将不能满足上述要求，不能保证结构的安全工作。但在工程设计时，也不应一味选用优质材料或不恰当地加大截面尺寸，这样虽然满足了安全要求，却增加了成本。正确地处理安全和经济的矛盾，是工程设计中一个非常重要的任务。

要研究构件的强度、刚度和稳定性，还应该了解材料在外力作用下表现出来的变形和破坏等方面的性能，即材料的力学性能。材料的力学性能参量是理论计算中必不可缺少的依据。

在工程设计中是利用**材料力学**（mechanics of materials）的知识来解决上述问题的。材料力学是固体力学的一门分支，也是大部分工程技术科学的基础。这门学科的主要任务是研究各种工程材料在外力作用下的力学性能；在保证构件安全又尽可能经济合理的前提下，为构件选择适当的材料、合适的截面形状和尺寸；为工程设计提供必要的理论基础和计算方法。

在材料力学中，实验有着重要的地位。因为材料的各种力学性能要通过实验来测定。此外，经过简化得出的理论也需要由实验来验证。此外，一些尚无理论总结的问题，也要借助实验方法来解决。因此，实验分析和理论研究都是完成材料力学研究任务的方法。

1.2　变形固体与杆件的分类

在自然界中，一切固体在外力作用下都要发生变形，尽管有时这些变形很小。换言之，固体都是**变形固体**（deformable body）。

在理论力学中，研究的是物体在外力作用下的平衡规律和运动规律，固体的微小变形是一个可以忽略的次要因素，因此采用**刚体**（rigid body）这个力学模型作为研究对象，来进行理论分析。

在材料力学中，研究的是构件的强度、刚度和稳定性问题，固体的微小变形是一个主要因素，必须予以考虑而不能忽略。因此，材料力学的研究对象是变形固体。

工程中的固体有各种不同的形状，一般按几何特征将其分为三类：

1. 杆件（bar）

杆件是一个方向的尺寸（长度）远大于其他两个方向尺寸的构件（见图 1-5），如图 1-1 所示框架结构中的梁和柱可简化为杆件。

与杆长方向垂直的截面叫**横截面**（cross section），各横截面形心的连线称为**轴线**（axis）。轴线为直线的杆件称为直杆，轴线为曲线、折线的杆件，分别称为曲杆和折杆。沿着轴线各横截面的大小和形状不变的杆件称为等截面杆，而发生改变的杆件称为变截面杆。

2. 板（plate）和壳（shell）

板和壳是一个方向的尺寸（厚度）远小于其他两个方向尺寸的构件。

平分板厚度的几何面称为中面,中面是平面的称为板(见图 1-6(a)),中面是曲面的称为壳(见图 1-6(b))。图 1-1 所示框架结构中的楼板、楼梯可简化为板。

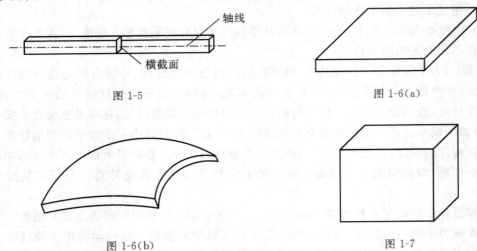

轴线

横截面

图 1-5   图 1-6(a)

图 1-6(b)   图 1-7

3. 块体(body)

块体是三个方向(长、宽、高)的尺寸相差不大的构件(见图 1-7),如图 1-1 所示框架结构中的柱下基础可视作块体。

材料力学的研究对象是各类杆件。

1.3   变形固体的几个基本假设

固体材料种类繁多,从物质结构到力学性能都各不相同。在研究构件强度、刚度和稳定性时,为抽象出力学模型,需要忽略一些次要因素,对变形固体作下列假设:

1. 连续性假设(assumption of continuity)

此假设认为材料是密实的,在整个体积内没有空隙。实际上,组成固体的粒子之间存在着空隙并不连续,但这种空隙尺寸与整个构件的尺寸相比很小,因而可以不考虑。根据这一假设,描述构件受力和变形的一些物理量,都可以表示为各点坐标的连续函数,从而便于利用高等数学中的微积分方法。

2. 均匀性假设(assumption of homogeneity)

此假设认为固体内各点处的力学性能完全相同。实际上,组成构件材料的各个微粒或晶粒,彼此的性能并不完全相同。但由于构件的任一部分中都包含有为数极多的晶粒,而且排列得很不规则,因而固体的力学性能是各晶粒的力学性能的统计平均值,可以认为材料各部分的力学性能是均匀的。根据这一假设,可以在构件中截取任意微小部分进行研究,然后将所得的结论推广到整个构件。

以上两个假设,对钢、铜等金属材料相当吻合,但对砖、石、木材、混凝土等材料则存在较大偏差,不过仍可采用。

3. 各向同性假设(assumption of isotropy)

此假设认为变形体在所有方向上均具有相同的物理和力学性能。铸钢、铸铜和做得很好的混凝土,可以认为是**各向同性材料**(isotropy materials)。实际上,这类构件材料的各个组成晶体是各向异性的。但这些晶体都远小于构件尺寸而又杂乱排列,从统计平均值的观点来看,宏观上可以认为是各向同性的。

如果材料在各个方向上的力学性能不同,称为**各向异性材料**(anisotropic materials),如胶合板、纤维增强复合材料等。

4. 小变形假设(assumption of small deformation)

此假设认为构件的变形和构件的原始尺寸相比非常微小。这样在研究构件的受力和变形时,均可按构件的原始尺寸和形状进行,使计算得到简化。对大多数金属材料来说,这一假设是合理的,但对橡胶、塑料等能够产生大变形的物体则不适用。

1.4　杆件变形的基本形式

工程结构中的杆件受力有各种情况,相应的变形也有各种形式。但杆件的**基本变形**(basic deformation)只有四种,杆件其他的复杂变形都可以看成是几种基本变形的组合,称为**组合变形**(combined deformation)。

1. 轴向拉伸或压缩(axial tension or compress)

这种变形形式是由大小相等、方向相反、作用线与杆件轴线重合的一对力引起的,表现为杆件长度的伸长或缩短(见图 1-8)。如桁架的拉杆和压杆受力后的变形。

(a) 拉伸　　　　　　　　　　(b) 压缩

图 1-8

2. 剪切(shear)

这种变形形式是由大小相等、方向相反且相距很近的一对横向力作用在杆件上引起的,表现为受剪杆件的两部分沿外力作用方向发生相对错动(见图 1-9)。如钢结构中螺栓受力后的变形。应该指出,大多数情况下剪切变形与其他变形形式共同存在。

3. 扭转(torsion)

这种变形形式是由大小相等、转向相反、作用面都垂直于杆轴的一对力偶引起的,表现为杆件的任意两个横截面发生绕轴线的相对转动(见图 1-10)。如汽车传动轴受力后的变形。

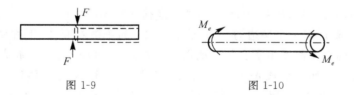

图 1-9　　　　　　　　　　图 1-10

4. 弯曲(bending)

这种变形形式是由垂直于杆件轴线的横向力(如图 1-11(a)),或由作用于包含杆轴的纵向平面内的一对大小相等、方向相反的力偶（如图 1-11(b)）引起的，表现为杆件轴线由直线变为受力平面内的曲线。如单梁吊车的横梁受力后的变形。

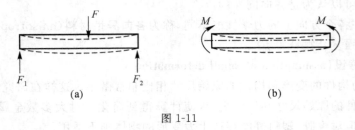

图 1-11

1.5 位移与应变的概念

物体受力后形状和尺寸的改变称为**变形**（deformation）。固体上任意一点变形前后移动的距离称为**线位移**（line displacement），线段（或平面）变形前后转动的角度称为**角位移**（angle displacement）。如图 1-12(a)中，M 点、N 点受力后分别移到 M' 和 N' 点，MN 线段受力后转过一个角度 α 到 $M'N'$。MM' 为 M 点的线位移，NN' 为 N 点的线位移，角 α 为线段 MN 的角位移。一般来说，构件受力后各点的位移各不相同，位移是位置的函数。

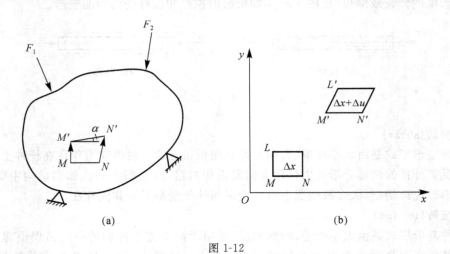

图 1-12

线位移和角位移并不足以完全表示物体的变形，因为构件在刚体运动时同样也会产生线位移和角位移，因此引入**应变**（strain）的概念来描述物体的变形。

设想在 M 点附近取一个棱边边长为 Δx、Δy、Δz 的正微六面体（下称微单元体）。变形后其边长和棱边的夹角都发生了变化。把六面体投影于 xOy 平面，并放大为图 1-12(b)所示。变形前平行于 x 轴的线段 MN 原长为 Δx，变形后 M 和 N 分别移到 M' 和 N'，$M'N'$ 的长度为 $\Delta x + \Delta u$，这里 $\Delta u = \overline{M'N'} - \overline{MN}$，即线段 MN 的线位移，亦称 MN 线段的绝对纵向变形。比值

$$\varepsilon_m = \frac{\Delta u}{\Delta x} \tag{1-1}$$

表示线段 MN 每单位长度的平均伸长或缩短,称为平均线应变,亦称 MN 线段的相对纵向变形。逐渐缩小 N 点和 M 点的距离,使 $\overline{MN}$ 趋近于零,则 ε_m 的极限为

$$\varepsilon = \lim_{\Delta x \to 0} \frac{\Delta u}{\Delta x} = \frac{\mathrm{d}u}{\mathrm{d}x} \tag{1-2}$$

ε 称为 M 点沿 x 方向的**线应变**(line strain)或**正应变**(normal strain)。用完全相似的方法,还可以讨论沿 y 和 z 方向的应变。

线应变,即单位长度上的变形量,为无量纲量。

正交线段 MN 和 ML 变形后,分别是 $M'N'$ 和 $M'L'$。变形前后其角度的变化是 $\left(\frac{\pi}{2} - \angle L'M'N'\right)$,当 N 和 L 趋近于 M 时,上述角度变化的极限值是

$$\gamma = \lim_{\substack{\overline{MN} \to 0 \\ \overline{ML} \to 0}} \left(\frac{\pi}{2} - \angle L'M'N'\right) \tag{1-3}$$

γ 称为 M 点在 xOy 平面内的**切应变**(shear strain)或**角应变**(angle strain)。

切应变,即微单元体两棱角直角的改变量,为无量纲量。切应变一般用**弧度**(rad)表示。

1.6　杆件的内力　截面法　应力

1.6.1　杆件的内力的概念　截面法

当研究某一构件时,可以设想把这一构件从周围物体中单独取出,并用力来代替周围各物体对构件的作用。这些来自构件外部的力就是**外力**(external load),包括作用在杆件上的荷载以及杆件所受的**约束反力**(reaction),可以利用理论力学中的静力平衡方程来求解外力。

变形固体在外力作用下其内部各质点之间的相对位置会变化,与此同时,各质点间相互作用的内力也会发生改变。值得注意的是,即使不受外力作用,物体内部各质点之间也有相互作用力(如:分子之间的凝聚力)。材料力学中所研究的**内力**(internal force),是指物体内部各质点之间因外力而引起的附加相互作用力,即"附加内力"。这样的内力随外力的增加而增加,到达某一限度时就会引起构件破坏,因而它与构件的强度是密切相关的。

为了揭示构件在外力作用下 $m\text{-}m$ 截面上的内力,假想用一个平面把物体截为 Ⅰ、Ⅱ 两部分(见图 1-13(a))。任取其中一部分,例如取 Ⅰ 为研究对象,弃去 Ⅱ 段。由于构件整体是平衡的,截开的每一部分也必然平衡,则 Ⅱ 必然有力作用于 Ⅰ 的 $m\text{-}m$ 截面上,以与 Ⅰ 所受的外力平衡,如图 1-13(b)所示。根据作用与反作用定律可知,Ⅰ 必然也以大小相等、方向相反的力作用在 Ⅱ 上。上述 Ⅰ 与 Ⅱ 之间相互作用的力就是构件在 $m\text{-}m$ 截面上的内力。由于物体的连续性,内力实际上是分布于整个横截面上的一个分布力系,因此利用静力平衡方程求得的内力实际上是内力的合力。要确定内力在截面上的分布规律往往很复杂,今后就把这个分布内力系向截面上某一点简化后得到的主矢和主矩,称为截面上的内力。

上述用一个截面假想把构件截成两部分,从而揭示并确定内力的方法称为**截面法**(method of section)。可以将其归纳为以下三个步骤:

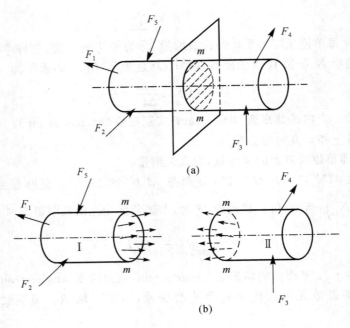

图 1-13

（1）截：欲求构件某一截面上的内力时，沿该截面把构件假想截成两部分，任意取出一部分作为研究对象，弃去另一部分。

（2）代：用作用于截面上的内力代替弃去部分对取出部分的作用。

（3）平：建立取出部分的静力平衡方程，确定未知的内力。

1.6.2　杆件的应力的概念

仅靠内力还不足以反映构件的强度，因为强度不仅与内力的大小有关，还与承受此内力的截面大小有关，因此需要引入应力概念，来反映内力的密集程度。

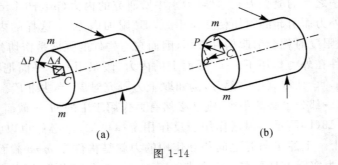

图 1-14

设在图 1-14(a)所示受力构件的 $m\text{-}m$ 截面上，围绕 C 点取微小面积 ΔA，ΔA 上分布内力的合力为 $\Delta \boldsymbol{P}$，$\Delta \boldsymbol{P}$ 的大小和方向与 C 点的位置和 ΔA 的大小有关。$\Delta \boldsymbol{P}$ 与 ΔA 的比值为

$$p_m = \frac{\Delta \boldsymbol{P}}{\Delta A} \tag{1-4}$$

p_m 是一个矢量,表示在 ΔA 范围内单位面积上的内力的平均集度,称为平均应力。当 ΔA 趋于零时,p_m 的大小和方向都将趋于一定极限,这样得到

$$p = \lim_{\Delta A \to 0} p_m = \lim_{\Delta A \to 0} \frac{\Delta P}{\Delta A} = \frac{dP}{dA} \tag{1-5}$$

p 称为 C 点处的**全应力**(total stress),它是分布力系在 C 点的集度,反映内力系在 C 点的强弱程度。p 是一个矢量,通常把应力 p 分解成垂直于截面的分量 σ 和切于截面的分量 τ(见图1-14(b)),σ 称为**正应力**(normal stress),τ 称为**剪应力**(shear stress)或切应力。

应力的国际单位制基本单位为 N/m^2。$1N/m^2 = 1Pa$(帕斯卡),通常使用 MPa 和 GPa,$1MPa = 10^6 Pa$,$1GPa = 10^9 Pa$。在工程上,也采用 kg/cm^2 作为应力单位,$1kg/cm^2 = 0.1MPa$。

小 结

本章的主要内容:

1. 外力作用后发生变形的固体称为变形固体;不变形的固体称为刚体。材料力学是研究变形固体的力学。

2. 构件应满足强度、刚度和稳定性的要求。强度是构件抵抗破坏的能力;刚度是构件抵抗变形的能力;稳定性是构件保持原有形状平衡的能力。

3. 固体按其几何特征可分为杆件、板和壳以及块体三类。材料力学的研究对象是杆件。

4. 材料力学的基本假设包括连续性假设、均匀性假设、各向同性假设和小变形假设。

5. 杆件有四种基本变形形式:轴向拉伸(或压缩)、剪切、扭转和弯曲。杆件同时发生几种基本变形,称为组合变形。

6. 在荷载作用下,构件的尺寸和形状发生变化称为变形。应变反映的是一点附近的变形程度。其中正应变 ε 是单位长度上的变形量,切应变 γ 是微元体两棱直夹角的改变量。应变无量纲。

7. 在外力作用下,物体内部各部分之间相互作用力的变化量称为内力。一般采用截面法求解截面上的内力。截面法求内力的步骤可概括为:截、代、平。

8. 应力是分布内力在截面点的分布集度。正应力 σ 是垂直于截面的应力分量,切应力 τ 是相切于截面的应力分量。应力的国际单位制基本单位是 N/m^2(Pa)。

思 考 题

1-1　材料力学和理论力学的研究对象有什么区别?

1-2　什么是构件的强度、刚度与稳定性?

1-3　什么是绝对变形? 什么是相对变形?

1-4　位移、变形和应变有何区别和联系?

1-5　什么是内力? 如何求内力?

1-6　应力与内力的关系是什么?

第 2 章　轴向拉伸与压缩

【学习导航】

本章主要研究杆件受轴向拉伸与压缩时截面上的内力、应力、变形和强度计算;介绍工程中常用材料(低碳钢和铸铁)的主要力学性能;并介绍拉压静不定问题。

【学习要点】

1. 轴向拉压杆截面上的内力称为轴力,用 N 表示。轴力图是轴力沿杆件轴线变化规律的图形表示。

2. 拉压杆横截面上只有正应力;斜截面上一般既有正应力 σ_a,也有切应力 τ_a,是截面方位 α 的函数。

3. 材料在线弹性范围内,应力与应变满足虎克定律 $\sigma = E\varepsilon$。

虎克定律还可以写成 $\Delta l = \dfrac{Nl}{EA}$, EA 是杆件的抗拉(压)刚度,反映了杆件抵抗变形的能力。

4. 等直杆轴向拉压的强度条件为 $\sigma_{\max} = \dfrac{N_{\max}}{A} \leqslant [\sigma]$,可以解决强度校核、截面设计和许可荷载设计三方面的问题。

5. 碳素钢和铸铁拉压时的力学性质。掌握低碳钢的 $\sigma\varepsilon$ 曲线,材料的强度指标和塑性指标。

6. 简单拉压超静定问题的解法。

2.1　杆件轴向拉伸与压缩的概念与工程实例

轴向拉伸或压缩是杆件的基本变形形式之一。在工程结构和机械设备中,这类变形的杆件很常见。例如,斜拉桥拉索,桁架中的拉杆都是轴向拉伸的构件;桥墩、桁架中的压杆都是轴向压缩的构件(见图 2-1)。实际上,理论力学中提到的二力杆,就是轴向拉伸或压缩的例子。

产生轴向拉伸或轴向压缩变形的杆件称为轴向拉杆或轴向压杆,统称为拉压杆。这些杆件虽然外形各有差异,加载方式也并不相同,但它们的共同特点是:杆件两端受到一对大小相等、方向相反、作用线与轴线重合的外力作用,杆件将沿着轴线方向伸长或缩短。轴向

(a)苏通长江大桥　　　　　(b)埃菲尔铁塔

图 2-1

拉伸和轴向压缩变形如图 2-2 所示,图中虚线表示变形后的形状。

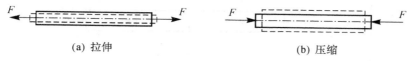

(a) 拉伸　　　　　　　　　(b) 压缩

图 2-2

2.2　杆件的内力与计算

2.2.1　轴力与计算

下面以图 2-3 所示拉杆为例,说明用截面法求任一横截面 $m\text{-}m$ 上内力的步骤。

(1)用一个假想平面在 $m\text{-}m$ 横截面处把杆件截为左右两段,如图 2-3(a)所示,任取其中一段(如左段)为脱离体(图 2-3(b))。

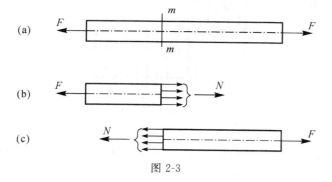

图 2-3

(2)画脱离体受力图。

脱离体上的力有两部分:一部分是作用在该脱离体上的外力 F,另一部分是舍弃的一段

（右段）对留下这段（左段）在 m-m 截面上的作用力——内力，用 N 表示分布内力系的合力（图 2-3(c)）。

由左段的平衡方程 $\sum F_x = 0$ ，得

$$N - F = 0$$
$$N = F$$

因为外力 F 的作用线与杆件轴线重合，内力的合力 N 的作用线也必然与杆件的轴线重合，所以 N 称为**轴力**(normal force)。习惯上把杆件受拉伸时的轴力规定为正，压缩时的轴力规定为负。在国际单位制中轴力常用单位为牛顿(N)或千牛顿(kN)。

在用截面法求轴力时，一般将所求截面上的轴力方向设为正方向，这种方法称为设正法。当所得结果为正值时，表明假设方向与实际轴力方向一致，该轴力为拉力；当所得结果为负值时，表明假设方向与实际轴力方向相反，即实际轴力为压力。

例 2-1　在图 2-4(a)中，沿杆件轴线的 A、C、D、B 点作用 F_1、F_2、F_3、F_4。已知：$F_1 = 6kN$，$F_2 = 18kN$，$F_3 = 8kN$，$F_4 = 4kN$。试求各段横截面上的轴力。

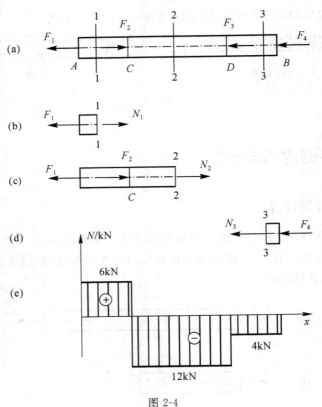

图 2-4

解　AC 段：沿截面 1-1 将直杆截为两段，取左段为脱离体（图 2-4(b)）。假设在 1-1 截面上有正轴力 N_1。由此段的平衡方程。$\sum F_x = 0$ 得

$$N_1 - 6 = 0, \qquad N_1 = 6(kN)$$

这说明原先假设轴力为正是正确的，同时也表明 N_1 是拉力。

CD 段:沿截面 2-2 将直杆截为两段,取左段为脱离体(图 2-4(c))。假设 2-2 截面上有正轴力 N_2。由此段的平衡方程 $\sum F_x = 0$ 得

$$-6 + 18 + N_2 = 0, \qquad N_2 = -12\text{(kN)}$$

负号说明原先假设轴力为正是错误的,轴力应为压力。

DB 段:沿截面 3-3 将杆分为两段,取右段为脱离体(图 2-4(d))。假设 3-3 截面上有正轴力 N_3。由此段的平衡方程 $\sum F_x = 0$ 得

$$N_3 + 4 = 0, \qquad N_3 = -4\text{(kN)}$$

这说明原先假设轴力为正是错误的,轴力应为压力。

2.2.2　轴力图

如果沿杆件轴线作用的外力多于两个,则杆件各横截面上的轴力不尽相同。可将轴力沿杆件轴线变化的规律用图形形象地表示出来,这种图形称为**轴力图**(diagram of normal force)。其作法如下:以平行于杆件轴线的横坐标 x 轴表示杆件轴线,x 即代表轴线上的横截面位置,纵轴表示对应横截面上轴力的大小。按选定的比例画出轴力与横截面位置的关系即为轴力图。习惯上将拉力画在 x 轴上方,标号 $\oplus$;压力画在 x 轴下方,标号 $\ominus$。

例 2-2　试画出例 2-1 中等直杆的轴力图。

解　以水平轴 x 表示杆的截面位置,以垂直于 x 的坐标轴表示截面的轴力,按选定的比例尺画出轴力图,如图 2-4(e)所示。可以看出数值最大的轴力发生在 CD 段内。

例 2-3　试求出图 2-5(a)杆在截面 1-1,2-2,3-3 上的轴力,并画出轴力图。

解　采用截面法分别求出各截面轴力:$N_1 = P$;$N_2 = 2P$;$N_3 = 0$。

相应的轴力图如图 2-5(b)所示。

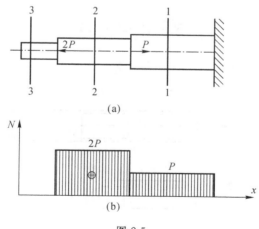

(a)

(b)

图 2-5

2.3   杆件的轴向拉伸与压缩时的截面上的应力

2.3.1   拉压杆横截面上的应力

用同种材料制成粗细不同的两根杆,在杆端作用相同的拉力,显然两杆的轴力相同。但随着拉力逐渐增大,细杆肯定先被拉断。这说明杆件的强度不仅与轴力的大小有关,还与横截面面积有关,应该用横截面上的应力来度量杆件的受力程度。

在拉压杆的横截面上,与轴力 N 对应的应力是垂直于横截面的正应力 σ。根据连续性假设,横截面上处处存在着内力。如果用 A 表示横截面面积,则微分面积 $\mathrm{d}A$ 上的内力元素 $\sigma\mathrm{d}A$ 组成一个垂直于横截面的平行力系,其合力就是轴力 N。于是可得

$$\int_A \sigma\mathrm{d}A = N \tag{a}$$

只有知道正应力 σ 在横截面上的分布规律后,才能对(a)式进行积分。可以通过实验来观察拉压杆的变形规律,从而推测应力在截面上的分布规律。

如图 2-6(a)所示的等直杆,变形前在杆的侧表面上画垂直于杆件轴线的直线 ab 和 cd,然后在杆的两端施加轴向拉力,从变形后的杆(图中虚线所示)可以观察到直线 ab 和 cd 变形后仍为直线,并且仍然垂直于轴线,只是分别平行地移到 $a'b'$ 和 $c'd'$。根据观察到的变形现象可以假设:变形前为平面的横截面,变形后仍保持为平面,且仍垂直于轴线。这个假设称为**平面假设**(plane assumption)。如果杆件是由许多平行于轴线的纵向纤维组成,根据平面假设可以推断,拉杆所有纵向纤维的伸长是相等的。根据材料的均匀性假设,可以推想各纵向纤维的受力是一样的,所以横截面上的正应力是均匀分布,σ 等于常量(图 2-6(b))。因此可得

$$N = \sigma\int_A \mathrm{d}A = \sigma A$$

$$\sigma = \frac{N}{A} \tag{2-1}$$

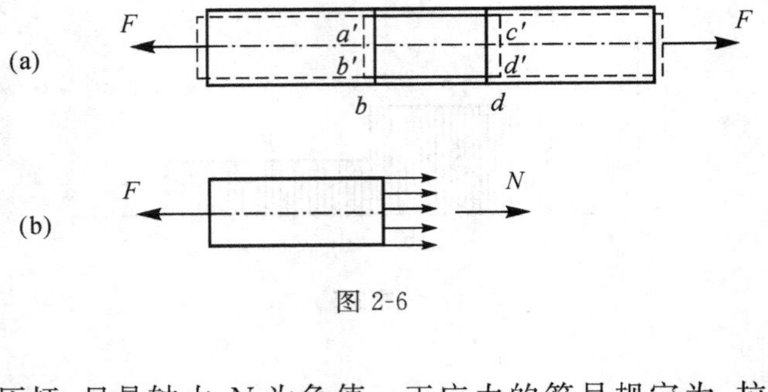

图 2-6

式(2-1)同样适用于压杆,只是轴力 N 为负值。正应力的符号规定为:拉应力为正,压应力为负。应力的国际基本单位为 Pa,常用的还有 MPa。

还需指出,变形后杆件上的纵向线与横向线的直夹角仍保持不变,即没有切应变产生,拉压杆横截面上的切应力为零。

例 2-4 　变截面杆受力如图 2-7(a)所示，$A_1 = 400\mathrm{mm}^2$，$A_2 = 200\mathrm{mm}^2$，$A_3 = 100\mathrm{mm}^2$。材料的 $E = 200\mathrm{GPa}$。试求：(1)绘出杆的轴力图；(2)计算杆内各段横截面上的正应力。

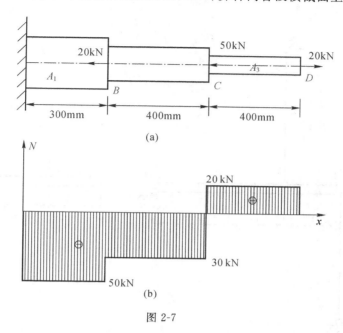

图 2-7

解 　(1)杆的轴力图如图 2-7(b)所示，AB、BC 和 CD 段的轴力分别 $N_1 = -50\mathrm{kN}$，$N_2 = -30\mathrm{kN}$，$N_3 = 20\mathrm{kN}$。

(2)各段横截面上的正应力为

$$\sigma_1 = \frac{N_1}{A_1} = \frac{-50 \times 10^3}{400 \times 10^{-6}} = -1.25 \times 10^8 (\mathrm{Pa}) = -125 (\mathrm{MPa})$$

$$\sigma_2 = \frac{N_2}{A_2} = \frac{-30 \times 10^3}{200 \times 10^{-6}} = -1.5 \times 10^8 (\mathrm{Pa}) = -150 (\mathrm{MPa})$$

$$\sigma_3 = \frac{N_3}{A_3} = \frac{20 \times 10^3}{200 \times 10^{-6}} = 2 \times 10^8 (\mathrm{Pa}) = 200 (\mathrm{MPa})$$

例 2-5 　图 2-8(a)所示结构中，1、2 两杆的长度均为 3.5m，横截面直径分别为 10mm 和 20mm。试求两杆内的应力。设 AB、BD 横梁皆为刚体。

解 　杆 AB 的受力图，如图 2-8(b)所示，由静力平衡方程

$$\sum F_y = 0, \quad N_{CF} - N_{AE} - 10 = 0$$

$$\sum M_A = 0, \quad -10 \times 2 + N_{CF} \times 1 = 0$$

联立求解可得

$$N_{AE} = 10 (\mathrm{kN}), \quad N_{CF} = 20 (\mathrm{kN})$$

故 1、2 杆内的应力分别为

$$\sigma_1 = \frac{10 \times 10^3}{\frac{\pi}{4} \times (10 \times 10^{-3})^2} = 127 \times 10^6 (\mathrm{Pa}) = 127 (\mathrm{MPa})$$

$$\sigma_2 = \frac{20 \times 10^3}{\frac{\pi}{4} \times (20 \times 10^{-3})^2} = 63.7 \times 10^6 (\text{Pa}) = 63.7 (\text{MPa})$$

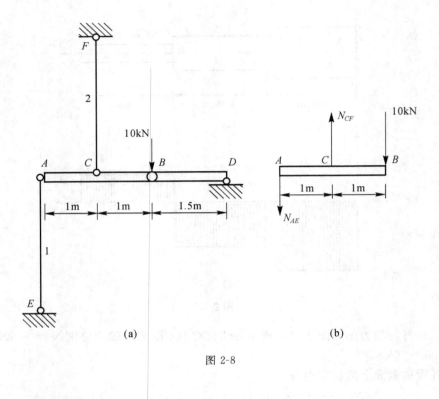

图 2-8

2.3.2　拉压杆斜截面上的应力

　　实验表明,拉压杆的破坏并不一定总是发生在横截面上,有时是沿斜截面发生的。因此,应进一步讨论斜截面上的应力。

　　设图 2-9(a)中直杆的轴向拉力为 F,横截面面积为 A。从横截面旋转一个角度 α 到 $k\text{-}k$ 截面,并规定逆时针转到该截面时角 α 为正;顺时针转到该截面时角 α 为负。设斜截面 $k\text{-}k$ 的面积为 A_α,则 A_α 与 A 之间的关系应为

$$A_\alpha = \frac{A}{\cos\alpha} \tag{a}$$

假想沿斜截面 $k\text{-}k$ 把杆截成两段,取左段为脱离体(图 2-9(b)),以 F_α 表示斜截面上的内力,由左段的平衡可知

$$F_\alpha = F$$

仿照分析横截面上正应力均匀分布的方法,也可得出斜截面上的应力也是均匀分布,若以 p_α 表示斜截面 $k\text{-}k$ 上的应力,于是有

$$p_\alpha = \frac{F_\alpha}{A_\alpha} = \frac{F}{A_\alpha} = \frac{F}{A}\cos\alpha = \sigma\cos\alpha \tag{b}$$

　　将总应力 p_α 分解为垂直于斜截面的正应力 σ_α 和相切于斜截面的切应力 τ_α:

$$\sigma_\alpha = p_\alpha\cos\alpha = \sigma\cos^2\alpha \tag{2-2}$$

$$\tau_\alpha = p_\alpha \sin\alpha = \sigma\cos\alpha\sin\alpha = \frac{\sigma}{2}\sin2\alpha \tag{2-3}$$

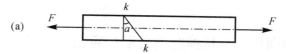

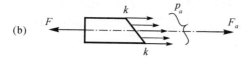

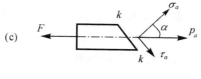

图 2-9

一般说来,斜截面上既有正应力 σ_α,也有切应力 τ_α,它们都是截面方位 α 的函数。

最大正应力发生在 $\alpha=0°$ 的截面,即横截面。$\sigma_{max}=\sigma_{0°}=\sigma$,横截面上 $\tau_{0°}=0$。

最大剪应力发生在 $\alpha=\pm45°$ 的斜截面上,$|\tau|_{max}=|\tau_{\pm45°}|=\frac{1}{2}\sigma$,这两个斜截面上的正应力 $\sigma_{\pm45°}=\frac{1}{2}\sigma$。

在 $\alpha=90°$ 的纵截面上,$\sigma_\alpha=\tau_\alpha=0$,即平行于杆件轴线的纵向截面上无任何应力。

例 2-6　直径为 10mm 的圆杆,在拉力 $F=10\text{kN}$ 的作用下,试求最大切应力,并求出与杆横截面夹角为 30° 的斜截面上正应力及切应力。

解　轴向拉(压)变形杆,斜截面上的应力为

$$\sigma_\alpha = \sigma\cos^2\alpha = \frac{F}{A}\cos^2\alpha$$

$$\tau_\alpha = \frac{\sigma}{2}\sin2\alpha = \frac{F}{2A}\sin2\alpha$$

当 $\alpha=45°$ 时,杆内切应力达到最大值

$$\tau_{max} = \frac{F}{2A}\sin2\alpha = \frac{F}{2A}\sin90° = \frac{10\times10^3}{2\times\pi\times0.01^2/4} = 63.7\times10^6(\text{Pa}) = 63.7(\text{MPa})$$

当 $\alpha=30°$ 时,斜截面上的应力为

$$\sigma_{30°} = \frac{F}{A}\cos^230° = \frac{10\times10^3}{\pi\times0.01^2/4}\times\frac{3}{4} = 95.5\times10^6(\text{Pa}) = 95.5(\text{MPa})$$

$$\tau_{30°} = \frac{F}{2A}\sin(2\times30°) = \frac{10\times10^3}{\pi\times0.01^2/4}\times\frac{\sqrt{3}}{4} = 55.1\times10^6(\text{Pa}) = 55.1(\text{MPa})$$

2.4 杆件轴向拉伸与压缩时的变形与应变

2.4.1 杆件轴向拉伸与压缩时的变形与应变

直杆在轴向受拉或受压力时,其轴向尺寸会相应地增大或缩短,与此同时,其横向尺寸也会缩小或增大。杆件沿轴向的变形称为**纵向变形**(longitudinal deformation),沿横向的变形称为**横向变形**(lateral deformation)。

1. 纵向变形和线应变

设等截面直杆的原长为 l,变形后的长度为 l_1,如图 2-10 所示,则杆件的纵向伸长量

$$\Delta l = l_1 - l$$

Δl 称为杆件的绝对纵向伸长,反映了杆件总的纵向变形量,与杆件的原长 l 有关。杆件受拉时 Δl 为正,受压时 Δl 为负。

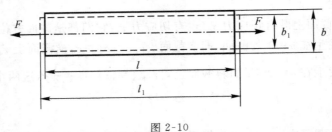

图 2-10

将 Δl 除以 l 得到杆件的相对伸长

$$\varepsilon = \frac{\Delta l}{l} \tag{2-4}$$

ε 称为纵向线应变或**相对变形**(relative deformation),亦称正应变,反映了杆件的纵向变形程度。ε 无量纲,拉应变为正,压应变为负。

2. 横向变形和应变

设等直杆变形前的横向尺寸为 b,变形后为 b_1,则杆件的横向变形为

$$\Delta b = b_1 - b$$

定义**横向线应变**(lateral strain)

$$\varepsilon' = \frac{\Delta b}{b} \tag{2-5}$$

显然,杆件拉伸时 Δb 与 ε' 为负值,压缩时 Δb 与 ε' 为正值。

2.4.2 虎克定律

实验表明,当横截面上的应力不超过比例极限时(即在弹性范围内),正应力与纵向线应变(E 应变)成正比,即

$$\sigma = E\varepsilon \tag{2-6}$$

式中,E 为材料的拉压弹性模量,简称**弹性模量**(elasticity modulus)。E 是与材料性质有关

的量,其值由实验测定,单位为 Pa。式(2-6)称为拉伸(压缩)虎克定律(hook's law)。

将 $\varepsilon = \dfrac{\Delta l}{l}$,$\sigma = \dfrac{N}{A}$ 代入式(2-6)可得虎克定律的另一种表达式:

$$\Delta l = \frac{Nl}{EA} \tag{2-7}$$

从式(2-7)可以看出,对于长度和受力都相同的杆件,EA 值越大,伸长量 Δl 就越小,EA 反映了杆件抵抗变形的能力,称为杆件的**抗拉(压)刚度**(tension or compressive rigidity)。

试验结果还表明,当应力不超过比例极限时,材料的横向应变 ε' 与纵向线应变 ε 成正比例关系,即

$$\varepsilon' = -\mu\varepsilon \tag{2-8}$$

式中,$\mu = |\,\varepsilon'/\varepsilon\,|$ 称为**泊松比**(poisson's ration)或横向变形系数,无量纲。和弹性模量 E 一样,μ 也是材料固有的弹性常数,其值可由实验测定。几种常用金属材料的 E 和 μ 值见表 2-1。

表 2-1　几种常用金属材料的 E 和 μ 值

材料名称	$E/(\text{GPa})$	μ
碳钢	196～216	0.24～0.28
合金钢	186～206	0.25～0.30
灰铸铁	78.5～157	0.23～0.27
铜及其合金	72.6～128	0.31～0.42
铝合金	70	0.33

例 2-7　试求例 2-4 中变截面杆 A 端的位移。

解　$\Delta_A = \Delta l_1 + \Delta l_2 + \Delta l_3 = \dfrac{N_1 l_1}{EA_1} + \dfrac{N_2 l_2}{EA_2} + \dfrac{N_3 l_3}{EA_3}$

$$= \frac{-50 \times 10^3 \times 0.3}{200 \times 10^9 \times 400 \times 10^{-6}} + \frac{-30 \times 10^3 \times 0.4}{200 \times 10^9 \times 300 \times 10^{-6}} + \frac{20 \times 10^3 \times 0.4}{200 \times 10^9 \times 200 \times 10^{-6}}$$

$$= -1.875 \times 10^{-4}(\text{m}) = -0.188(\text{mm})$$

计算结果表明 A 端受压缩。

例 2-8　设图 2-11(a)中横梁 $ABCD$ 为刚体。横截面积为 76.36mm² 的钢索绕过无摩擦的滑轮。设 $F = 20$kN,钢索的弹性模量 $E = 177$GPa。试求钢索内的应力和 C 点位移。

解　以横梁 $ABCD$ 为研究对象,受力如图 2-11(b)所示。列平衡方程 $\sum M_A = 0$,

$$N\sin 60° \times 0.8 + N\sin 60° \times 1.6 - F \times 1.2 = 0$$

解得　$N = 11.56(\text{kN})$

钢索的应力　$\sigma = \dfrac{N}{A} = 151(\text{MPa})$

作结构的变形位移图如图 2-11(c)所示。因 $ABCD$ 为刚体,故发生位移后,A、B、C、D 仍为一直线。小变形条件下,可以"以切线代替圆弧"画变形图。由 B_1 向钢索作垂线得 B' 点,设 $BB' = \Delta l_1$。同理由 D_1 向钢索作垂线得 D' 点,设 $DD' = \Delta l_2$。则钢索的伸长为 $\Delta l =$

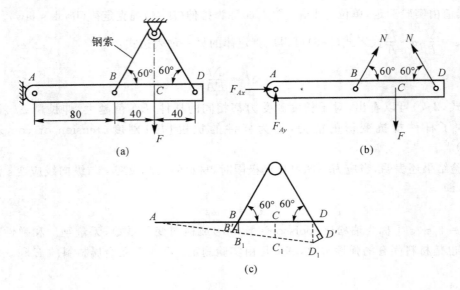

图 2-11

$\Delta l_1 + \Delta l_2$。由虎克定律有

$$\Delta l = \frac{F_N l}{EA} = \frac{11.56 \times 10^3 \times 1.6}{177 \times 10^9 \times 76.36 \times 10^{-6}} = 1.368 \times 10^{-3}(\text{m}) = 1.368(\text{mm})$$

由图 2-11(c)可得 C 点的垂直位移 δ_C 为

$$\delta_C = \overline{CC_1} = \frac{1}{2}(\overline{BB_1} + \overline{DD_1}) = \frac{1}{2}\left(\frac{\Delta l_1}{\sin 60°} + \frac{\Delta l_2}{\sin 60°}\right) = \frac{\Delta l_1 + \Delta l_2}{2\sin 60°} = \frac{\Delta l}{2\sin 60°} = 0.79(\text{mm})$$

2.5　材料在拉伸与压缩时的力学性能

材料的力学性能(或机械性能),是指材料在外力作用下表现出的与试件几何尺寸无关的材料本身特性,例如上节中的材料弹性模量 E、泊松比 μ 等。材料的力学性能是构件强度、刚度计算的依据,需要通过材料实验来测定。在室温下,以缓慢平稳的加载方式进行的常温静载试验,是测定材料力学性能的基本方法。为了便于比较不同材料的试验结果,试验前应按国家标准规定的形状和尺寸,将材料做成标准的试样。在试样等直部分的中段上取长为 l 的一段作为试验段,l 称为**标距**(scale distance)。对于金属材料通常采用圆柱形试样(图 2-12),标距 l 与直径 d 的比例有 $l = 10d$ 和 $l = 5d$ 两种,分别称为 10 倍试件和 5 倍试件。

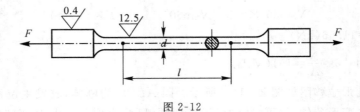

图 2-12

低碳钢和铸铁是工程中应用很广的材料,力学性质比较有代表性,本节重点介绍它们在拉伸和压缩时的力学性质。

2.5.1　低碳钢拉伸时的力学性质

将试样装在试验机上,缓慢增加拉力。对应着每一个拉力 F,试样标距 l 有一个伸长量 Δl。表示 F 和 Δl 关系的曲线,称为拉伸图或 F-Δl 曲线,如图 2-13 所示。

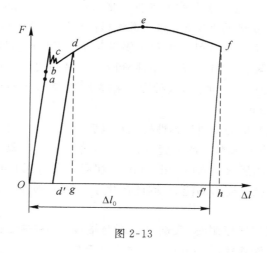

图 2-13

F-Δl 曲线与试件的尺寸有关,为了只反映材料本身的力学性质,便于不同材料的力学性质相互比较,可以根据试验得到的曲线,将 $\sigma = \dfrac{F}{A}$ 作为纵坐标,$\varepsilon = \dfrac{\Delta l}{l}$ 作为横坐标,得出 $\sigma\text{-}\varepsilon$ 曲线图(图 2-14),称为**应力—应变曲线**(stress-strain diagram)。

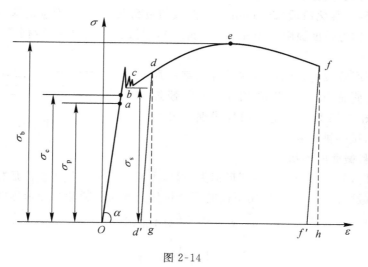

图 2-14

1. $\sigma\text{-}\varepsilon$ 曲线可分为四个阶段

(1)弹性阶段(Oa 段):在拉伸的初始阶段应力 σ 与应变 ε 的关系为直线 Oa,表示在这一阶段内应力与应变成正比,即 $\sigma = E\varepsilon$。由图中可得出 E 是直线 Oa 的斜率

$$E = \frac{\sigma}{\varepsilon} = \tan\alpha \tag{2-9}$$

直线 Oa 的最高点 a 点对应的应力 σ 称为**比例极限**(proportional limit),记作 σ_p。显然,只有当 $\sigma \leqslant \sigma_p$ 时,虎克定律 $\sigma = E\varepsilon$ 才成立。这时称材料为线弹性。

当应力超过比例极限增加到 b 点时,σ-ε 的关系不再是直线。但在 Ob 段内任一点,将拉力解除后变形可完全消失,这种变形称为**弹性变形**(elastic deformation)。b 点所对应的应力 σ_e 是材料只出现弹性变形的极限值,称为**弹性极限**(elastic limit)。对于低碳钢,点 a 和点 b 非常接近,因此在工程上对弹性极限和比例极限通常不作严格区分。

当应力超过弹性极限后,变形进入弹塑性阶段。此时卸载拉力后试样的弹性变形会随之消失,但还有一部分变形不能消除,这种变形称为**塑性变形**(plastic deformation)或**残余变形**(residual deformation)。

(2)屈服阶段(bc 段):应力 σ 超过弹性极限 b 点后,在 σ-ε 曲线上出现接近水平线的小锯齿形线段(bc 段),这种应力基本保持不变,而应变显著增加的现象叫屈服(yield)。屈服阶段最低点所对应的应力叫**屈服极限**(yield limit)或**屈服强度**(yield strength),记为 σ_s。在屈服阶段材料暂时失去了抵抗变形的能力,因此产生了显著的塑性变形。σ_s 是衡量材料强度的重要指标。

表面磨光的低碳钢试样屈服时,表面将出现与轴线成 45°倾角的条纹,称为**滑移线**(slip-lines)。这是由于在 45°倾角斜截面上有最大切应力作用,使材料内部晶格相对滑移形成,如图 2-15 所示。

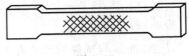

图 2-15

(3)强化阶段(ce 段):越过屈服阶段后,材料内部的晶体结构得到调整,恢复了抵抗继续变形的能力,σ-ε 曲线从 c 点开始又继续上升,直到最高点 e,这一现象称为**强化阶段**(hardening)。曲线的最高点(e 点)所对应的应力是材料所能承受的最大应力,称为**强度极限**(ultimate strength),记做 σ_b。它是衡量材料强度的另一个重要指标。

(4)局部变形阶段:过 e 点后,在试件的某一局部范围内横截面面积突然急剧缩小,称为**颈缩**(necking),如图 2-16 所示。这一阶段中曲线开始下降直到 f 点,试件被拉断。

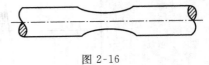

图 2-16

2. 延伸率和截面收缩率

试件拉断后,其变形中的弹性变形消失,保留了塑性变形。量出拉断后标距间的长度 l_1 和断口处的横截面面积 A_1,则可用下面的两个量作为衡量材料塑性变形程度的指标。

$$\delta = \frac{l_1 - l}{l} \times 100\% \tag{2-10}$$

$$\psi = \frac{A - A_1}{A} \times 100\% \tag{2-11}$$

δ 为**延伸率**(elongation percentage),ψ 为**截面收缩率**(contraction percentage of area)。这两个值越大,说明材料的塑性越好。工程上通常按延伸率的大小把材料分为两类:$\delta \geqslant 5\%$ 的材料称为**塑性材料**(plastic material),这类材料在外力作用下产生较显著变形,破坏有明显预

兆,如碳钢、黄铜、铝合金等;$\delta < 5\%$ 的材料称为**脆性材料**(brittle material),这类材料在外力作用下发生脆性断裂破坏,破坏突然无明显预兆,如灰铸铁、玻璃、陶瓷等。低碳钢的延伸率 $\delta = 20\% \sim 30\%$,截面收缩率 $\psi = 60\%$,是一种典型的塑性材料。

3. 卸载规律及冷作硬化

试样加载到超过屈服极限后(见图 2-14 中 d 点)再逐渐卸去拉力,在卸载过程中 $\sigma\varepsilon$ 曲线将沿着斜直线 $\overline{dd'}$ 回到 d' 点,斜直线 $\overline{dd'}$ 大致平行于 $\overline{OP}$ 线,这说明在卸载过程中应力和应变按直线规律变化,符合虎克定律,这就是**卸载定律**(unloading law)。图 2-14 中与点 d' 相应的总应变 $\overline{og} = \overline{od'} + \overline{d'g} = \varepsilon_p + \varepsilon_e$,其中 ε_e 为卸载过程中可以恢复的弹性应变,ε_p 为卸载后的塑性变形。

如果卸载后立即重新加载,则 $\sigma\varepsilon$ 曲线大致沿着卸载时的斜直线 $d'd$ 线上升,到 d 点后又沿原曲线 def 变化。可见在再次加载时,直到 d 点以前材料的变形是弹性的,过 d 点后才开始出现塑性变形。此时材料的比例极限和开始强化的应力提高了,而塑性变形能力降低了,这种现象称为**冷作硬化**(flow harden)。冷作硬化现象经退火后又可消除。

2.5.2 其他几种材料拉伸时的力学性能

1. 塑性材料拉伸时的力学性能

图 2-17 给出了几种塑性材料的 $\sigma\varepsilon$ 曲线。其中有些材料,如 Q345 钢和低碳钢一样,有明显的弹性阶段、屈服阶段、强化阶段和局部变形阶段。有些材料,如黄铜 H62,没有屈服阶段,但其他三个阶段很明显。

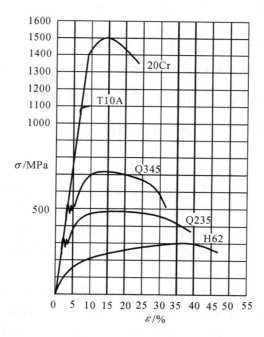

图 2-17

对于 $\sigma\text{-}\varepsilon$ 曲线没有明显屈服强度的塑性材料,工程上规定取完全卸载后残余应变 $\varepsilon_p =$

0.2%时的应力作为屈服极限,称为**名义屈服极限**(mean yield limit),用 $\sigma_{0.2}$ 表示(如图 2-18 所示)。

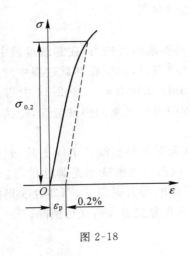

图 2-18

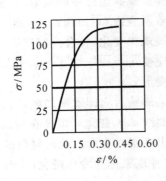

图 2-19

2. 铸铁拉伸时的力学性能

铸铁拉伸时的 $\sigma\varepsilon$ 关系是一条微弯的曲线(如图 2-19)。铸铁在较小的拉应力下就被拉断,拉断前的变形和延伸率都较小,是典型的脆性材料。

虽然 $\sigma\varepsilon$ 关系曲线中没有明显的直线段,但在较低的应力范围内,$\sigma\varepsilon$ 关系近似服从虎克定律。工程上常用一条割线近似代替原有的曲线,并以割线的斜率作为弹性模量,称为**割线模量**(secant modulus)。

铸铁拉伸时没有屈服和颈缩现象,拉断时的应力最大,称为强度极限 σ_b,它是衡量铸铁强度的唯一指标。铸铁等脆性材料的抗拉强度很低,所以不宜作为抗拉构件的材料。

2.5.3 低碳钢及其他材料压缩时的力学性能

金属材料的压缩试件一般为短圆柱,圆柱高度与直径之比约为 1.5～3。混凝土、石料等非金属材料的试件则制成立方块。

1. 低碳钢压缩时的 $\sigma\varepsilon$ 曲线

低碳钢压缩时的 $\sigma\varepsilon$ 曲线如图 2-20 所示。试验表明:低碳钢压缩时的弹性模量 E、比例极限 σ_p 和屈服极限 σ_s 与拉伸时大致相同。屈服阶段以后,因为试件越压越扁,其横截面面积不断增大,试件抗压能力也不断增高,因而得不到压缩时的强度极限 σ_b。由于可以从拉伸试验测定低碳钢压缩时的主要性能,所以不一定要进行压缩试验。

2. 铸铁压缩时的 $\sigma\varepsilon$ 曲线

铸铁压缩时的 $\sigma\varepsilon$ 曲线如图 2-21 所示。试件在较小的变形下突然破坏,破坏时试件沿与轴线大约成 45°～55°的斜面断开。铸铁压缩时测得的抗压强度极限 σ_c 大大高于抗拉强度极限 σ_t,前者为后者的 3～5 倍。其他脆性材料,如混凝土、石料等,抗压强度也远远高于抗拉强度。

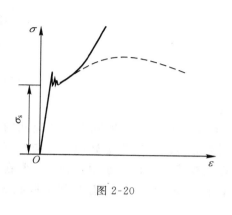

图 2-20

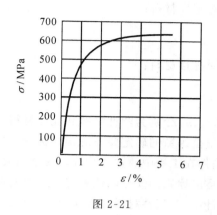

图 2-21

表 2-2　几种常用材料的主要力学性能

材料名称	牌号	σ_s/MPa	σ_b/MPa	δ_5/%
普通碳素钢	Q235 Q235	216～235 255～275	373～461 490～608	25～27 19～21
优质碳素结构钢	40 45	333 353	569 598	19 16
普通低合金结构钢	Q345 Q390	274～343 333～412	471～510 490～549	19～21 17～19
合金结构钢	20Cr 40Cr	540 785	835 980	10 9
碳素铸钢	ZG270—500	270	500	18
可锻铸铁	KTZ450—06		450	6(δ_3)
球墨铸铁	QT450—10		450	10(δ)
灰铸铁	HT150		120～175	

注:表中 δ_5 是指 $l=5d$ 的标准试样的延伸率。

2.6　强度计算

2.6.1　许用应力

结构由于各种原因而丧失正常工作能力的现象,称为**失效**(failure)。例如铸铁等脆性材料受拉时,在变形很小时就会突然断裂;低碳钢等塑性材料制成的构件,在拉断前会产生明显的塑性变形,不能保持原有的形状和尺寸。脆性材料断裂时的应力是强度极限 σ_b;塑性材料进入塑性屈服时的应力是屈服极限 σ_s,或名义屈服强度 $\sigma_{0.2}$,都是构件失效时的**极限应力**(ultimate stress)。为保证构件有足够的强度,在荷载作用下构件的实际应力(以后称为工作应力),显然应低于极限应力。此外考虑到构件应具有一定的安全储备,因此将极限应力除以一个大于 1 的系数 n,得到的结果称为**许用应力**(allowable stress),用 $[\sigma]$ 表示。

对塑性材料：

$$[\sigma] = \frac{\sigma_s}{n_s} \tag{2-12}$$

对脆性材料：

$$[\sigma] = \frac{\sigma_b}{n_b} \tag{2-13}$$

式中，n_s、n_b 分别为塑性材料和脆性材料的安全因数。

安全因数的确定要考虑很多因素，如计算简图、荷载数值与构件实际工作情况间的差异、构件在工程中的重要性等。安全因数的选取原则充分体现了工程上处理安全与经济这对矛盾的原则。安全因数和许用应力的数值，可在有关规范或设计手册中查到。通常在静荷设计中，对塑性材料可取 $n_s = 1.2 \sim 2.5$，对脆性材料取 $n_b = 2 \sim 3.5$，有时甚至取到 3.5以上。

2.6.2 强度条件

为保证拉压杆不会因为强度不够而失效，把许用应力作为构件工作应力的最高限值，即要求杆件的工作应力不超过材料的许用应力 $[\sigma]$。于是得到构件轴向拉伸或压缩时的强度条件为

$$\sigma_{max} = \frac{N_{max}}{A} \leqslant [\sigma] \tag{2-14}$$

根据上述强度条件可以解决以下三方面问题：

（1）强度校核。已知荷载、杆件尺寸和材料的许用应力，判断式(2-14)是否成立。如果成立，则杆件的强度足够；如果不成立，说明不满足强度条件。

（2）截面设计。已知荷载及材料的许用应力，确定杆件所需要的合理横截面面积，即

$$A \geqslant \frac{N_{max}}{[\sigma]} \tag{2-15}$$

（3）确定许可荷载。已知杆件的横截面面积及材料许用应力，确定杆件所承受的最大荷载，即

$$N_{max} \leqslant [\sigma]A \tag{2-16}$$

再由 N_{max} 与载荷的平衡关系得到许可载荷。对变截面杆，σ_{max} 与截面面积 A 有关，不一定在 N_{max} 处。

下面通过例题来说明强度条件在这几方面的应用。

例 2-9 图 2-22(a)所示刚性梁 AB 由圆杆 CD 悬挂在 C 点，B 端作用集中载荷 $F = 25kN$，已知 CD 杆的直径 $d = 20mm$，许用应力 $[\sigma] = 160MPa$，试求：

（1）试校核 CD 杆的强度；

（2）结构的许用载荷 $[F]$；

（3）若 $F = 50kN$，设计 CD 杆的直径 d。

解 （1）作 AB 杆的部分受力图如图 2-22(b)所示，其平衡条件为

$$\sum M_A = 0$$

$$2aN_{CD} - 3aF = 0$$

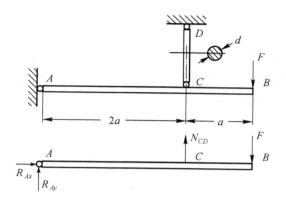

图 2-22

$$N_{CD} = \frac{3}{2}F$$

CD 杆的应力：

$$\sigma_{CD} = \frac{N_{CD}}{A} = \frac{\frac{3}{2}F}{\frac{\pi d^2}{4}} = \frac{\frac{3}{2} \times 25 \times 10^3}{\frac{\pi \times (20 \times 10^{-3})^2}{4}} = 119.4 \times 10^6 (\text{Pa}) = 119.4 (\text{MPa})$$

因为 $\sigma_{CD} = 119.4\text{MPa} < [\sigma]$，所以 CD 杆安全。

(2)许用载荷$[F]$。由强度条件(2-14)式,有

$$\sigma_{CD} = \frac{N_{CD}}{A} = \frac{\frac{3}{2}F}{\frac{\pi d^2}{4}} \leqslant [\sigma]$$

$$F \leqslant \frac{\pi d^2 [\sigma]}{6} = \frac{\pi \times (20 \times 10^{-3})^2 \times 160 \times 10^6}{6} = 33.5 \times 10^3 (\text{N}) = 33.5 (\text{kN})$$

所以$[F] = 33.5\text{kN}$。

(3)若 $F = 50\text{kN}$,设计 CD 杆的直径 d。由强度条件(2-14)式,有

$$\sigma_{CD} = \frac{N_{CD}}{A} = \frac{6F}{\pi d^2} \leqslant [\sigma]$$

$$d \geqslant \sqrt{\frac{6F}{\pi [\sigma]}} = \sqrt{\frac{6 \times 50 \times 10^3}{\pi \times 160 \times 10^6}} = 2.44 \times 10^{-3} (\text{m}) = 24.4 (\text{mm})$$

故取 $d = 25\text{mm}$。

例 2-10　杆系结构如图 2-23(a)所示,已知杆 AB、AC 材料相同,$[\sigma] = 160\text{MPa}$,横截面积分别为 $A_1 = 706.9\text{mm}^2$,$A_2 = 314\text{mm}^2$,试确定此结构许可载荷$[F]$。

解　(1)由平衡条件计算实际轴力,设 AB 杆轴力为 N_1,AC 杆轴力为 N_2。对于节点 A,如图 2-23(b)所示,由 $\sum X = 0$ 得

$$N_2 \sin 45° = N_1 \sin 30° \tag{a}$$

由 $\sum Y = 0$ 得

$$N_1 \cos 30° + N_2 \cos 45° = F \tag{b}$$

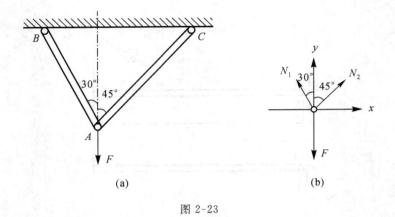

图 2-23

由强度条件计算各杆容许轴力

$$[N_1] \leqslant A_1[\sigma] = 706.9 \times 160 \times 10^{-6} \times 10^6 = 113.1 (\text{kN}) \tag{c}$$

$$[N_2] \leqslant A_2[\sigma] = 314 \times 160 \times 10^6 \times 10^{-6} = 50.3 (\text{kN}) \tag{d}$$

因为 AB、AC 杆不能同时达到容许轴力,如果将 $[N_1]$、$[N_2]$ 代入(b)式,解得

$$[F] = 133.5 \text{kN}$$

这一解答是错误的。

正确的解答应由(a)、(b)式解得各杆轴力与结构载荷 F 应满足的关系:

$$N_1 = \frac{2F}{1+\sqrt{3}} = 0.732F \tag{e}$$

$$N_2 = \frac{\sqrt{2}F}{1+\sqrt{3}} = 0.518F \tag{f}$$

(2)根据各杆各自的强度条件,即 $N_1 \leqslant [N_1]$,$N_2 \leqslant [N_2]$ 计算所对应的载荷 $[F]$,由(c)、(e)有

$$N_1 \leqslant [N_1] = A_1[\sigma] = 113.1 \text{kN}$$

$$0.732F \leqslant 113.1 \text{kN}$$

$$[F_1] \leqslant 154.5 \text{kN} \tag{g}$$

由(d)、(f)有

$$N_2 \leqslant [N_2] = A_2[\sigma] = 50.3 \text{kN}$$

$$0.518F \leqslant 50.3 \text{kN}$$

$$[F_2] \leqslant 97.1 \text{kN} \tag{h}$$

要保证 AB、AC 杆的强度,应取(g)、(h)二者中的小值,即 $[F_2]$,因而得

$$[F] = 97.1 \text{kN}$$

例 2-11　图 2-24(a)所示为可以绕铅垂线 OD 旋转吊车简图,其中拉杆 AC 由两根 50mm×50mm×5mm 的等边角钢组成,水平横梁 AB 由两根拉杆 10 号槽钢组成。AC 杆和 AB 梁的材料都是 Q235 钢,许用应力 $[\sigma] = 120$MPa。当行走小车位于 A 点时(小车的两个轮子之间的距离很小,小车作用在横梁上的力可以看作是作用在 A 点的集中力),求允许的最大起吊重量。(包括行走小车和电动机自重)。杆和梁的自重忽略不计。

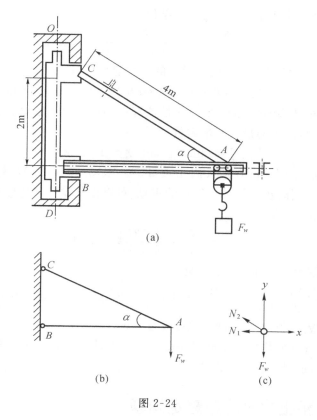

图 2-24

解　(1)受力分析。当小车在 A 点时 AB 梁与 AC 杆的两端都可以简化为铰链连接,吊车的计算模型可以简化为图 2-24(b)所示,显然 AB 和 AC 都是二力杆,二者分别承受压缩和拉伸。

(2)确定二杆的轴力。以节点 A 为研究对象,假定 AB 和 AC 杆的轴力分别为 N_1 和 N_2,其受力如图 2-24(c)所示。由平衡条件

$$\sum F_x = 0 \qquad - F_{N1} - F_{N2}\cos\alpha = 0$$

$$\sum F_y = 0 \qquad - F_w + F_{N2}\sin\alpha = 0$$

由上述平衡方程解得

$$N_1 = -1.73F_w, \qquad N_2 = 2F_w$$

(3)确定最大起吊重量。由附录的型钢表查得单根 10 号槽钢的横截面面积为 12.74cm^2,AB 杆由两根槽钢组成,为满足杆件正应力强度条件有

$$\sigma_{AB} = \frac{|N_1|}{A} = \frac{1.73F_w}{2 \times 12.74 \times 10^{-4}} \leqslant [\sigma]$$

由此解出保证 AB 杆强度安全所能承受的最大起吊重量

$$F_{w1} \leqslant \frac{2 \times 120 \times 10^6 \times 12.74 \times 10^{-4}}{1.73} = 176.7 \times 10^3 (\text{N}) = 176.7 (\text{kN}) \qquad \text{(a)}$$

由附录的型钢表查得单根 50mm×50mm×5mm 等边角钢横截面面积为 4.803cm^2,AC

杆由两根角钢组成,为满足杆件正应力强度条件有

$$\sigma_{AC} = \frac{N_2}{A_2} = \frac{F_w}{2 \times 4.803 \times 10^{-4}} \leqslant [\sigma]$$

由此解出保证 AC 杆强度安全所能承受的最大起吊重量

$$F_{w\ell} \leqslant [\sigma] \times 2 \times 4.803 \times 10^{-4} = 120 \times 10^6 \times 2 \times 4.803 \times 10^{-4} = 115.2 \times 10^3 (\text{N}) = 115.2(\text{kN}) \quad \text{(b)}$$

为保证整个吊车结构的强度安全,吊车所能起吊的最大重量应取上述 F_{w1} 和 F_{w2} 中的较小者。由式(a)和(b),吊车的最大起吊重量

$$[F_w] = \min(F_{w1}, F_{w2}) = 115.2\text{kN}$$

(4)讨论。根据以上分析,在最大起吊重量 $F_w = 115.2\text{kN}$ 时 AB 杆的强度尚有富裕。因此,为了节省材料,同时也减轻吊车结构的重量,可以重新设计 AB 杆的横截面尺寸。

根据强度设计准则,有

$$\sigma_{AB} = \frac{N_1}{A_1} = \frac{1.73 F_w}{2 \times A_1'} \leqslant [\sigma]$$

其中 A_1' 为单根槽钢的横截面面积。因此,有

$$A_1' \geqslant \frac{1.73 F_w}{2[\sigma]} = \frac{1.73 \times 115.2 \times 10^3}{2 \times 120 \times 10^6} = 8.4 \times 10^{-4} (\text{m}^2) = 8.4 \times 10^2 (\text{mm}^2) = 8.4 (\text{cm}^2)$$

由附录的型钢表查得,6.3 号槽钢即可满足要求。

使同一体系中各杆件均接近于材料许用应力的设计是一种等强度设计,是保证构件与结构安全的前提下,最经济合理的设计。

2.7　拉伸和压缩时的超静定问题

在以前讨论的问题中,杆件的支座反力和内力可仅由静力平衡方程求出,这类问题称为**静定问题**(statically determinate problems)。但对有些结构,未知力的数目大于独立的静力平衡方程的数目,仅根据静力平衡方程不能求解出全部未知力,这类问题称为**超静定问题**(statically indeterminate problems),多余的未知力数目称为**超静定次数或静不定次数**(degree of a statically indeterminate problem)。例如图 2-25 中两端固定的杆,两杆的支座反力 R_A 和 R_B 与外力 F 构成共线力系,只能列出一个独立的静力平衡方程。但根据这一个静力平衡方程不能解出两个未知反力,所以是一次超静定问题。

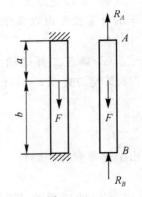

图 2-25

为了求解超静定问题,除了建立平衡方程外,还应根据几何关系和物理关系找到与超静定次数相同个数的补充方程。一般超静定问题的解法是:

(1)解除"多余"约束,使超静定结构变为静定结构,建立静力平衡方程。

(2)根据"多余"约束性质,建立变形协调方程。

(3)建立物理方程(如虎克定律,热膨胀规律等)。

(4)联立求解静力平衡方程以及由(2)和(3)所建立的补充方程,求出未知力(约束力或内力)。

下面通过例题来说明超静定问题的求解方法。

例 2-12　图 2-26(a)中 1、2 两杆的抗拉刚度为 $E_1 A_1$,杆 3 的抗拉刚度为 $E_3 A_3$,求三根杆的轴力。

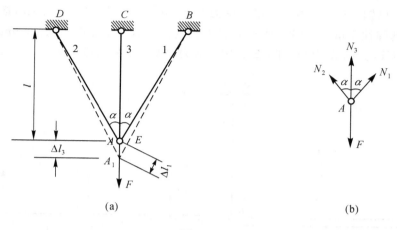

图 2-26

解　由图 2-26(b)可得节点 A 的静力平衡方程为

$$\left.\begin{aligned} \sum F_x = 0 \quad N_1 \sin\alpha - N_2 \sin\alpha = 0 \\ \sum F_y = 0 \quad N_3 + 2N_1 \cos\alpha - F = 0 \end{aligned}\right\} \tag{a}$$

2 个静力方程无法求解 3 个未知力,因此是一次超静定问题。需要在静力方程之外寻求补充方程。

因为 1、2 两杆的抗拉刚度相同,桁架变形是对称的,节点 A 垂直地移动到 A_1,位移 $\overline{AA_1}$ 也就是杆 3 的伸长量。以 B 点为圆心,杆 1 的原长 $\dfrac{l}{\cos\alpha}$ 为半径作圆弧,圆弧以外的线段即为杆 1 的伸长量 Δl。由于变形很小,可用垂直于 $A_1 B$ 的直线 AE 代替上述弧线,且仍可认为 $\angle AA_1 B = \alpha$。于是

$$\Delta l_1 = \Delta l_3 \cos\alpha \tag{b}$$

这是 1、2、3 三根杆件的变形必须满足的关系,只有满足了这一关系,它们才可能在变形后仍然在节点 A_1 联系在一起,三杆的变形才是相互协调的。这种几何关系称为变形协调方程。

由虎克定律得

$$\Delta l_1 = \frac{N_1 \dfrac{l}{\cos\theta}}{E_1 A_1}; \Delta l_3 = \frac{N_3 l}{E_3 A_3} \tag{c}$$

这两个表示变形与轴力关系的公式称为物理方程,将其代入式(b),得

$$\frac{N_1 l}{E_1 A_1 \cos\alpha} = \frac{N_3 l}{E_3 A_3} \cos\alpha \tag{d}$$

从(a)、(d)两式容易解出

$$N_1 = N_2 = \frac{F\cos^2\alpha}{2\cos^3\alpha + \dfrac{E_3 A_3}{E_1 A_1}}; N_3 = \frac{F}{1 + 2\dfrac{E_1 A_1}{E_3 A_3}\cos^3\alpha}$$

以上例子表明,超静定问题综合了静力方程、变形协调方程和物理方程三方面的关系来求解。

例 2-13 图 2-27(a)所示结构的 AB 杆为刚性杆,A 处为铰接,AB 杆由钢杆 BE 与铜杆 CD 吊起。已知作用在 DB 段上的集中力 $F=200$kN,CD 杆的长度为 1m,横截面面积为 500mm^2,铜的弹性模量 $E=100$GPa;BE 杆的长度为 2m,横截面面积为 250mm^2,钢的弹性模量 $E=200$GPa。试求 CD 杆和 BE 杆中的应力以及 BE 杆的伸长量。

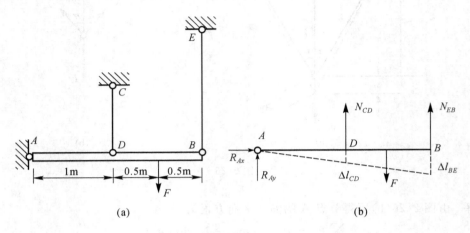

图 2-27

解 (1)列静力平衡方程。由 AB 杆的受力图 2-27(b),可知,该问题为一次超静定问题,根据静力平衡条件,可得:

$$\sum M_A = 0：\quad 2N_{EB} + N_{CD} - 200 \times 1.5 = 0 \tag{a}$$

(2)列补充方程。由变形协调方程可得:

$$\Delta l_{EB} = 2\Delta l_{CD}$$

$$\frac{N_{EB} \cdot 2}{E_2 A_2} = 2 \times \frac{N_{CD} \cdot 1}{E_1 A_1}$$

即

$$\frac{N_{EB}}{N_{CD}} = \frac{E_2 A_2}{E_1 A_1} = \frac{200 \times 250}{100 \times 500} = 1 \tag{b}$$

由(a)、(b)解得

$$N_{EB} = 100(\text{kN}) \quad N_{CD} = 100(\text{kN})$$

BE 杆应力:

$$\sigma_{EB} = \frac{100 \times 10^3}{250 \times 10^{-6}}(\text{Pa}) = 400(\text{MPa})$$

CD 杆应力:

$$\sigma_{CD} = \frac{100 \times 10^3}{500 \times 10^{-6}}(\text{Pa}) = 200(\text{MPa})$$

钢杆伸长量:

$$\Delta l_{EB} = 2\frac{\sigma_{EB}}{E_2} = \frac{400 \times 10^6}{200 \times 10^9} \times 2(\text{m}) = 4(\text{mm})$$

*2.8　温度应力与装配应力

2.8.1　温度应力

温度变化会引起物体的膨胀或收缩。静定结构可以自由变形,当温度均匀变化时,只会引起杆件几何尺寸的变化,不会引起构件的内力。如图 2-28(a)所示悬臂杆 AB,设温度为 t_1 时杆长为 l,当温度升高 Δt 时,杆受热伸长 Δl_T(图 2-28(b))。根据物理学有

$$\Delta l_T = \alpha l \Delta t$$

式中 α 是材料的线膨胀系数(温度升高 1℃时,材料产生的应变)。

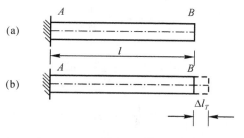

图 2-28

对超静定结构而言,其在温度变化时产生的变形会受到约束限制,因此构件会产生内应力。因温度变化而引起的内应力,称为**温度应力**(thermal stress)。现以图 2-29(a)所示问题为例进行分析。AB 杆代表蒸汽锅炉与原动机间的管道。由于蒸汽管两端不能自由伸缩,故简化为图 2-29(b)所示的固定端约束。当管道中通过高压蒸汽,温度上升 Δt 时,AB 杆应膨胀变形。但因为固定端限制了杆件的膨胀或收缩,所以必然有约束反力 R_A 和 R_B 作用于 A、B 两端(如图 2-29(c)所示)。

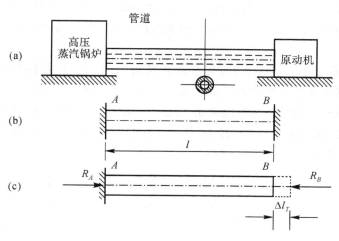

图 2-29

(1)由静力平衡方程

$$R_A = R_B = R \tag{a}$$

式(a)不能确定反力的数值,须再补充一个变形协调方程。

(2)变形协调方程

$$\Delta l_R = \Delta l_T \tag{b}$$

Δl_R 是杆件因 R 作用而产生的缩短;Δl_T 是温度上升 ΔT 时的伸长。

(3)物理方程

$$\Delta l_T = \alpha \Delta T \cdot l, \Delta l_R = \frac{R_B l}{EA} \tag{c}$$

由(b)、(c)式得补充方程

$$\alpha \Delta T \cdot l = \frac{Rl}{EA}$$

即有

$$R = N = \alpha \Delta T \cdot EA$$

应力为

$$\sigma_T = \frac{R}{A} = \alpha \Delta T \cdot E \tag{d}$$

结果为正,说明当初设定杆受轴向压力是对的,故该杆的温度应力是压应力。对于钢杆,$\alpha = 1.2 \times 10^{-5} 1/℃$,$E = 210 \times 10^3 MPa$,则当温度升高 $\Delta T = 40℃$ 时,杆内的温度应力由式(d)算得为

$$\sigma = \alpha E \Delta T = 1.2 \times 10^{-5} \times 210 \times 10^3 \times 40 = 100 (MPa)(压应力)$$

可见当 ΔT 较大时,温度应力的数值非常可观。

2.8.2　装配应力

构件加工时,其尺寸有微小误差是难以避免的。如果是静定结构,加工误差仅会使结构几何形状产生微小变化,而不会引起内部应力。但如果是超静定结构,加工误差一般会引起内部应力即**装配应力**(assembling stress),求装配应力的方法与求解一般超静定问题的方法相似。

例 2-15　图示 2-30(a)所示为超静定杆系结构,1、2 杆的拉伸刚度为 $E_1 A_1$,3 杆的为 $E_2 A_2$,已知中间杆 3 加工制作时短了 δ,试求三杆在 A 点铰接在一起后各杆的内力。

解　图 2-30(a)中实线为装配前情况,虚线为装配后情况,取节点 A' 为脱离体(图 2-30(b)),杆 3 被拉长,故其轴力 N_3 为拉力,杆 1、2 被缩短,故其轴力 N_1 和 N_2 为压力。

(1)静力平衡方程

$$\left. \begin{array}{l} \sum F_x = 0, N_1 \sin\alpha - N_2 \sin\alpha = 0 \\ \sum F_y = 0, N_3 - N_1 \cos\alpha - N_2 \cos\alpha = 0 \end{array} \right\} \tag{a}$$

(2)变形协调条件

由图 2-30(b)可知 Δl_1 和 Δl_3 有几何关系如下:

$$\Delta l_3 + \left| \frac{\Delta l_1}{\cos\alpha} \right| = \delta \tag{b}$$

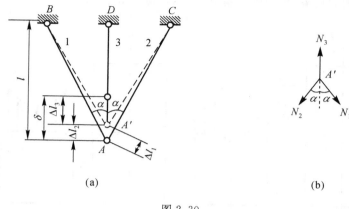

图 2-30

（3）物理方程

由虎克定律，有

$$\Delta l_3 = \frac{N_3 \cdot l}{E_3 A_3}, \Delta l_1 = \frac{N_1 \cdot l}{E_1 A_1 \cos\alpha} \qquad (c)$$

将式（c）代入式（b），得补充方程

$$\frac{N_3 l}{E_3 A_3} + \frac{N_1 l}{E_1 A_1 \cos^2\alpha} = \delta \qquad (d)$$

由（a）、（d）解得

$$N_1 = N_2 = \frac{E_1 A_1 \cdot E_3 A_3 \cos^3\alpha}{l(2E_1 A_1 \cos^2\alpha + E_3 A_3)} \cdot \delta \qquad (e)$$

$$N_3 = 2N_1 \cos\alpha$$

内力都是正值，说明原设方向都是正确的。求得内力值后即可求得应力值。

　　一般地说，装配应力对结构是不利的，因为它使得结构在未受荷载时已有了初应力。但如上例中由三杆组成的结构，若使用时承受向下的节点荷载，那么，由荷载所引起的三杆内力都是拉力。此时，若故意将杆 1、2 制造得比要求长些，这样，把它与杆 3 一起装配好后，这二杆内已有了受压的初应力。然后当荷载作用上去后，产生的拉力就被已有的初压力抵消一部分，从而达到节省材料的目的。

　　在钢筋混凝土结构里，装配应力的概念在预应力构件里得到广泛的应用，从而可节省大量的材料。

*2.9　应力集中的概念

　　等截面直杆受轴向拉伸或压缩时，横截面上的应力是均匀分布的。但在实际工程中，有些构件常存在切口、切槽、油孔、螺纹等，从而使这些部位上的截面尺寸发生突然变化。实验以及理论分析表明，在突变的横截面上，应力并不是均匀分布的。如图 2-31 所示，开有圆孔和带有切口的板条受拉时，在圆孔和切口附近的局部区域内，应力的数值急剧增加，而在离开此区域稍远处，应力就迅速降低而趋于均匀。这种因杆件截面尺寸突然改变而引起局部区域应力急剧增大的现象,称为**应力集中**(stress concentration)。

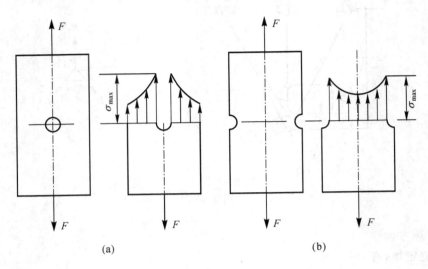

图 2-31

设发生应力集中的截面上的最大正应力为 σ_{max},同一截面上按净面积 A_0 计算的名义应力为 σ_0,则比值

$$k = \frac{\sigma_{max}}{\sigma_0} \qquad\qquad (2\text{-}17)$$

称为**应力集中因数**(stress-concentration factor),它反映了应力集中的强弱程度。k 是一个大于 1 的因数,可在有关设计手册中查到。

实验结果表明,截面尺寸变化越急剧,角越尖,孔越小,应力集中的程度就越严重,局部出现的最大应力 σ_{max} 就越大。因此在工程设计中应尽可能避免在构件上开带尖角的孔和槽,而是采用圆孔代替。

各种材料对应力集中的敏感程度并不相同。材料的良好塑性变形能力可以缓和应力集中峰值,因而对低碳钢之类的塑性材料在静载作用下,可以不考虑应力集中的影响。而对脆性材料,特别是对铸铁之类内含大量显微缺陷、组织不均匀的材料将造成严重影响。

小 结

本章的主要内容:

1. 轴向拉压杆截面上的内力称为轴力,用 N 表示。一般采用截面法求解轴力。轴力图将轴力沿杆件轴线的变化规律用图形形象地表示。

2. 拉压等直杆横截面上只有正应力

$$\sigma = \frac{N}{A}$$

斜截面上一般既有正应力 σ_α,也有剪应力 τ_α,它们都是截面方位 α 的函数。

$$\sigma_\alpha = p_\alpha \cos\alpha = \sigma\cos^2\alpha$$

$$\tau_a = p_a\sin\alpha = \sigma\cos\alpha\sin\alpha = \frac{\sigma}{2}\sin2\alpha$$

3. 材料在线弹性范围内,应力与应变满足虎克定律 $\sigma=E\varepsilon$。杆件伸长或缩短量用 $\Delta l=\frac{Nl}{EA}$ 计算。EA 值越大,杆件抵抗变形的能力就越强。

4. 等直杆轴向拉压时的强度条件为 $\sigma_{max}=\frac{N_{max}}{A}\leqslant[\sigma]$,可以解决强度校核、截面设计和许可荷载三方面的问题。

5. 材料的力学性能主要依靠实验方法测定。如材料的比例极限 σ_p,弹性极限 σ_e,屈服极限 σ_s,强度极限 σ_b,延伸率 δ,断面收缩率 ψ,弹性模量 E,泊松比 μ 等。

6. 未知力个数与独立平衡方程个数相等的结构称静定结构,静定结构内力用静力平衡条件可以完全求解。未知力个数超过独立平衡方程个数,仅靠静力平衡条件不能确定全部未知力的结构称为超静定结构。

求解拉压超静定结构的步骤为:

平衡:列出有效的独立平衡方程。

协调:列出变形协调方程。

物理:应用物理关系,将变形协调方程中的各变形或位移用未知力表达。

求解:平衡方程与用未知力表达的变形协调方程联立求解,得到全部未知力。

思 考 题

2-1　用截面法求拉压杆内力时,当假想地把杆件截为两部分后,具体取哪一部分作为脱离体应根据什么因素来决定? 选取不同的脱离体对内力计算结果有影响吗?

2-2　低碳钢拉伸应力—应变曲线可分为几个阶段? 弹性性能指标有哪些? 强度指标有哪些?

2-3　虎克定律的适用范围? 构件的伸长量和什么因素有关?

2-4　为什么可以按变形前尺寸来计算结构内力? 为什么用"切线代圆弧"计算节点位移?

2-5　与静定问题比较,超静定问题有什么特点? 简述解超静定问题的方法和步骤。

2-6　静定结构在温度变化或有装配误差时会产生应力吗?

2-7　构件的应力集中程度和哪些因素有关?

习 题

2-1　试求图示各杆 1-1,2-2,3-3 截面上的轴力,并作轴力图。

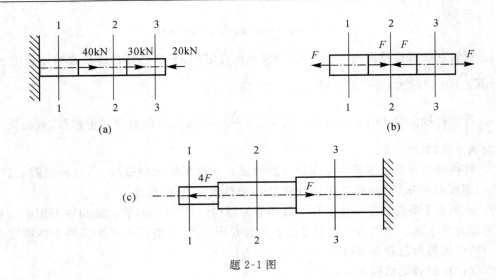

题 2-1 图

2-2　如题 2-2 图所示，试求变截面杆在 1-1,2-2 和 3-3 截面的轴力，并作轴力图。已知横截面面积 $A_1 = 200\text{mm}^2$，$A_2 = 300\text{mm}^2$，$A_3 = 400\text{mm}^2$，试求各横截面上的应力。

2-3　在题 2-3 图所示结构中，各杆横截面面积均为 3000mm^2，力 F 等于 200kN，试求各杆横截面上的正应力。

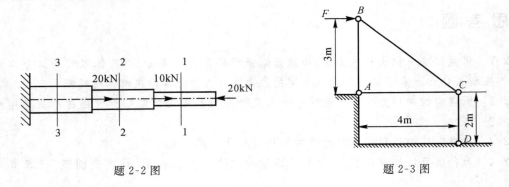

题 2-2 图　　　　　　　　题 2-3 图

2-4　题 2-4 图所示杆件受轴向力 $F = 200\text{kN}$，试计算互相垂直面 AB 和 BC 上的正应力、剪应力以及杆内最大正应力和最大剪应力。

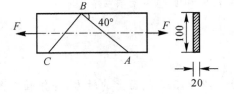

题 2-4 图

2-5　变截面直杆如题 2-5 图所示。已知 $A_1=8\text{cm}^2$，$A_2=4\text{cm}^2$，$E=200\text{GPa}$。求杆的总伸长量 Δl。

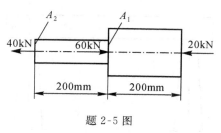

题 2-5 图

2-6　设题 2-6 图中 CG 为刚体（即 CG 的弯曲变形可以省略），BC 为铜杆，DG 为钢杆，两杆的横截面面积为 A_1 和 A_2，弹性模量分别为 E_1 和 E_2。如要求 CG 始终保持水平位置，试求集中荷载 F 的作用位置 x。

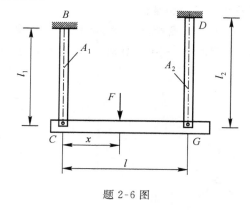

题 2-6 图

2-7　铸铁柱尺寸如题 2-7 图所示，轴向压力 $F=30\text{kN}$，若不计自重，试求柱的变形。已知 $E=120\text{GPa}$。

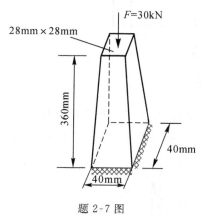

题 2-7 图

2-8　题 2-8 图示结构中，AD 和 BE 两根铸铁柱的尺寸与题 2-7 中的铸铁柱相同。若设横梁 AB 为刚体，集中荷载 $F=50\text{kN}$，试求 F 作用点 C 的位移。

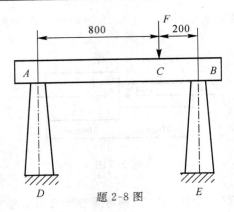

题 2-8 图

2-9 用钢索起吊一钢管如题 2-9 图所示,已知钢管重 $W=10$kN,钢索直径 $d=40$mm,许用应力 $[\sigma]=10$MPa,试校核钢索的强度。

2-10 一正方形截面的阶梯形混凝土柱受力如题 2-10 图所示。设混凝土重度 $\gamma=20$kN/m³,荷载 $F=100$kN,许用应力 $[\sigma]=2$MPa。试根据强度条件选择截面尺寸 a 和 b。

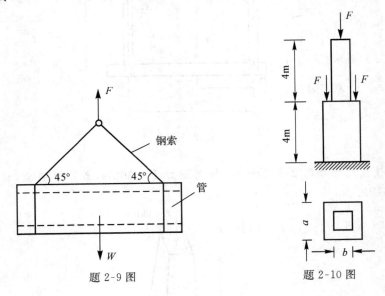

题 2-9 图 　　　　　　　　题 2-10 图

2-11 在题 2-11 图所示结构中,横杆 AB 为刚性杆,斜杆 CD 为圆杆,其材料的弹性模量 $E=200$GPa,材料的许用应力 $[\sigma]=160$MPa。如果 $F=15$kN,试求 CD 杆的截面尺寸。

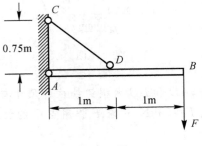

题 2-11 图

2-12　题 2-12 图所示结构中，AB 杆为 5 号槽钢，许用应力 $[\sigma]_1 = 160\text{MPa}$；$BC$ 杆为 $h = 100\text{mm}$，$b = 50\text{mm}$ 的矩形截面木杆，许用应力 $[\sigma]_2 = 8\text{MPa}$，试求：(1) $F = 100\text{kN}$ 时，校核该结构的强度；(2) 确定许可荷载 $[F]$ 的值。

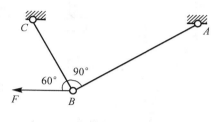

题 2-12 图

2-13　在题 2-13 图所示简易吊车中，BC 为钢杆，AB 为木杆。木杆 AB 的横截面面积 $A_1 = 100\text{cm}^2$，许用应力 $[\sigma]_1 = 7\text{MPa}$；钢杆 BC 的横截面面积 $A_2 = 6\text{cm}^2$，许用应力 $[\sigma]_2 = 160\text{MPa}$。试求许可吊重 $[F]$。

2-14　在题 2-14 图所示杆系中，BC 和 BD 两杆的材料相同，且抗拉和抗压许用应力相等，同为 $[\sigma]$。为使杆系使用材料最省，试求夹角 θ 的值。

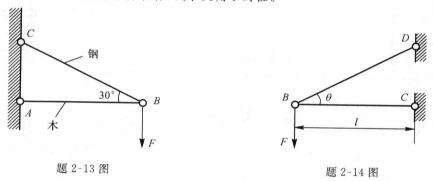

题 2-13 图　　　　　　　　　　题 2-14 图

2-15　题 2-15 图所示拉杆沿斜截面 $m\text{-}m$ 由两部分胶合而成。设在胶合面上许用拉应力 $[\sigma] = 100\text{MPa}$，许用切应力 $[\tau] = 50\text{MPa}$。并设胶合面的强度控制杆件的拉力。试问，为使杆件承受最大拉力 F，α 角的值应为多少？若杆件横截面面积为 4cm^2，并规定 $\alpha \leqslant 60°$，试确定许可载荷 $[F]$。

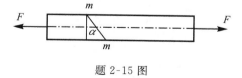

题 2-15 图

2-16　题 2-16 图所示支架中的三根杆件材料相同，杆 1 的横截面面积为 200mm^2，杆 2 为 300mm^2，杆 3 为 400mm^2。若 $F = 30\text{kN}$，试求各杆内的应力。

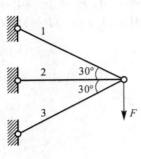

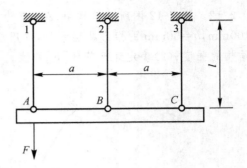

题 2-16 图   题 2-17 图

2-17 在题 2-17 图所示结构中,假设 AC 梁为钢杆,杆1、2、3 的横截面面积相等,材料相同。试求三杆的轴力。

2-18 阶梯形钢杆的两端在 $T_1=5℃$ 时被固定,杆件上下两端的横截面面积分别是 $A_上=5cm^2$,$A_下=10cm^2$。当温度升高至 $T_2=25℃$ 时,试求杆内各部分的温度应力。钢材的 $\alpha_l=12.5×10^{-6}/℃$,$E=200GPa$。

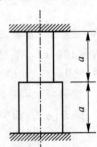

题 2-18 图

2-19 在题 2-19 图所示结构中,1、2 两杆的抗拉刚度同为 E_1A_1,3 杆为 E_3A_3。3 杆的长度为 $l+\delta$,其中 δ 为加工误差。试求将 3 杆装入 AC 位置后,1、2、3 三杆的内力。

2-20 在题 2-20 图所示杆系中,AB 杆比名义长度略短,误差为 δ。若各杆材料相同,横截面面积相等,试求装配后各杆的轴力。

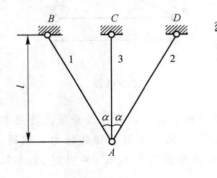

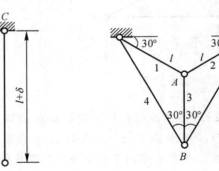

题 2-19 图   题 2-20 图

第3章　剪切与挤压的实用计算

【学习导航】

本章主要研究联接件剪切和挤压的实用计算方法。

【学习要点】

1. 联接件是将构件联接起来以传递力和运动的部件。在外力作用下联接件可能有三种破坏形式：一种是联接件沿剪切面被剪坏；另一种是联接件或被联接件在相互接触面上因为挤压而破坏；此外被联接构件还可能因为打孔后局部截面削弱而受拉（压）破坏。本章主要研究前两种破坏形式。

2. 联接件受剪时，剪切面上的切应力分布很复杂，工程上用平均切应力来建立强度条件：$\tau = \dfrac{Q}{A} \leqslant [\tau]$。

3. 在外力作用下，联接件和被联接件的接触面上存在有分布复杂的接触正应力，称为挤压应力。工程中仍然采用实用计算公式进行强度计算：$\sigma_{bs} = \dfrac{F_{bs}}{A_{bs}} \leqslant [\sigma_{bs}]$。

3.1　剪切的概念与工程实例

工程中常利用铆钉、螺栓、平键（图 3-1）等联接件将构件联接起来，以实现力和运动的传递。

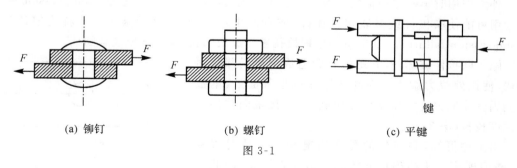

|(a) 铆钉|(b) 螺钉|(c) 平键|
|图 3-1|

如果联接件破坏，将导致整个结构被破坏。例如 1901 年"泰坦尼克号"由于采用了含硫量过高的脆性铆钉，在冰山的撞击下铆钉断裂导致船壳解体，最终使"泰坦尼克号"葬身于大

西洋海底,死亡人数超过 1500 人,是当时和平时期最严重的一次航海事故,也是迄今为止最为人所知的一场海难（图 3-2）。

外力作用下的联接件有剪切与挤压两种破坏形式。

如图 3-3(a)中联接两块钢板的螺栓,受到上下两块钢板大小相等,方向相反,作用线相距很近的横向拉力 F 作用,迫使在 m-m 截面的上、下两部分沿 m-m 截面产生相对错动趋势,直到最后沿 m-m 截面被剪断（图 3-3(b)）,这种破坏形式称为

图 3-2

剪切破坏（shear failure）。剪切的受力特点是在构件两侧面上作用有大小相等、方向相反并且作用线相距很近的横向外力,其变形特点是两外力之间的交接截面发生相互错动。发生相对错动的截面称为**剪切面**（shearing plane）,剪切面平行于作用力的方向。在联接件中,仅有一个剪切面的称为单剪切（图 3-3）,具有两个剪切面的称为双剪切（图 3-6）。

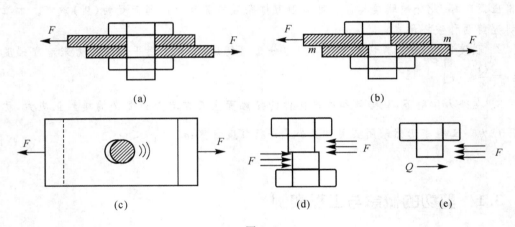

(a)   (b)

(c)   (d)   (e)

图 3-3

外力作用时螺栓与钢板的接触面间会相互压紧,这种现象称为**挤压**（compression）。挤压作用可能使联接件或被联接件压碎,或者产生塑性变形,这种破坏形式称为**挤压破坏**（compression failure）。图 3-3(c)中螺栓孔被压成长圆孔,螺栓被压成扁圆柱。

除了联接件破坏外,开螺栓孔会造成钢板局部截面削弱,使该处拉力增大。因此在这一危险截面处,钢板可能因受拉应力过大而发生受拉破坏,应按轴向拉伸进行强度校核（图 3-4）。

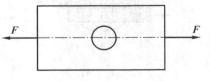

图 3-4

由上述可知,联接件的受力情况和变形情况很复杂,要用理论方法精确地分析其应力非常困难,因此在工程实际中常采用实用计算方法。

3.2　剪切的实用计算

下面以联接两块钢板的螺栓为例说明剪切的实用计算方法。图 3-3(a)中,当两块钢板受拉时,螺栓的受力简图如图 3-3(d)所示。以剪切面 $m\text{-}m$ 截面假想将螺栓切为上下两部分,并以其中一部分为研究对象。如图 3-3(e)所示,为保持脱离体的平衡,$m\text{-}m$ 截面上必然存在一个与外力 F 大小相等、方向相反而且切于截面的内力 Q,称为截面上的**剪力**(shearing force)。

实用计算中,假设应力在剪切面上均匀分布。如果以 A 表示剪切面面积,则**切应力**(shearing stress)为

$$\tau = \frac{Q}{A} \tag{3-1}$$

式(3-1)中的切应力实际是剪切面上的平均切应力,是一个名义切应力。为了消除这一缺陷,应在与构件的实际受力情况相似的条件下实验测得极限载荷,由极限载荷求出相应的极限切应力 τ_u,再除以适当的安全因数 n 而得到许用切应力$[\tau]$。从而建立剪切实用计算的强度条件

$$\tau = \frac{Q}{A} \leqslant [\tau] \tag{3-2}$$

试验表明,一般情况下材料的许用切应力$[\tau]$与许用拉应力$[\sigma]$之间有如下关系:对塑性材料$[\tau]=(0.5\sim0.7)[\sigma]$,对脆性材料$[\tau]=(0.8\sim1.0)[\sigma]$。

3.3　挤压的实用计算

在外力作用下,联接件和被联接件还可能在相互接触的局部面积上因为相互挤压而破坏。接触面处相互压紧的压力称为**挤压力**(compression force),以 F_{bs} 表示。由挤压力引起的正应力,称为**挤压应力**(compression stress),用表示 σ_{bs}。挤压应力 σ_{bs} 分布同样比较复杂,实用计算中假定挤压应力在有效挤压面上均匀分布,有效挤压面的面积用 A_{bs} 表示。于是挤压应力为

$$\sigma_{bs} = \frac{F_{bs}}{A_{bs}} \tag{3-3}$$

有效挤压面的面积用 A_{bs} 按如下确定:当联接件与被联接件的接触面为平面时(如图3-1(c)中的平键联接),挤压面积 A_{bs} 就是实际接触面的面积。当接触面为圆柱面时(如螺栓、销钉、铆钉等联接件),有效挤压面面积为曲面在挤压方向上的正投影面面积(图 3-5),即 $A_{bs}=\delta d$。

挤压的强度条件为

$$\sigma_{bs} = \frac{F_{bs}}{A_{bs}} \leqslant [\sigma_{bs}] \tag{3-4}$$

式中:$[\sigma_{bs}]$为材料的许用挤压应力,可从有关设计手册中查到。对于钢材,一般采用$[\sigma_{bs}]=(1.5\sim2.5)[\sigma]$。$[\sigma]$是材料的许用拉应力。

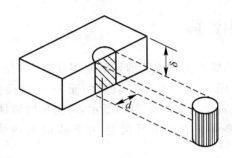

图 3-5

例 3-1   如图 3-6 所示的螺栓接头。已知 $F=40\text{kN}$,螺栓的许用切应力 $[\tau]=130\text{MPa}$,许用挤压应力 $[\sigma_{bs}]=300\text{MPa}$。试求螺栓所需的直径 d。

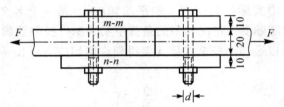

图 3-6

解   (1)螺栓中段相对于上、下两段,可以沿 m-m 和 n-n 两个截面相对错动,所以有两个剪切面,即双剪切。由平衡方程容易求出

$$Q = \frac{F}{2}$$

由螺栓的剪切强度条件 $\tau=\dfrac{Q}{A}=\dfrac{F/2}{\pi d^2/4}\leqslant[\tau]$,可得

$$d \geqslant \sqrt{\frac{2F}{\pi[\tau]}} = \sqrt{\frac{2\times40\times10^3}{\pi\times130\times10^6}}\ (\text{m}) = 14(\text{mm})$$

(2)螺栓的挤压面是圆柱面,因此取 $A_{bs}=d\delta$。由螺栓的挤压强度条件 $\sigma_{bs}=\dfrac{F_{bs}}{A_{bs}}=\dfrac{F}{d\cdot20\times10^{-3}}\leqslant[\sigma_{bs}]$,可得

$$d \geqslant \frac{F}{20\times10^{-3}[\sigma_{bs}]} = \frac{40\times10^3}{20\times10^{-3}\times300\times10^6}(\text{m}) = 6.7(\text{mm})$$

综合上述可得,螺栓所需的直径为 $d\geqslant14\text{mm}$。

例 3-2   图 3-7(a)中螺钉受拉力 F 作用,螺钉头 $D=40\text{mm}$,$h=12\text{mm}$,螺钉杆 $d=20\text{mm}$,$[\tau]=60\text{MPa}$,$[\sigma_{bs}]=200\text{MPa}$,$[\sigma]=160\text{MPa}$,求螺钉可承受的最大拉力 F。

解   (1)按剪切强度计算拉力 F

由截面法得 $Q=F$

剪切面为图 3-7(b)中的圆柱表面,面积 $A_1=\pi dh$

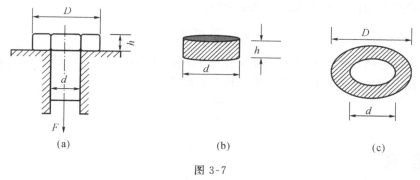

图 3-7

切应力

$$\tau = \frac{Q}{A_1} = \frac{F}{\pi dh} \leqslant [\tau]$$

$$F \leqslant \pi dh[\tau] = 3.14 \times 20 \times 60 = 45216(N) = 45.2(kN) \tag{a}$$

（2）按挤压强度计算拉力 F

由截面法得 $F_{bs} = F$

挤压面为图 3-7(c)中的圆环面,面积 $A_2 = \dfrac{\pi(D^2 - d^2)}{4}$

挤压应力

$$\sigma_{bs} = \frac{F_{bs}}{A_2} = \frac{4F}{\pi(D^2 - d^2)} \leqslant [\sigma_{bs}]$$

$$F \leqslant \frac{\pi(D^2 - d^2)[\sigma_{bs}]}{4} = \frac{3.14(40^2 - 20^2) \times 200}{4} = 188400(N) = 188.4(kN) \tag{b}$$

（3）按拉伸正应力计算拉力 F

由截面法得 $N = F$

轴向拉伸面为螺杆的横截面,面积 $A_3 = \dfrac{\pi d^2}{4}$

拉伸正应力

$$\sigma = \frac{N}{A_3} = \frac{4F}{\pi d^2} \leqslant [\sigma]$$

$$F \leqslant \frac{\pi d^2[\sigma]}{4} = \frac{3.14 \times 20^2 \times 160}{4} = 50240(N) = 50.24(kN) \tag{c}$$

由式（a）、(b)和(c)式可得,螺钉可承受的最大拉力 $F = 45.2\text{kN}$。

小　结

本章的主要内容为:

1. 将构件联接在一起的部件称为联接件。在外力作用下联接件可能会发生剪切破坏、挤压破坏,此外被联接件还可能发生拉(压)破坏。

2. 在构件两侧面上作用大小相等、方向相反并且作用线相距很近的横向外力,使两外力之间的截面(剪切面)发生相互错动的现象称为剪切。构件横截面上的切应力分布很复

杂,工程上采用实用计算方法来建立强度条件:

$$\tau = \frac{Q}{A} \leqslant [\tau]$$

3. 联接件中两构件在接触面上相互压紧的现象称为挤压。构件挤压面上的挤压应力分布很复杂,工程中采用实用计算方法来建立强度条件:

$$\sigma_{bs} = \frac{F_{bs}}{A_{bs}} \leqslant [\sigma_{bs}]$$

思 考 题

3-1 联接件有哪些破坏形式?

3-2 联接件的实用计算中有哪些假设?为什么要采用实用计算方法?

3-3 挤压与压缩有何不同?接触面积与挤压计算面积是否相同?

习 题

3-1 试确定题 3-1 图中各联接件的剪切面和挤压面。

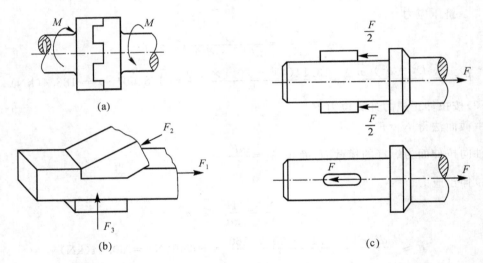

题 3-1 图

3-2 测定材料剪切强度的剪切器如题 3-2 图所示。设圆试件的直径 $d=15$mm,当压力 $F=31.5$kN 时试件被剪断,试求材料的名义剪切极限应力。

3-3 试校核题 3-3 图所示联接销钉的剪切强度。已知 $F=100$kN,销钉直径 $d=30$mm,材料的许用剪应力 $[\tau]=60$MPa。如果强度不够,应改用多大直径的销钉?

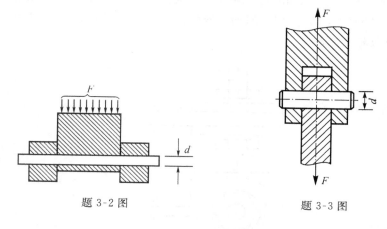

题 3-2 图　　　　　　　　　题 3-3 图

3-4　如题 3-4 图所示,正方形截面的混凝土柱,其横截面边长为 200mm,其基底为边长 $a=1$m 的正方形混凝土板。柱受轴向压力 $F=100$kN。假设地基对混凝土板的支反力均匀分布,混凝土的许可切应力 $[\tau]=1.5$MPa,问:使柱不致穿透基底板,混凝土板所需的最小厚度 σ 为多少?

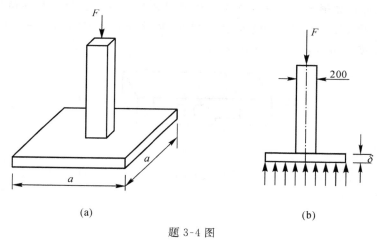

(a)　　　　　　　　　　　　　　(b)

题 3-4 图

3-5　如题 3-5 图所示铆接头受拉力 $F=24$kN 作用,上下钢板尺寸相同,厚度 $t=10$mm,宽 $b=100$mm,许用应力 $[\sigma]=170$MPa,铆钉的 $[\tau]=140$MPa,$[\sigma_{bs}]=320$MPa,试校核该铆接头强度。

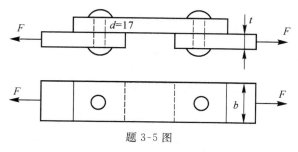

题 3-5 图

3-6 一螺栓将拉杆与厚为 8mm 的两块盖板相联接。各零件材料相同，许用应力均为 $[\sigma]=80\text{MPa}$，$[\tau]=60\text{MPa}$，$[\sigma_{bs}]=160\text{MPa}$。若拉杆的厚度 $\delta=15\text{mm}$，拉力 $F=120\text{kN}$，试设计螺栓直径 d 及拉杆宽度 b。

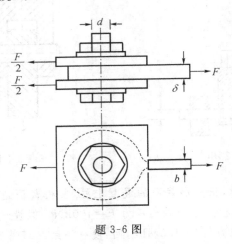

题 3-6 图

3-7 截面为正方形的两木杆的榫接头如题图 3-7 所示。已知木材的顺纹许用剪切应力 $[\tau]=1\text{MPa}$，顺纹许用挤压应力 $[\sigma_{bs}]=8\text{MPa}$，顺纹许用拉应力 $[\sigma_t]=10\text{MPa}$。若 $F=40\text{kN}$，作用于正方形形心，试设计 b、a 及 l。

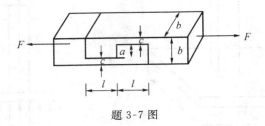

题 3-7 图

第4章 扭 转

【学习导航】

本章主要研究等直圆杆扭转时的受力和变形特点、外力偶矩、扭矩的计算和扭矩图的绘制,并介绍等直圆杆受扭转时的切应力、变形情况及其强度与刚度的计算。

【学习要点】

1. 本章以受扭转变形的等直圆杆为主要研究对象。

2. 计算扭矩 T 及绘制扭矩图。采用截面法计算扭矩 T。用横坐标代表横截面位置,纵坐标代表各横截面上扭矩的大小,按比例绘制扭矩图。

3. 薄壁圆筒扭转时横截面上的切应力及切应力的互等定理:$\tau = \dfrac{T}{2\pi R_0^2 t}$,$\tau' = \tau$。

4. 剪切虎克定律:$\tau = G\gamma$。

5. 横截面上切应力的计算和强度条件:

$$\tau_\rho = \frac{T\rho}{I_p}, \tau = \frac{T}{W_n}, \tau_{\max} = \left(\frac{T}{W_n}\right)_{\max} \leqslant [\tau], \tau_{\max} = \frac{T_{\max}}{W_n} \leqslant [\tau]$$

6. 扭转角的计算和刚度条件:$\varphi = \dfrac{Tl}{GI_p}$,$\theta_{\max} = \dfrac{\varphi}{l} = \dfrac{T_{\max}}{GI_p} \leqslant [\theta]$

7. 简要简介非圆截面直杆在自由扭转时的应力和变形计算。

4.1 扭转的概念与工程实例

在日常生活和工程实际中,经常遇到受扭转的构件,如图 4-1 所示钻床,钻头加工工件时受到工件的扭转阻力;如图 4-2 所示的齿轮轴,汽车的转向轴等,在垂直于杆轴线平面内受到一对大小相等,转向相反的外力偶矩的作用,该轴各横截面将绕轴线作相对转动。这类常见的传动轴问题就是圆截面杆的扭转问题。这类杆件的受力特点是:载荷为等值、反向且作用面垂直于直杆轴线的两个力偶;变形特点是:杆的轴线保持不变形,各横截面绕轴线作相对转动。将具有以上两个特点的杆件变形形式称为**扭转**(torsion)。这类构件称为**受扭构件**(member of torsion)。

本章主要研究圆形截面直杆的扭转强度和刚度计算。在工程中,凡是以扭转为主要变形形式的构件称为**轴**(shaft)。

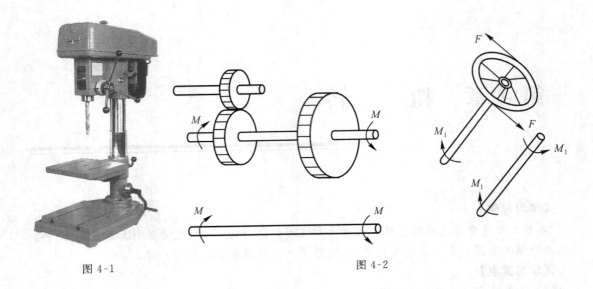

图 4-1 图 4-2

4.2 圆杆扭转时的内力——扭矩的计算

4.2.1 外力偶矩 M_e 的计算

工程实际中,外力偶往往不是直接给定的,只知道它所传递的功率和转速,因此,需要通过一定的换算而得到。现介绍工程中最常遇见的情况。当已知轴的传递功率 P 及转速 n,则外力偶矩的计算式(推导略去)为

$$M_e = 9549 \frac{P}{n} \tag{4-1}$$

式中:M_e 为外力偶矩,单位为牛顿·米(N·m);P 为轴的传递功率,单位为千瓦(kW);n 为转速,单位为转/分(r/min)。输入力偶矩为主动力偶矩,其转向与轴的转向相同,输出力偶矩为阻力偶矩,其转向与轴的转向相反。

4.2.2 扭矩的计算与扭矩图

1. 扭矩的计算

杆受扭后,该杆内横截面上必然有内力偶矩与外力偶矩保持平衡,这个内力偶矩称为**扭矩**(twist moment),用 T 表示。

$$T = \sum M_e \tag{4-2}$$

T 的单位为牛顿·米(N·m),它和 M_e 大小相等,转向相反,如图 4-3 所示。

为了使左右两段杆上求得的同一横截面的扭矩数值相等,符号相同,对扭矩的正负号作如下规定:按右手螺旋法则,用右手四指沿扭转转向,若大拇指指向与截面外法线方向相同,则为正,反之为负。图 4-4 所示为按右手螺旋法则所得的扭矩正负图。需要注意的是,杆的横截面法线正方向始终与截面垂直并且箭头背离横截面。

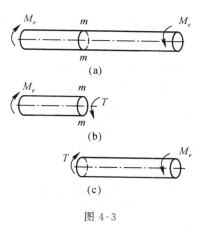

图 4-3

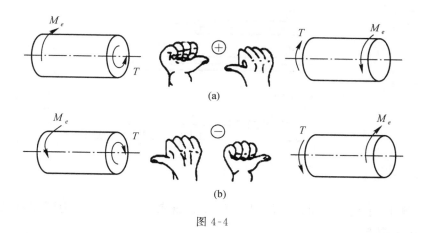

图 4-4

　　扭转试验机是专门用来对试样施加扭矩,测试扭矩大小的设备,扭矩测试如图 4-5 所示。

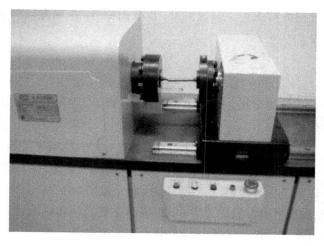

图 4-5

2. 扭矩图

在杆上有多个外力偶矩作用时,杆上不同截面上的扭矩是不一样的。为了表示杆各横截面上扭矩的变化情况,类似作轴力图的方法,用横坐标代表横截面的位置,纵坐标代表各横截面上扭矩的大小,按适当比例画出图线,这种图称为**扭矩图**(twist moment diagrams)。注意横坐标上方为正扭矩,用"$\oplus$"表示,下方为负扭矩,用"$\ominus$"表示。

例 4-1 设一等截面圆杆如图 4-6(a)所示,作用在轴上的外力偶矩 M_e 分别为:$M_{e1}=60\text{kN}\cdot\text{m}$,$M_{e2}=10\text{kN}\cdot\text{m}$,$M_{e3}=20\text{kN}\cdot\text{m}$,$M_{e4}=30\text{kN}\cdot\text{m}$。试计算 I-I、II-II、III-III 截面的扭矩,并绘制出该杆的扭矩图。

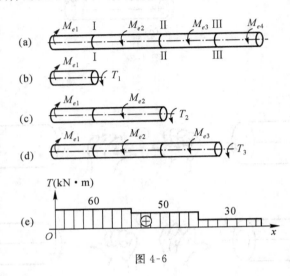

图 4-6

解 计算 I-I 截面的扭矩。假想沿 I-I 截面截开,并取左段为研究对象,如图 4-6(b)所示。由平衡方程

$$\sum M_x = 0: -M_{e1} + T_1 = 0$$
$$T_1 = M_{e1} = 60\text{kN}\cdot\text{m}$$

同理,计算 II-II 截面的扭矩。假想沿 II-II 截面截开,并取左段为研究对象,如图 4-6(c)所示,由平衡方程

$$\sum M_x = 0: -M_{e1} + M_{e2} + T_2 = 0$$
$$T_2 = M_{e1} - M_{e2} = 50\text{kN}\cdot\text{m}$$

同理,计算 III-III 截面的扭矩。再假想地沿 III-III 截面截开,并取左段为研究对象,如图 4-6(d)所示。由平衡方程

$$\sum M_x = 0: -M_{e1} + M_{e2} + M_{e3} + T_3 = 0$$
$$T_3 = M_{e1} - M_{e2} - M_{e3} = 30\text{kN}\cdot\text{m}$$

绘制扭矩图。取横坐标与轴线 x 平行正对,表示横截面的位置,纵坐标代表相应截面上的扭矩值,正扭矩画在横坐标轴的上方,负扭矩画在横坐标轴的下方,扭矩图如图 4-6(e)所示。从扭矩图上可以确定出最大扭矩以及其所在的横截面位置。

例 4-2 图 4-7(a)所示为一传动轴,已知轴的转速 $n=300\text{r/min}$,主动轮 A 的输入功率

$P_A = 50\text{kW}$，从动轮 B、C 输出功率分别为 $P_B = 30\text{kW}$，$P_C = 20\text{kW}$。试求 Ⅰ-Ⅰ、Ⅱ-Ⅱ 截面的扭矩，并作出传动轴的扭矩图。又问如何减小最大扭矩？

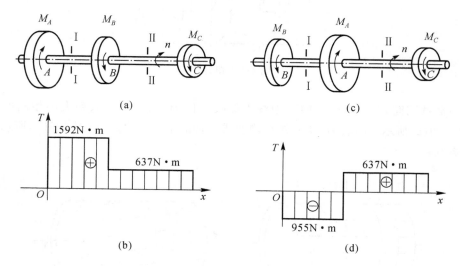

图 4-7

解 先计算出外力偶矩

$$M_{eA} = 9549 \times \frac{50}{300} = 1592(\text{N} \cdot \text{m})$$

$$M_{eB} = 9549 \times \frac{30}{300} = 955(\text{N} \cdot \text{m})$$

$$M_{eC} = 9549 \times \frac{20}{300} = 637(\text{N} \cdot \text{m})$$

计算 Ⅰ-Ⅰ、Ⅱ-Ⅱ 截面的扭矩。由截面法可以分别求得

$$T_1 = M_A = 1592\text{N} \cdot \text{m}$$

$$T_2 = M_C = 637\text{N} \cdot \text{m}$$

画出扭矩图如图 4-7(b)所示。从扭矩图可知最大扭矩发生在 AB 段内，其值为 $T_{\max} = 1592\text{N} \cdot \text{m}$。

为了改善最大扭矩，使传动轴处于受载合理状态，可以把 A、B 轮对调，如图 4-7(c)所示，则此时的扭矩图如图 4-7(d)所示。从中可以看出，最大扭矩的绝对值为 $|T|_{\max} = 955$ N·m。由此可见，传动轴上输入与输出功率的轮子的位置不同，轴的最大绝对值扭矩也不同。显然采用改进后的布局方式较合理。

4.3 薄壁圆筒扭转时的截面上的切应力

研究薄壁圆筒上的扭转，可为等直圆杆的应力分析打下基础。扭转变形时，圆杆各横截面相对转动，这种绕圆杆作相对转动的角位移，称作**扭转角**（angle of twist），用 φ 表示，如图 4-8 所示。将壁厚 $t \leqslant \frac{1}{10}R_0$（$R_0$ 为平均半径）的圆筒称之为薄壁圆筒。

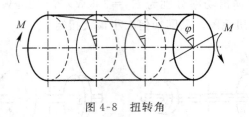

图 4-8　扭转角

取一薄壁圆筒,在其表面等间距地画上纵线和圆周线,形成一系列大小相同的矩形网格,如图 4-9(a)所示。扭转后,所有矩形均变成同样的平行四边形,如图 4-9(b)所示。从图中可以看到:

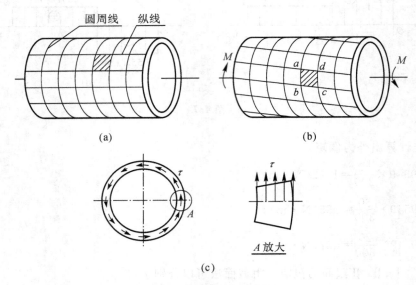

图 4-9　薄壁圆筒扭转变形

(1)各圆周线大小,形状和间距不变。圆周线间距不变,说明圆筒长度不变,表明圆筒横截面上没有正应力存在;圆周线形状和大小不变,说明圆筒在截面的半径方向上也无正应力。

(2)圆周线只绕圆轴线作相对转动,各纵向线倾斜同一角度,所以矩形变成平行四边形,这表明在相邻两截面间发生了相对错动,产生了剪切变形,故横截面上只存在垂直半径的切应力。

由于圆筒是薄壁的,所以在横截面上切应力可视为均匀分布,如图 4-9(c)所示。

如图 4-10 所示,如薄壁圆筒平均半径为 R_0,壁厚为 t,则作用在微面积 $\mathrm{d}A = tR_0\mathrm{d}\theta$ 上的剪切力为 $\tau tR_0\mathrm{d}\theta$,它对矩心 O 的微力矩为 $\tau tR_0\mathrm{d}\theta R_0 = \tau tR_0^2\mathrm{d}\theta$。整个横截面上所有这些微力矩之和就是扭矩 T,即 $T = \int_0^{2\pi} \tau tR_0^2\mathrm{d}\theta = 2\pi R_0^2 t\tau$,从而有

$$\tau = \frac{T}{2\pi R_0^2 t} \tag{4-3}$$

τ 就是薄壁圆筒扭转时横截面上的切应力。

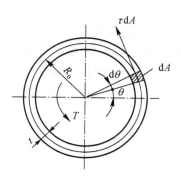

图 4-10 薄壁圆筒截面上的扭矩

4.4 切应力的互等定理与剪切虎克定律

1. 切应力互等定理

从薄壁圆筒中取一微小单位体 $abcd$，如图 4-11 所示，它在三个方向的尺寸分别为 $\mathrm{d}x$、$\mathrm{d}y$ 和 t，由薄壁圆筒扭转特点知，单元体上下、左右四面无正应力，前后两侧是自由面，无应力，所以这单元体上只有切应力，其值大小按式(4-3)计算。由平衡条件 $\sum F_y = 0$ 可知，单元体的左右两侧必然存在着大小相等，方向相反的切应力 τ，于是两个面上的剪力组成一个力偶，其大小为 $(\tau t \mathrm{d}y)\mathrm{d}x$，同理，根据平衡条件 $\sum M = 0$，上下两侧也必然存在切应力 τ'，此两个面上的剪力组成的力偶为 $(\tau' t \mathrm{d}x)\mathrm{d}y$，由平衡条件，有

$$(\tau t \mathrm{d}y)\mathrm{d}x = (\tau' t \mathrm{d}x)\mathrm{d}y$$

所以

$$\tau' = \tau \tag{4-4}$$

式(4-4)即为**切应力互等定理**(pairing principle of shear stresses)，它表明：在相互垂直的两个截面上，切应力必然成对存在，且大小相等，两者的方向都垂直两截面的交线，且共同指向或共同背离这一交线。

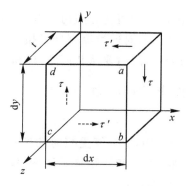

图 4-11 单元体

在单元体四个侧面上,只有切应力而无正应力,这种情况称为**纯剪切**(pure shear)。

2. 剪切虎克定律

为了研究方便,将图 4-11 所示的单元体用正投影平面图形表示,如图 4-12 所示,单元体在切应力作用下,产生剪切变形,相互垂直的两边所夹的直角发生微小变化。直角的改变量称为**切应变**(shearing strain),用 γ 表示,单位为弧度(rad)。

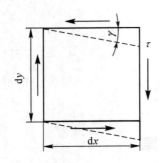

图 4-12　单元体的剪切变形

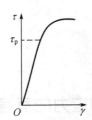

图 4-13　薄壁圆筒扭转纯剪切试验的 τ-γ 图

由薄壁圆筒扭转作纯剪切试验,切应力 τ 与切应变 γ 的关系如图 4-13 所示,试验表明:当切应力不超过材料的剪切比例极限 τ_p 时,切应力与切应变成正比,即

$$\tau = G\gamma \tag{4-5}$$

这就是**剪切虎克定律**(Hooke's law for shearing stress and strain),式中 G 为**切变模量**(shear modulus),G 常用单位为 GPa。钢的切变模量约为 $80\sim84$ GPa。

理论和实验表明,在比例极限内,材料的三个弹性常数:弹性模量 E、切变模量 G 和泊松比 μ 之间存在如下关系:

$$G = \frac{E}{2(1+\mu)} \tag{4-6}$$

当知道其中任意两个弹性常数后,由式(4-6)确定第三个弹性常数。

4.5　等直圆杆在扭转时的切应力　强度条件

上节利用静力平衡分析了薄壁圆筒扭转时的切应力,但在工程实际中,最常见的是实心圆杆和有相当厚度的空心圆杆的扭转,对这类等直杆受扭时横截面上的应力分布规律及变形的研究,必须像拉伸时的应力分析那样,要从几何、物理和静力学三方面进行综合分析。

4.5.1　等直圆杆横截面上的切应力

1. 几何方面

等直圆杆受扭时,其变形情况与薄壁圆筒受扭时的变形情况类似,如图 4-14(a)所示,在小变形情况下,各圆周线的形状、大小和间距均不改变,仅绕轴线相对转动。各纵线倾斜同一角度 γ,内外变形相似,所以可假设:

(1)变形后,横截面仍为平面,其形状和大小均不改变,半径仍为直线。

（2）变形后相邻两截面间距不变。

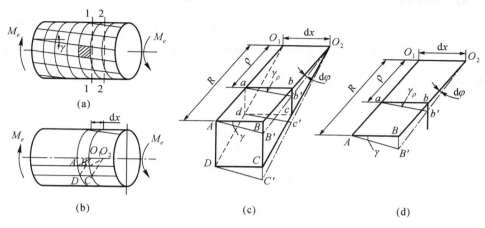

图 4-14 等直圆杆受扭时的变形

如果用相距为 $\mathrm{d}x$ 的两个横截面及无限小的两个径向平面从圆杆中切取一楔形体 O_1O_2BADC，如图 4-14（b）所示，圆杆受扭后，其变形如图 4-14（c）所示。2-2 横截面相对 1-1 截面绕轴线旋转了一个 $\mathrm{d}\varphi$ 角，同样，半径 O_2B 也转了一个 $\mathrm{d}\varphi$ 角至 O_2B'，圆杆表面的矩形变为平行四边形，同样距轴 ρ 处的矩形 $abcd$ 由于剪切变形变为平行四边形。图 4-14（d）为楔形体剪切变形的局部图，其矩形 $abcd$ 切应变 γ_ρ 应为

$$\gamma_\rho \approx \tan\gamma_\rho = \frac{bb'}{ab} = \frac{\rho\mathrm{d}\varphi}{\mathrm{d}x} \approx \rho\frac{\mathrm{d}\varphi}{\mathrm{d}x} \tag{4-7}$$

$\dfrac{\mathrm{d}\varphi}{\mathrm{d}x}$ 对同一截面是一个常数，它是沿轴线的变化率，切应变 γ_ρ 与 ρ 成正比，这就是由几何关系推出的等直圆杆切应变的变化规律。

2. 物理方面

在比例极限内，由剪切虎克定律 $\tau = G\gamma$ 知：横截面上距轴心 ρ 处的切应力为

$$\tau_\rho = G\rho\frac{\mathrm{d}\varphi}{\mathrm{d}x} \tag{4-8}$$

这表明：杆横截面上的扭转切应力 τ_ρ 是沿半径成线性变化，在离轴心等远的各点处，切应力值均相同。实心和空心直圆杆的扭转切应力分布如图 4-15 所示。

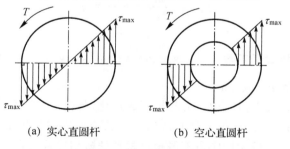

(a) 实心直圆杆　　　(b) 空心直圆杆

图 4-15 实心和空心直圆杆的扭转切应力分布

3. 静力学方面

在公式(4-7)、(4-8)中，因 $\dfrac{\mathrm{d}\varphi}{\mathrm{d}x}$ 值尚未知，故不能直接知道切应力的值，还需用静力学来分析解决。如图 4-16 所示，在距轴心 ρ 处的微面积 $\mathrm{d}A$ 上作用剪力是 $\tau_\rho\mathrm{d}A$，它对轴心 O 的微力矩为 $\rho\tau_\rho\mathrm{d}A$。显然，整横截面上的扭矩 $T=\displaystyle\int_A\rho\tau_\rho\mathrm{d}A$。

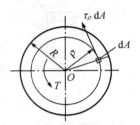

图 4-16　受扭直圆杆横截面上的扭矩

由式(4-8)代入得

$$T=\int_A G\rho^2\frac{\mathrm{d}\varphi}{\mathrm{d}x}\mathrm{d}A=G\frac{\mathrm{d}\varphi}{\mathrm{d}x}\int_A\rho^2\mathrm{d}A$$

令 $I_\mathrm{p}=\displaystyle\int_A\rho^2\mathrm{d}A$，则 $T=GI_\mathrm{p}\dfrac{\mathrm{d}\varphi}{\mathrm{d}x}$，

由此得出等直圆杆扭转变形的基本公式

$$\frac{\mathrm{d}\varphi}{\mathrm{d}x}=\frac{T}{GI_\mathrm{p}} \tag{4-9}$$

式中 I_p 称为圆截面的**极惯性矩**(polar moment of inertia for cross section)，它是一个只与横截面的形状、尺寸有关的量，单位为 m^4 或 cm^4。

将式(4-9)代入式(4-8)中，得等直圆杆扭转时横截面上任意点处的切应力公式：

$$\tau_\rho=\frac{T\rho}{I_\mathrm{p}} \tag{4-10}$$

等直圆杆横截面上的最大切应力发生在等直圆杆横截面的边缘上，即 ρ 达到最大值 R，该处切应力最大，其值为

$$\tau_{\max}=\frac{TR}{I_\mathrm{p}}=\frac{T}{\dfrac{I_\mathrm{p}}{R}}=\frac{T}{W_\mathrm{n}} \tag{4-11}$$

式中 $W_\mathrm{n}=\dfrac{I_\mathrm{p}}{R}$ 称为**抗扭截面系数**(polar section modulus)，它是一个只与截面形状和尺寸有关的几何量，其单位为 m^3 或 cm^3。

从式(4-11)看出，最大扭转切应力与扭矩成正比，与抗扭截面系数 W_n 成反比。

值得注意的是，式(4-9)、式(4-10)、式(4-11)三个公式的应用是有条件的，它们只适用于圆杆，而且横截面上的最大切应力不得超过材料的剪切比例极限。

4. 极惯性矩 I_p 和抗扭截面系数 W_n 的计算

实心圆杆和空心圆杆的极惯性矩 I_p 和抗扭截面系数 W_n 可由式 $I_\mathrm{p}=\displaystyle\int_A\rho^2\mathrm{d}A$ 和 $W_\mathrm{n}=$

$\dfrac{I_{\mathrm{p}}}{R}$ 直接计算。

（1）实心圆杆计算

如图 4-17(a) 所示，在截面上距圆心 ρ 处取宽度为 $\mathrm{d}\rho$ 的环形面积 $\mathrm{d}A$，则 $\mathrm{d}A = 2\pi\rho\mathrm{d}\rho$。

$$I_{\mathrm{p}} = \int_A \rho^2 \, \mathrm{d}A = \int_0^{\frac{d}{2}} \rho^2 \, 2\pi\rho\mathrm{d}\rho = 2\pi \int_0^{\frac{d}{2}} \rho^3 \, \mathrm{d}\rho = \frac{\pi d^4}{32} \tag{4-12}$$

$$W_{\mathrm{n}} = \frac{I_{\mathrm{p}}}{R} = \frac{I_{\mathrm{p}}}{\dfrac{d}{2}} = \frac{\pi d^3}{16} \tag{4-13}$$

（2）空心圆杆计算

设空心圆杆内、外直径分别为 d 和 D，如图 4-17(b) 所示，若 $\alpha = \dfrac{d}{D}$，则有 $\mathrm{d}A = 2\pi\rho\mathrm{d}\rho$，$\rho$ 从内径 $\dfrac{d}{2}$ 往外径 $\dfrac{D}{2}$ 之间变化。

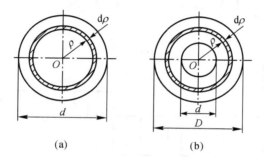

(a)　　　　　(b)

图 4-17　实心圆杆和空心圆杆截面

$$I_{\mathrm{p}} = \int_A \rho^2 \, \mathrm{d}A = 2\pi \int_{\frac{d}{2}}^{\frac{D}{2}} \rho^3 \, \mathrm{d}\rho = \frac{\pi}{32}(D^4 - d^4) = \frac{\pi D^4}{32}(1 - \alpha^4) \tag{4-14}$$

$$W_{\mathrm{n}} = \frac{I_{\mathrm{p}}}{\dfrac{D}{2}} = \frac{\pi}{16D}(D^4 - d^4) = \frac{\pi D^3}{16}(1 - \alpha^4) \tag{4-15}$$

4.5.2　强度条件

工程实际中，为了保证圆杆扭转时有足够的强度，杆内最大扭转切应力不得超过材料的许用切应力 $[\tau]$，所以其强度条件为

$$\tau_{\max} \leqslant [\tau] \tag{4-16}$$

对于阶梯圆杆

$$\tau_{\max} = \left(\frac{T}{W_{\mathrm{n}}}\right)_{\max} \leqslant [\tau] \tag{4-16a}$$

对于等直圆杆

$$\tau_{\max} = \frac{T_{\max}}{W_{\mathrm{n}}} \leqslant [\tau] \tag{4-16b}$$

式中 $[\tau]$ 为材料的许用应力，其值可按下述方法进行确定。

（1）材料的扭转极限切应力 τ^0 除以安全系数 $n(n > 1)$

$$[\tau] = \frac{\tau^0}{n}$$

（2）在静载荷作用的情况下，许用切应力$[\tau]$与许用拉应力$[\sigma]$之间有如下关系：塑性材料$[\tau]=(0.5\sim0.7)[\sigma]$，脆性材料$[\tau]=(0.8\sim1.0)[\sigma]$。

用式(4-16)可进行强度校核，选择截面和计算许用扭转载荷。

例 4-3　图 4-18(a)为一空心圆杆，已知$M_A=300\text{N}\cdot\text{m}$，$M_B=500\text{N}\cdot\text{m}$，$M_C=200\text{N}\cdot$ m，$[\tau]=300\text{MPa}$，试校核该杆的强度。

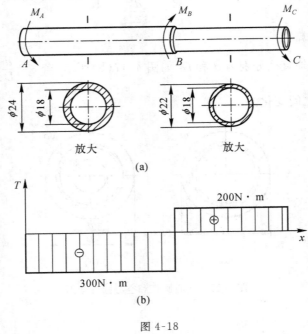

图 4-18

解　（1）作杆的扭矩图。由截面法并根据扭矩正负号规定可知，AB段扭矩大小为300 N·m，符号为负；BC段扭矩大小为200N·m，符号为正；扭矩图如图 4-18(b)所示。

（2）强度校核。由扭矩图可知$M_{\max}$发生在AB段，但由于AB和BC两段轴径不同，所以单从最大扭矩不能确定最危险截面的位置，应该分别计算各段的最大切应力进行强度校核。AB段最大切应力为

$$\tau_{\max1} = \frac{16T_1}{\pi D_1^3\left[1-\left(\frac{d_1}{D_1}\right)^4\right]} = \frac{16\times300\times10^3}{\pi\times24^3\left[1-\left(\frac{18}{24}\right)^4\right]} = 161.7(\text{MPa})$$

BC段最大切应力为

$$\tau_{\max2} = \frac{16T_2}{\pi D_2^3\left[1-\left(\frac{d_2}{D_2}\right)^4\right]} = \frac{16\times200\times10^3}{\pi\times22^3\left[1-\left(\frac{18}{22}\right)^4\right]} = 173.3(\text{MPa})$$

$\tau_{\max1}$和$\tau_{\max2}$均小于许用切应力$[\tau]$，说明杆的扭转强度符合要求。

例 4-4　一实心直圆杆，传递功率$P=5\text{kW}$，转速$n=200\text{r/min}$，材料为45号钢，许用切应力$[\tau]=39\text{MPa}$，请按扭转强度设计其直径d。

解　（1）外力偶矩的计算

$$M_e = 9549 \frac{P}{n} = 9549 \frac{5}{200} = 238(\mathrm{N \cdot m})$$

（2）扭矩的计算。由截面法,杆任一横截面上的扭矩均为

$$T = M_e = 238(\mathrm{N \cdot m})$$

（3）设计直径 d

$$\tau_{\max} = \frac{T}{W_n} = \frac{T}{\dfrac{\pi d^3}{16}} \leqslant [\tau]$$

所以 $d^3 \geqslant \dfrac{16T}{\pi[\tau]} = \dfrac{16 \times 238}{\pi \times 39 \times 10^6}$

$d \geqslant 31.5 \times 10^{-3}(\mathrm{m}) = 31.5(\mathrm{mm})$　　取 $d = 32\mathrm{mm}$

4.6　等直圆杆在扭转时的变形——扭转角的计算　刚度条件

前面已经分析了等直圆杆在扭转时横截面上的切应力分布情况和强度条件,现在分析其变形情况和刚度条件。

4.6.1　扭转角的计算

圆杆的扭转变形大小是用横截面间绕轴线的相对扭转角 φ 来表示的,由公式（4-9）$\dfrac{\mathrm{d}\varphi}{\mathrm{d}x} = \dfrac{T}{GI_p}$ 得 $\mathrm{d}\varphi = \dfrac{T}{GI_p}\mathrm{d}x$,相距 l 的两横截面之间的扭转角 φ 为

$$\varphi = \int_l \mathrm{d}\varphi = \int \frac{T}{GI_p}\mathrm{d}x \tag{4-17}$$

因为分析对象是等直圆杆且材质相同,所以 T、G、I_p 均为常数,则

$$\varphi = \frac{Tl}{GI_p} \tag{4-18}$$

式中 φ 与 GI_p 成反比,把 GI_p 称为圆杆的**截面抗扭刚度**（torsion rigidity）,扭转角 φ 的单位为弧度（rad）,其转向及正负号与扭矩 T 的规定相同。若圆杆上受多个外力偶矩作用,则扭转角 φ 要分段计算,整根杆两端截面的相对扭转角为

$$\varphi = \sum_{i=1}^{n} \varphi_i \tag{4-19}$$

例 4-5　一传动轴受力如图 4-19（a）所示,已知 $M_1 = 1000\mathrm{N \cdot m}$,$M_2 = 2000\mathrm{N \cdot m}$,$M_3 = 3500\mathrm{N \cdot m}$,$M_4 = 500\mathrm{N \cdot m}$,直径 $d = 70\mathrm{mm}$,$l_1 = 1\mathrm{m}$,$l_2 = 0.5\mathrm{m}$,$l_3 = 2\mathrm{m}$,材料为 45 号钢,$G = 80\mathrm{GPa}$,试计算 A,D 两截面间的相对扭转角 φ_{AD}。

解　由于该传动轴是等直圆杆,而扭矩图是阶梯形,计算扭转角 φ_{AD} 可分段计算,再取其代数和,即 $\varphi_{AD} = \varphi_{AB} + \varphi_{BC} + \varphi_{CD}$

（1）各段轴的扭矩 T。

$T_{AB} = M_1 = 1000\mathrm{N \cdot m}$

$T_{BC} = M_1 + M_2 = 3000\mathrm{N \cdot m}$

$T_{CD} = M_1 + M_2 - M_3 = -500\mathrm{N \cdot m}$

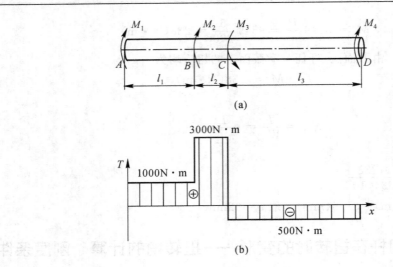

图 4-19

（2）传动轴的扭矩图。扭矩图如图 4-19(b)所示。

（3）计算相对扭转角 φ_{AD}。

由公式（4-19）知

$$\varphi_{AD} = \frac{1}{GI_p}(T_{AB}l_1 + T_{BC}l_2 + T_{CD}l_3) = \frac{32}{G\pi d^4}(1000 \times 1 + 3000 \times 0.5 - 500 \times 2)$$

$$= \frac{32 \times 1500}{80 \times 10^9 \times \pi \times (70 \times 10^{-3})^4} = 7.9 \times 10^{-3}(\text{rad})$$

4.6.2　刚度条件

在工程中，为保证受扭杆件正常工作，不仅要满足强度条件还要满足刚度条件。杆在单位长度内的最大扭转角 θ_{max}，不能超过规定单位长度的许用扭转角 $[\theta]$，即

$$\theta_{max} = \frac{\varphi}{l} = \frac{T_{max}}{GI_p} \leqslant [\theta] \tag{4-20}$$

或

$$\theta_{max} = \frac{T_{max}}{GI_p} \times \frac{180}{\pi} \leqslant [\theta] \tag{4-21}$$

式（4-20）中 θ_{max}、$[\theta]$ 的单位是 rad/m；式（4-21）中 θ_{max}、$[\theta]$ 的单位是 °/m；$[\theta]$ 可在有关手册中查出。

例 4-6　已知塔吊电机的传动轴传递功率为 $P = 10\text{kW}$，转速 $n = 1400\text{r/min}$，直径 $D = 35\text{mm}$，切变模量 $G = 8 \times 10^4 \text{MPa}$，许用单位长度扭转角 $[\theta] = 1.5°/\text{m}$。试校核其刚度。

解　（1）计算外力偶矩。

$$M_e = 9549 \frac{P}{n} = 9549 \times \frac{40}{1400} = 273(\text{N} \cdot \text{m})$$

（2）传动轴扭矩。

$$T_{max} = M_e = 273(\text{N} \cdot \text{m})$$

（3）校核刚度。

$$\theta=\frac{T_{\max}}{GI_p}\times\frac{180°}{\pi}=\frac{273}{80\times10^9\times\frac{\pi D^4}{32}}\times\frac{180°}{\pi}=\frac{273\times32\times180°}{8\times10^9\times\pi^2\times(35\times10^{-3})^4}=1.3(°/\text{m})<[\theta]$$

满足刚度条件。

*4.7　非圆截面直杆在自由扭转时的应力与变形的计算

非圆截面直杆的扭转问题比等直圆杆的要复杂得多。非圆截面直杆在受扭时,横截面不再保持为一个平面,横截面上的各个点将沿着杆轴方向发生不同的纵向线位移,使原横截面平面变为曲面,这是非圆截面的直杆受扭时的一个重要特性,这种现象称为横截面的**翘曲**(warping of section)。因此,等直圆杆扭转时的计算公式已经不能适用非圆截面直杆的扭转问题。对这类问题的求解,一般需要用弹性力学的方法。

当非圆截面直杆在扭转时,横截面发生的翘曲可以分为自由扭转翘曲和约束扭转翘曲两种。当直杆两端受外力偶矩作用,且相邻两横截面翘曲程度完全相同时,纵向纤维长度无变化,即横截面上只有切应力而无正应力,称之为**自由扭转**(free torsion)或**纯扭转**(pure torsion),若杆件受到约束而不能自由翘曲时,称为**约束扭转**(constrained torsion),此时截面上不仅有切应力,还存在正应力。本节只介绍非圆截面的等直杆自由扭转问题的主要结论。

4.7.1　矩形截面杆在自由扭转时的应力与变形的计算

矩形截面杆受自由扭转时发生的翘曲如图 4-20 所示,此时平面假设不再适用,不能用材料力学方法进行解决,而必须用弹性力学的方法进行解决。弹性力学的分析结果表明,矩形截面杆在自由扭转时,其横截面上的切应力分布主要具有以下特点:

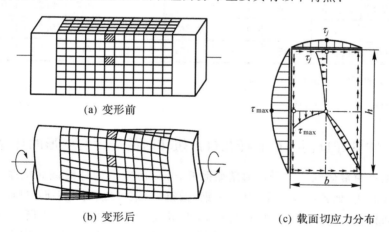

(a) 变形前

(b) 变形后

(c) 载面切应力分布

图 4-20　矩形截面杆扭转

(1)矩形截面杆在自由扭转时横截面上只有切应力而无正应力。

(2)截面周边上各点的切应力的方向与周边平行,在对称轴上各点的切应力垂直于对称轴,在其他各点上切应力的方向是不同程度的倾斜方向,如图 4-20(c)所示。

（3）在截面的中心和四个角点处,切应力为零。

（4）横截面上的最大切应力 τ_{max} 发生在长边中点处。短边中点处的切应力为短边上的切应力的最大值 τ_j。

$$\tau_{max} = \frac{T}{W_t} \qquad\qquad (4-22)$$

$$\tau_j = \upsilon\,\tau_{max} \qquad\qquad (4-23)$$

（5）单位扭转角 θ 为

$$\theta = \frac{T}{GI_t} \qquad\qquad (4-24)$$

式中:T 为截面上的扭矩,I_t 为相当极惯性矩,W_t 为抗扭截面模量,它们的量纲与等直圆杆相应的 I_p、W_n 分别相同,但几何意义各不相同,GI_t 为抗扭截面刚度。其中

$$I_t = \alpha\,hb^3 \qquad\qquad (4-25)$$

$$W_t = \beta\,hb^2 \qquad\qquad (4-26)$$

式（4-23）（4-25）（4-26）中:α、β 和 υ 系数可由查表 4-1 确定,它们均随比值 h/b 而变。当 $\dfrac{h}{b}$

>10 时,$\alpha=\beta\approx\dfrac{1}{3}$,则有

$$I_t = \frac{1}{3}hb^3 \qquad\qquad (4-27)$$

$$W_t = \frac{1}{3}hb^2 \qquad\qquad (4-28)$$

表 4-1　矩形截面杆在纯扭转时的系数 α、β、υ

$m=h/b$	1.0	1.2	1.5	2.0	2.5	3.0	4.0	6.0	8.0	10.0
α	0.208	0.219	0.231	0.246	0.258	0.267	0.282	0.299	0.307	0.313
β	0.141	0.166	0.196	0.229	0.249	0.263	0.281	0.299	0.307	0.313
υ	1.000	0.930	0.858	0.796	0.767	0.753	0.745	0.743	0.743	0.743

注:当 $m>4$ 时,也可按下列近似公式计算 α、β、υ。

$\alpha=\beta\approx\dfrac{1}{3}(m-0.63)$,$\upsilon=0.74$。

4.7.2　常见开口薄壁截面杆在自由扭转时的应力与变形的计算

在土建工程中常遇到一些开口薄壁截面杆,开口薄壁截面杆的截面壁厚中线是一条不封闭的折线或曲线,如各种轧制型钢(工字钢、槽钢、角钢等)或者工字形、槽形、T 字形截面。开口薄壁截面杆在自由扭转时,可看成由若干狭长矩形组成,如图 4-21 所示,截面周边在变形后平面上投影的几何形状仍保持矩形不变,各狭长矩形的转动角度都相同,可以推断出:

$$\tau_{max} = \frac{T}{I_t}b_{max} = \frac{Tb_{max}}{\frac{1}{3}\sum_{i=1}^{n}h_ib_i^3} \qquad\qquad (4-29)$$

式中:h_i 和 b_i 分别为组成截面的每个矩形部分的高度和宽度,最大的切应力发生在最宽的狭长矩形的长边中点。

刚度计算也可由式(4-24)进行计算。

图 4-21

小　结

本章主要讨论圆形截面直杆的应力、应变及强度和刚度问题,并介绍了非圆截面自由扭转时的应力。

受扭转变形的杆件,其受力特点是:载荷为等值、反向并垂直于直杆轴线的两个力偶,杆的轴线保持不变,各横截面绕轴线作相对转动。

1. 外力偶矩 M_e 的计算

$$M_e = 9549 \frac{P}{n}$$

式中:M_e 为外力偶矩,单位为 N·m;P 为轴的传递功率,单位为 kW;n 为转速,单位为 r/min。

2. 扭矩与扭矩图

(1)等直圆杆横截面上的内力偶矩——扭矩 T 的计算

$$T = \sum M_e$$

T 和 M_e 大小相等,转向相反。T 在左右两段轴上同一截面的扭矩正负号,按右手螺旋法则而定。

(2)扭矩图:用横坐标代表横截面位置,纵坐标代表各横截面上扭矩大小,按适当比例绘画出的图形。并在图形上注出"+","−"号。

3. 当壁厚远小于其平均半径 R_0 的圆筒称为薄壁圆筒,其受扭时,各横截面上各圆周线大小、形状和间距不变;圆周线只是绕轴线作相对转动,此时薄壁圆筒横截面上的切应力

$$\tau = \frac{T}{2\pi R_0^2 t}$$

4. 切应力互等定律。在相互垂直的两个截面切应力成对存在,且数值相等,两者方向都垂直两截面的交线,方向箭头是共同指向或共同背离这一交线,这就是切应力互等定理,即 $\tau' = \tau$。

5. 剪切虎克定律:当切应力不超过材料的剪切比例极限 τ_p 时,切应力与切应变成正比,即 $\tau = G\gamma$,式中 γ 为切应变,G 为切变模量。

弹性模量 E、切变模量 G 和泊松比 μ 三者关系为

$$G = \frac{E}{2(1+\mu)}$$

6. 等直圆杆在扭转时的切应力。等直圆杆在扭转时,其横截面上距轴心为 ρ 距离的地

方的切应力为

$$\tau_\rho = \frac{T\rho}{I_p}$$

式中 I_p 为极惯性矩。最大切应力发生在 $\rho = R$ 处，即在圆横截面的边缘上。

$$\tau_{max} = \frac{TR}{I_p} = \frac{T}{W_n}$$

W_n 为抗扭截面系数。

对于阶梯杆，最大切应力 $\tau_{max} = \left(\frac{T}{W_n}\right)_{max}$

对于等截面圆杆，最大切应力 $\tau_{max} = \frac{T_{max}}{W_n}$

对于实心圆杆 $I_p = \frac{\pi d^4}{32}, W_n = \frac{\pi d^3}{16}$

对于空心圆杆 $I_p = \frac{\pi D^4}{32}(1-\alpha^4), W_n = \frac{\pi D^3}{16}(1-\alpha^4), \alpha = \frac{d}{D}$。

7. 等直圆杆受扭时的强度条件

$$\tau_{max} \leqslant [\tau]$$

$[\tau] = \frac{\tau^0}{n}$，其中 $[\tau]$ 为材料的许用应力；τ^0 为扭转极限切应力；n 为扭转安全系数

8. 等直圆杆受扭时的变形

(1)扭转角 φ 的计算

$$\varphi = \frac{Tl}{GI_p}$$

式中：GI_p 为截面抗扭刚度。

(2)刚度条件

单位长度的最大扭转角不能超过许用扭转角 $[\theta]$。

$$\theta_{max} = \frac{\varphi}{l} = \frac{T_{max}}{GI_p} \leqslant [\theta](\text{rad/m}) \text{ 或 } \theta_{max} = \frac{T_{max}}{GI_p} \times \frac{180}{\pi} \leqslant [\theta](°/m)。$$

9. 简介矩形截面和开口薄壁截面的非圆截面直杆在自由扭转时的应力和变形计算。

思 考 题

4-1 何谓扭矩、扭转角、切应变？

4-2 如何计算扭矩、扭转角，它们的正负是如何规定的？

4-3 受扭等直圆杆横截面上的切应力公式推导做了哪些假定和用了什么方法？

4-4 直径和长度相同，材料不同的等直圆杆在相同的扭矩作用下，它们的最大切应力和扭转角是否相同，为什么？强度条件和刚度条件是否相同？为什么？

4-5 从力学角度来说，为什么空心杆比实心杆较合理？

习 题

4-1 试作题 4-1 图所示圆杆的扭矩图。

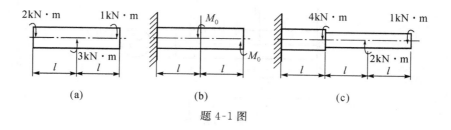

题 4-1 图

4-2　试画出题 4-2 图所示横截面上的切应力分布示意图。

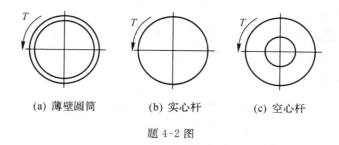

(a) 薄壁圆筒　　　(b) 实心杆　　　(c) 空心杆

题 4-2 图

4-3　某传动轴如题 4-3 图所示，其转速 $n=300\mathrm{r/min}$，主动轮 A 输入功率 $P_A=50\mathrm{kW}$，从动轮 B、C、D 输出功率分别是 $P_B=P_C=15\mathrm{kW}$，$P_D=20\mathrm{kW}$，试作轴的扭矩图，并确定最大扭矩值。

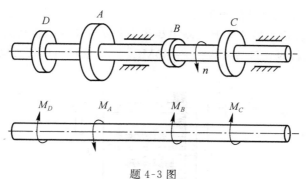

题 4-3 图

4-4　一薄壁圆筒，横截面上的扭矩 $T=750\mathrm{N\cdot m}$，外径 $D=44\mathrm{mm}$，内径 $d=40\mathrm{mm}$，求横截面上的扭转切应力 τ。

4-5　一端固定一端自由的等直圆杆，如题 4-5 图所示，直径 $d=50\mathrm{mm}$，$M_e=12\mathrm{kN\cdot m}$，圆杆受扭后，其横截面 1-1 的表面 A 点位移到 A_1 点，已知弧长 $\overparen{AA_1}=6.3\mathrm{mm}$，圆杆材料的弹性模量 $E=2.0\times10^5\mathrm{MPa}$，求泊松比 μ。（提示：A 处转角 $\varphi\approx\dfrac{\overparen{AA_1}}{r}$）。

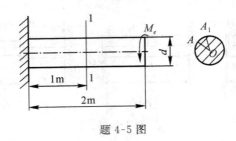

题 4-5 图

4-6　实心等直圆杆的直径 $d=5\text{cm}$，受到扭矩 2.15kN·m 的作用，求距杆轴心 1cm 处的切应力及截面上最大切应力。

4-7　实心轴通过牙嵌离合器把功率传给空心轴，如题 4-7 图所示。传送的功率 $P=7.5\text{kW}$，轴的转速 $n=100\text{r/min}$，试选择实心轴直径 d 和空心轴外径 d_2，并比较两轴的横截面积。已知 $d_1/d_2=0.5$，$[\tau]=40\text{MPa}$。

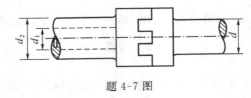

题 4-7 图

4-8　已知传动轴直径 $d=50\text{mm}$，转速 $n=120\text{r/min}$，传递功率 $P=18\text{kW}$，若轴的许用切应力 $[\tau]=45\text{MPa}$，请校核强度是否足够。

4-9　题 4-9 图所示手摇绞车驱动轴 AB 的直径 $d=30\text{mm}$，由两人摇动，每人如在手柄上的力 $F=25\text{kN}$，若轴的许用切应力 $[\tau]=40\text{MPa}$。试校核 AB 轴的强度。

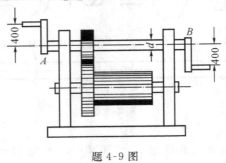

题 4-9 图

4-10　一圆形传动轴，传递功率 $P=3\text{kW}$，转速 $n=27\text{r/min}$，材料的切变模量 $G=80\text{GPa}$，许用切应力 $[\tau]=40\text{MPa}$，许用扭转角 $1°/\text{m}$，试按强度条件和刚度条件选择轴径 d。

第5章 梁的弯曲内力

【学习导航】

本章主要研究梁弯曲时内力——剪力和弯矩的计算及内力图的画法。

【学习要点】

1. 平面弯曲的概念。

2. 剪力方程和弯矩方程。梁横截面上的内力——剪力和弯矩一般情况下都是 x 坐标（即梁的轴线）的函数：

$$Q = Q(x), M = M(x)$$

上式称为梁的剪力方程和弯矩方程。

3. 荷载集度、剪力和弯矩间的微分关系式：

$$\frac{\mathrm{d}M(x)}{\mathrm{d}x} = Q(x), \frac{\mathrm{d}Q(x)}{\mathrm{d}x} = q(x), \frac{\mathrm{d}^2 M(x)}{\mathrm{d}x^2} = \frac{\mathrm{d}Q(x)}{\mathrm{d}x} = q(x)$$

4. 剪力图和弯矩图的绘制，危险截面的确定。以梁的轴线为 x 坐标，将梁的各截面的剪力和弯矩按大小比例和正负的不同画在 x 坐标两侧的图形，称为梁的剪力图和弯矩图。

5. 叠加法作内力图。材料在服从虎克定律和小变形的前提下，几种荷载作用下的梁的内力图——剪力图和弯矩图可以分别由各荷载单独作用时的剪力图和弯矩图的叠加，该方法称为叠加法。学会此方法可以更快地画出梁的内力图。

5.1 梁弯曲的概念与计算简图

5.1.1 梁弯曲的概念

1. 弯曲

在工程中常常会遇到这样一类杆件，它们所承受的荷载是作用线垂直于杆轴线的横向力，或者是作用面在纵向平面内的外力偶矩。在这些荷载的作用下，杆件相邻横截面之间发生相对转动，杆的轴线弯成曲线，人们把这类变形定义为**弯曲**。凡以弯曲变形为主的杆件，通常称为**梁**（beam）。

梁是工程中最常见的杆件，在建筑工程中占有重要的地位。例如图 5-1 所示的吊车梁、雨篷、轮轴、桥梁等。

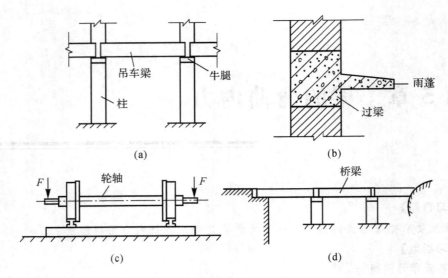

图 5-1

2. 平面弯曲的概念

　　工程中梁的横截面一般都有竖向对
称轴,且梁上荷载一般都可以近似地看成
作用在包含此对称轴的纵向平面(即纵向
对称面)内的竖向荷载或力偶,则梁变形
后的轴线必定在该纵向对称面内。这种
梁变形后的轴线所在平面与荷载的作用
面完全重合的弯曲变形称为平面弯曲,如
图 5-2 所示。平面弯曲是工程中最常见
的情况,也是最基本的弯曲问题,掌握了
它的计算,对工程应用以及研究复杂的弯
曲问题有着十分重要的意义。

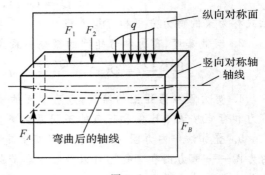

图 5-2

　　平面弯曲根据荷载作用的不同又分为横力平面弯曲(图 5-3(a))和平面纯弯曲(图 5-3 (b))。

　　本章研究的是平面弯曲梁的内力计算,绘图时采用轴线代替梁。

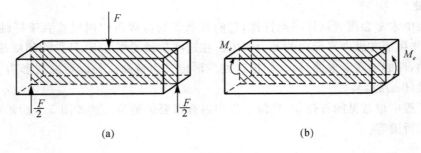

图 5-3

3. 单跨静定梁的分类

（1）静定梁与超静定梁

如果梁的支座反力的数目等于梁的静力平衡方程的数目，那么由静力平衡方程就可以求出支座反力，这类梁称为静定梁，如图 5-4(a)、(b)、(c)所示。反之，有时为了工程需要，在梁中设置多个支座约束，则支座反力的数目超过了梁的静力平衡方程的数目，仅用静力平衡方程不能完全确定支座反力，这类梁称为**超静定梁**，如图 5-4(d)、(e)所示。

（2）单跨静定梁的类型

梁在两支座间的部分称为跨，其长度称为梁的跨长。常见的静定梁大多是单跨的。工程上将单跨静定梁划为三种基本形式，分别为悬臂梁、简支梁和外伸梁，分别如图 5-4(a)、(b)、(c)所示。

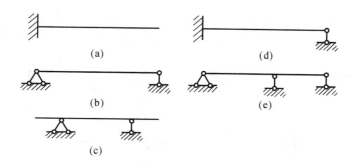

图 5-4

5.1.2　梁的计算简图

在工程中，梁的约束及荷载形式有多种多样，为了便于抓住主要因素进行力学分析，常常需要对其进行一些必要的简化，使其成为**计算简图**，例如图 5-5 所示。梁的计算简图涉及梁本身的简化、支座和荷载的简化，其中梁在简化时一般用梁的轴线来表示。下面讨论梁支座和荷载的简化。

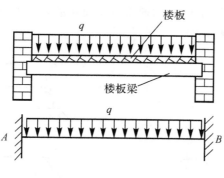

图 5-5

1. 梁的支座和支座约束反力

支座的约束反力与梁的支座形式有关，常见的支座形式有以下三种：

（1）固定铰支座与约束反力

如图 5-6(a)所示，梁在支座处可以转动，但不能移动。其约束反力通过铰的中心，方向为任意，通常将约束反力分解成水平约束反力 F_{Rx} 和垂直约束反力 F_{Ry}，即该支座存在两个约束反力。

（2）可动铰支座（滚轴支座），亦称连杆支座

如图 5-6(b)所示，梁在支座处可以转动，而且能水平移动，但不能沿垂直方向移动，其只存在垂直方向的约束反力。

（3）固定端（固定支座）

如图 5-6(c)所示，梁端在固定端处不能转动，而且也不能沿任意方向移动。其反力除有水平约束反力 F_{Rx} 和垂直约束反力 F_{Ry} 外，还有阻止转动的反力偶 M。

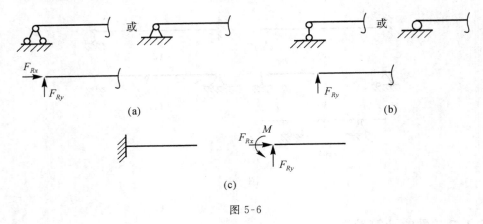

图 5-6

以上三种支座形式是理想的典型情况，值得说明的是，在建筑工程中，梁的支座并不完全与之相同，要确定梁的支座是属于哪种形式，必须根据具体情况而定。

2. 梁的荷载的简化

作用在梁上的荷载一般可以简化成三种形式。

（1）集中力

作用在梁的微小范围上的横向力，通常将其简化成集中力，如图 5-7 所示。集中力的常用单位为牛顿（N）或千牛顿（kN）。

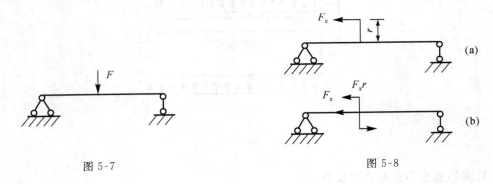

图 5-7　　　　　　　　　　　　　　　　图 5-8

（2）集中力偶

工程中的某些梁通过与梁连接的构件，承受与梁轴线平行的外力作用，如图 5-8(a)所示，在做梁的受力分析时，可以将该力向梁的轴线简化，得到一轴向力 F_x 和一作用在梁的荷载作用平面内的外力偶 M_e，如图 5-8(b)所示。该外力偶只作用在承力构件与梁连接处的很小的区域，我们将该力偶称为**集中力偶**。集中力偶的常用单位为牛顿·米（N·m）或千牛顿·米（kN·m）。

（3）分布荷载

连续作用在梁的一段或整个梁上的横向作荷载，可以简化成为沿梁轴线作用的分布荷载，如图 5-9 所示。

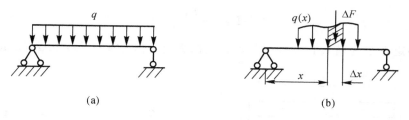

(a)　　　　　　　　　　　　(b)

图 5-9

分布荷载又可分为均布荷载和非均布荷载。均布荷载即为荷载沿梁轴线均匀分布，如图 5-9(a)所示，而非均布荷载即为荷载沿梁轴线非均匀分布，如图 5-9(b)所示。分布荷载的大小是用荷载集度 $q(x)$ 来表示的。设作用在梁的某微段 Δx 上的分布荷载的合力为 ΔF，当 Δx 趋近于零时 $\dfrac{\Delta F}{\Delta x}$ 的极限值就是该处分布荷载的集度，即：

$$q(x) = \lim_{\Delta x \to 0} \frac{\Delta F}{\Delta x}$$

因此荷载集度是 x 的函数，对均布荷载来说 $q(x)=$ 常量。$q(x)$ 的单位为 N/m 或 kN/m。

在工程中将一受力构件或结构抽象为力学上的计算简图，是一项重要而又复杂的工作。在简化工程中应该注意：计算简图的计算结果要尽量符合实际情况，同时，要考虑计算的简单和方便。

5.2　梁的弯曲内力——剪力与弯矩

与构件受拉（压）和扭一样，梁在弯曲过程中其横截面上也要产生内力，而内力的大小将会影响到梁的强度和刚度，因此，只有在分析和计算梁的内力的基础上，才能进一步进行梁的强度和刚度的计算。

在计算梁的内力时，一般采用截面法这一内力分析的普遍的方法计算静定梁中任一指定截面上的内力。现以图 5-10(a)所示梁受集中力 F 作用为例，来分析梁横截面上的内力。

设任一横截面 m-m 距左端支座 A 的距离为 x，即坐标原点取在梁的左端截面的形心位置。由静力平衡方程算出支座反力 $F_A = \dfrac{F(l-a)}{l}$、$F_B = \dfrac{Fa}{l}$ 以后，按截面法在 m-m 处假想地把梁截开成两段，取其中任一段（现取左端段）作为研究对象，将右段梁对左端梁的作用以截面上的内力来代替。由图 5-10(b)可知,要使左段梁沿 y 方向平衡,则在 m-m 横截面上必然存在一沿 y 方向的合内力 Q。根据平衡方程

$$\sum F_y = 0, \quad F_A - Q = 0$$

得

$$Q = F_A = \frac{F(l-a)}{l}$$

Q 称为**剪力**(shear force)。由于支反力 F_A 与剪力 Q 组成了一对力偶,进而由左段梁的平衡可知,此横截面上必然还存在一个与其相平衡的内力偶矩。设此内力偶矩为 M,则根据平衡方程

$$\sum M_o = 0, \quad M - F_A \cdot x = 0$$

得

$$M = F_A x = \frac{F(l-a)}{l} x$$

这里的矩心 O 为横截面 m-m 的形心。此内力偶矩称为**弯矩**(bending moment)。

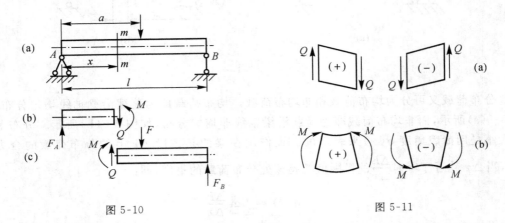

图 5-10   图 5-11

若取右段梁作为研究对象,同样可以求得横截面 m-m 上的内力——剪力 Q 和弯矩 M,如图 5-10(c)所示。但必须注意的是由于作用与反作用的关系,右段横截面 m-m 上的剪力 Q 指向和弯矩 M 的转向则与左段横截面 m-m 上的剪力 Q 和弯矩 M 相反。

为了使无论左段梁还是右段梁得到的同一横截面上的剪力和弯矩,不仅大小相等,而且有相同的正负号,需根据变形情况来规定剪力和弯矩的正负号。

剪力正负号的规定:凡使所取梁段具有作顺时针转动的剪力为正,反之为负,如图 5-11(a)所示。

弯矩正负号的规定:凡使梁段产生上凹下凸弯曲的弯矩为正,反之为负,如图 5-11(b)所示。

由上述规定可知,图 5-10(b)、(c)两种情况,横截面 m-m 上的剪力和弯矩均为正值。下面举例说明如何按截面法来计算指定横截面上的内力——剪力和弯矩。

例 5-1 已知悬臂梁长度和作用荷载如图 5-12(a)所示。试求 Ⅰ-Ⅰ、Ⅱ-Ⅱ 截面的剪力和弯矩。

解 先求 Ⅰ-Ⅰ 截面的内力。假想沿 Ⅰ-Ⅰ 处截开,并取左段为研究对象,如图 5-12(b)所示。由平衡方程

$$\sum F_y = 0, \quad -10 - Q_1 = 0$$

得
$$Q_1 = -10(\text{kN})$$

$$\sum M_{o1} = 0, \quad M_1 + 10 \times 1 - 5 = 0$$

得
$$M_1 = -5(\text{kN} \cdot \text{m})$$

剪力和弯矩均为负值，说明实际与假定的剪力和弯矩的指向相反。

再计算 Ⅱ-Ⅱ 截面内力。假想沿 Ⅱ-Ⅱ 截面处切开，并取左段为研究对象，如图 5-12(c) 所示。由平衡方程

$$\sum F_y = 0$$

得
$$Q_2 = 0$$

$$\sum M_{o2} = 0, \quad M_2 - 5 = 0$$

得
$$M_2 = 5(\text{kN} \cdot \text{m})$$

M_2 结果为正，说明假设方向正确。在计算 Ⅱ-Ⅱ 截面内力时，也可以取右段为研究对象，如图 5-12(d)所示，结果相同。

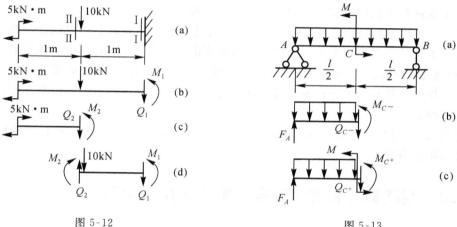

图 5-12　　　　　　图 5-13

例 5-2 已知简支梁受均布荷载 q 和集中力偶 $M = \dfrac{ql^2}{4}$ 的作用，如图 5-13(a)所示。试求 C 点稍左截面 C^- 和稍右截面 C^+ 的剪力和弯矩。

解 首先求出支反力 F_A、F_B。由静力平衡方程

$$\sum M_A = 0, \quad F_B l - \frac{1}{2}ql^2 + M = 0$$

得
$$F_B = \frac{1}{4}ql$$

$$\sum F_y = 0, \quad F_A + F_B - ql = 0$$

得
$$F_A = \frac{3}{4}ql$$

计算 C^- 截面的剪力和弯矩。根据图 5-13(b)所示，由静力平衡方程

$$\sum F_y = 0, \quad -Q_{C^-} + F_A - \frac{1}{2}ql = 0$$

得 $$Q_C^- = \frac{1}{4}ql$$

$$\sum M_C = 0, \quad M_C^- - F_A \frac{l}{2} + \frac{1}{8}ql^2 = 0$$

得 $$M_C^- = \frac{ql^2}{4}$$

再计算 C^+ 截面的剪力和弯矩。根据图 5-13(c)所示,由静力平衡方程

$$\sum F_y = 0, \quad -Q_{C^+} + F_A - q\frac{l}{2} = 0$$

得 $$Q_{C^+} = \frac{1}{4}ql$$

$$\sum M_C = 0, \quad M_{C^+} + M + \frac{1}{8}ql^2 - F_A\frac{l}{2} = 0$$

得 $$M_{C^+} = 0$$

由本例可以看出,集中力偶作用处的截面两侧的剪力值相同,但弯矩值不同,其变化值正好是集中外力偶矩的数值。

从上面的两例题的计算,可以总结出如下规律:

(1) 任一截面上的剪力在数值上等于截面左边(或右边)段梁上外力的代数和。截面左边梁上向上的外力或右边梁上向下的外力引起正值的剪力,反之,则引起负值的剪力。

(2) 梁任一截面上的弯矩,在数值上等于该截面左边(或右边)段梁所有外力对该截面形心的力矩的代数和。无论截面左段梁还是右段梁,向上的外力均引起正值弯矩,反之,则引起负值弯矩。

使用以上规律,可以直接根据截面左边或右边梁上的外力来求该截面上的剪力和弯矩,而不必列平衡方程。

5.3　梁的剪力和弯矩方程　剪力图和弯矩图

5.3.1　剪力方程和弯矩方程

由上节例 5-1 和 5-2 可以看出,在一般情况下,梁上不同的横截面其剪力和弯矩也是不同的,它们将随截面位置变化而变化。如横截面沿梁轴线的位置用坐标 x 表示,则梁各个横截面上的剪力和弯矩可表示成为 x 的函数:

$$Q = Q(x) \tag{5-1}$$

$$M = M(x) \tag{5-2}$$

以上两函数表达式,分别称为**剪力方程**(equation of shear force)和**弯矩方程**(equation of beanding moment)。

5.3.2　剪力图和弯矩图

为了形象地表示剪力和弯矩随横截面的位置变化规律,从而找出最大剪力和最大弯矩所在的位置,可仿效轴力图或扭矩图的画法,可以用图线表示梁的各个截面上的剪和弯矩沿

轴线位置变化的关系图,由此绘制出的图形称为梁的**剪力图**(shear force diagram)和**弯矩图** (bending moment diagram)。剪力图和弯矩图的基本作法是:首先,由静力平衡方程求得支座反力;第二,列出剪力方程和弯矩方程;第三,取横坐标 x 表示横截面的位置,纵坐标表示各横截面的剪力或弯矩(根据建筑力学画内力图的习惯,将正的剪力图画在横坐标 x 的上方,负的剪力图画在横坐标 x 的下方,而正的弯矩图画在横坐标 x 轴的下方,负的弯矩画在横坐标 x 轴的上方);第四,由剪力和弯矩方程作出剪力和弯矩图。

下面举例说明建立剪力方程、弯矩方程方法和剪力图、弯矩图的具体画法。

例 5-3　简支梁 AB 受均布荷载 q 作用,如图 5-14 (a)所示。试作该梁的剪力图和弯矩图。

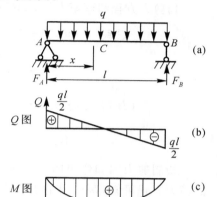

图 5-14

解　首先求出支反力 F_A、F_B。取整梁为研究对象,由静力平衡方程

$$\sum F_y = 0, \quad F_A + F_B - ql = 0$$

$$\sum M_A = 0, \quad F_B l - ql\frac{l}{2} = 0$$

得

$$F_A = F_B = q\frac{l}{2}$$

列剪力方程和弯矩方程。取梁左端为坐标原点,建立 x 坐标轴(图中未画出)。由坐标为 x 的横截面左段梁(图省略)列静力平衡方程,得到剪力方程和弯矩方程:

$$Q(x) = F_A - qx = \frac{1}{2}ql - qx \qquad (0 < x < l)$$

$$M(x) = F_A \cdot x - q\frac{x^2}{2} = \frac{1}{2}qlx - \frac{1}{2}qx^2 \qquad (0 \leqslant x \leqslant l)$$

绘制剪力图和弯矩图。由上述剪力方程可知,剪力图为一条斜直线,只要找出两个截面的剪力值就可以画出。现取

$$x = 0, \quad Q_A = \frac{1}{2}ql$$

$$x = l, \quad Q_B = -\frac{1}{2}ql$$

由弯矩方程可知,弯矩图为一条抛物线,故最少需要找出三个截面的弯矩值才能大致确定此抛物线。现取

$$x = 0, \quad M_A = 0$$

$$x = \frac{1}{2}l, \quad M_C = \frac{1}{8}ql^2$$

$$x = l, \quad M_B = 0$$

由以上求出的各值,可以方便地绘出剪力图和弯矩图,如图 5-14(b)、(c)所示。从图中可以看出,最大剪力在靠近两支座的横截面上,其值为 $|Q_A| = |Q_B| = \frac{1}{2}ql$,最小剪力发生在跨中处,其值为零;最大弯矩正好发生在剪力为零的跨中处,其值为 $|M|_{max} = \frac{1}{8}ql^2$。请读

者注意:绘制剪力图和弯矩图时,Q 轴向上为正,M 轴向下为正,为了方便起见,以后绘 Q、M 图时,不一定标出 Q、M 坐标轴。

例 5-4　简支梁受集中力 F 作用,如图 5-15(a)所示。试作该梁的剪力图和弯矩图。

解　首先求支反力。取梁整体为研究对象,由静力平衡方程可得

$$F_A = \frac{Fb}{l}, \quad F_B = \frac{Fa}{l}$$

列剪力方程和弯矩方程。AC 和 CB 段的剪力方程和弯矩方程要分别列出,即

$$AC \text{ 段} \quad Q(x) = F_A = \frac{Fb}{l} \qquad\qquad (0 < x < a)$$

$$M(x) = F_A x = \frac{Fb}{l} x \qquad\qquad (0 \leqslant x \leqslant a)$$

$$CB \text{ 段} \quad Q(x) = F_A - F = -\frac{Fa}{l} \qquad\qquad (a < x < l)$$

$$M(x) = F_A \cdot x - F(x-a) = \frac{Fa}{l}(l-x) \quad (a \leqslant x \leqslant l)$$

　　绘制剪力图和弯矩图。由 AC 和 CB 段的剪力方程可知,两段梁的剪力图均为与梁轴线平行的直线,如图 5-15(b)所示。在集中力的作用处,剪力由 $+\frac{Fb}{l}$ 变为 $-\frac{Fa}{l}$,其突变值刚好等于该处的集中力 F,而且突变方向与集中力的方向相同,这是一条普遍规律。

　　再由 AC 和 CB 段的弯矩方程可知,两段梁各截面的弯矩与 x 成正比,故弯矩图为两条斜直线,但斜率不一样,在 C 处形成凸的尖角,如图 5-15(c)所示。

　　例 5-5　简支梁 AB 受集中力偶 M_C 作用,如图 5-16(a)所示。试作该梁的剪力图和弯矩图。

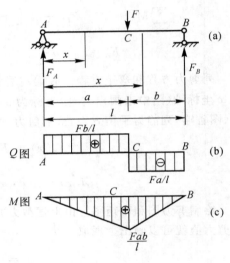

图 5-15

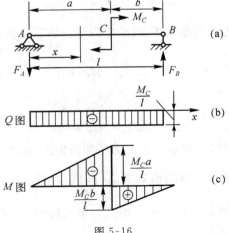

图 5-16

解 首先求支反力。以 AB 梁整体为研究对象,仿效例 5-4,由静力平衡方程得

$$F_A = F_B = \frac{M_C}{l}$$

列剪力方程和弯矩方程。AC 和 CB 两段梁的剪力和弯矩方程分别为

AC 段 $Q(x) = -F_A = -\dfrac{M_C}{l}$ $\qquad\qquad$ $(0 < x \leqslant a)$

$\qquad\quad$ $M(x) = -F_A x = -\dfrac{M_C}{l}x$ $\qquad$ $(0 \leqslant x < a)$

CB 段 $Q(x) = -F_B = -\dfrac{M_C}{l}$ $\qquad\qquad$ $(a \leqslant x < l)$

$\qquad\quad$ $M(x) = F_B(l-x) = \dfrac{M_C}{l}(l-x)$ $\qquad$ $(a < x \leqslant l)$

绘制剪力图和弯矩图。由 AC 和 BC 段的剪力方程可知,剪力图为一条平行于 x 轴的水平线,如图 5-16(b)所示。由 AC 和 CB 段的弯矩方程可知,弯矩图为两条斜率相同的平行直线,如图 5-16(c)所示。从图 5-16(b)、(c)可以看出,在集中力偶作用处弯矩图有突变,其突变值等于该截面上的集中力偶矩的值,而在集中力偶作用处剪力图无变化,这是一条普遍规律。

例 5-6 悬臂梁在自由端受集中力作用,如图 5-17(a)所示。试作该梁的剪力图和弯矩图。

解 本例题可以不用求固定端(固定支座)的约束反力,即可利用截面法求得剪力方程和弯矩方程。

AB 梁的剪力方程和弯矩方程为

$$F_Q(x) = -F \qquad (0 < x < l)$$
$$M(x) = -Fx \qquad (0 \leqslant x < l)$$

绘制剪力图和弯矩图。由剪力方程可知,剪力图为与 x 轴平行的直线,如图 5-17(b)所示。由弯矩方程可知,弯矩图是一条斜直线,如图 5-17(c)所示。

从以上几个例题中,可以发现凡是集中力

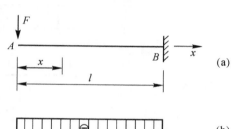

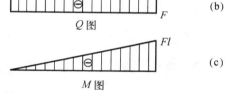

图 5-17

(包括支座约束反力和集中力)作用的截面上,剪力似乎没有确定的值(剪力图有突变)。事实上所谓集中力不可能集中于一点,而是作用在 Δx 长的微段梁上的分布力的简化,如图 5-18(a)、(b)所示。如将此分布力看成是均匀分布的,如图 5-18(b)所示,则在此段梁上实际的剪力将按斜直线的方式连续变化,如图 5-18(c)所示。同理,集中力偶实际上也是一种简化的结果,如按实际情形画出的弯矩图,在集中力偶作用处附近很短的梁段上也是连续的。

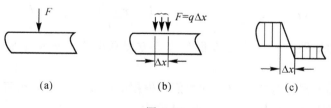

图 5-18

在上面的各例题中,其剪力方程和弯矩方程的定义区间,是根据函数的连续性而确定的。例如,某截面上左、右两侧内力的数值相等,则该截面上的内力也一定是该值,即该点的左极限和右极限存在而且相等,则称函数在该点连续,用闭区间表示,如例 5-4 中的 C 截面的弯矩。如某截面上左、右两侧内力的数值不相等则该截面上的内力没有确定值,也即该点的左右极限存在但不相等(在高等数学中称为第一类间断点),则函数在该点不连续,用开区间来表示,如例 5-4 中的 C 截面的剪力。

例 5-7　图 5-19(a)所示为一钢构厂房起重行车的简化计算图,已知起重荷载 $F=100\text{kN}$,行车有小跨度 $L=24\text{m}$,荷载 F 可沿 AB 起重梁轴线移动。试问:

(1) 荷载位于什么位置时,起重梁的最大剪力值最大? 其最大剪力值是多少?

(2) 荷载位于什么位置时,起重梁的最大弯矩值最大? 其最大弯矩值是多少?

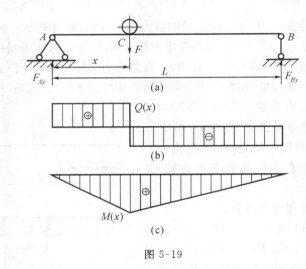

图 5-19

解　先求支座约束反力。根据 $\sum F_y = 0$, $\sum M_A(F_i) = 0$ 平衡方程,可求得:

$$F_{Ay} = \frac{F \cdot (l-x)}{l}, F_{By} = \frac{F \cdot x}{l}$$

写出剪力方程和弯矩方程。根据截面法可求出剪力方程和弯矩方程。

AC 段　$Q(x) = F_{Ay} = \dfrac{F \cdot (l-x)}{l}$　　　　　　$\left(0 < x < \dfrac{l}{2}\right)$

$M(x) = F_{Ay} \cdot x = \dfrac{F \cdot (l-x) \cdot x}{l}x$　　　$\left(0 \leqslant x \leqslant \dfrac{l}{2}\right)$

CB 段　$Q(x) = -F_{By} = \dfrac{F \cdot x}{l}$　　　　　　$\left(\dfrac{l}{2} < x < l\right)$

$M(x) = F_{By} \cdot (l-x) = \dfrac{F \cdot x \cdot (l-x)}{l}$　　$\left(\dfrac{l}{2} \leqslant x \leqslant l\right)$

作剪力图和弯矩图。根据剪力方程和弯矩方程画出剪力图和弯矩图,如图 5-19(b)、(c)所示。

确定最大剪力和最大弯矩的位置和数值。根据 AC 段的剪力方程可知,当 $x \approx 0$ 时,即 F 荷载接近于 A 支座时,剪力取得最大值,其值为

$$Q_{\max}(0) = F = 100\text{kN}$$

根据 AC 段的剪力方程可知,最大剪力也可以出现在当 F 荷载接近于 B 支座(建议读者自己证明)。

对 AC 段的弯矩方程求极值。由 $\dfrac{\mathrm{d}M(x)}{\mathrm{d}x} = F\left(1 - \dfrac{2x}{l}\right) = 0$,得 $x = \dfrac{l}{2}$ 时,有弯矩极值,即 F 荷载出现在跨中时,弯矩取得最大值,其值为

$$M_{\max} = \frac{Fl}{4} = \frac{100 \times 10^3 \times 24}{4} = 600 \times 10^3 (\text{N} \cdot \text{m}) = 600\text{kN} \cdot \text{m}$$

5.4 弯矩、剪力、分布荷载集度之间的微分关系及其应用

由于梁的内力是由作用在梁上的荷载引起的,它们之间必然会存在一定关系。从上节例题中可以看到,当梁段上的分布荷载集度为零时,则该段梁上的剪力为水平直线(常数值),而弯矩为一斜直线;而当梁段上受均布荷载作用时,则其该段梁上的剪力为一斜直线,弯矩为二次抛物线曲线;当梁段某截面的剪力为零,则其该截面的弯矩取得极值,这些关系是普遍存在的。下面来研究弯矩、剪力、分布荷载集度之间的关系。

5.4.1 弯矩、剪力、分布荷载集度之间的微分关系

设梁上有任意荷载作用,如图 5-20(a)所示。x 坐标原点选取在梁的左端,梁上的分布荷载 $q(x)$ 是 x 的连续函数,并规定 $q(x)$ 向上为正,向下为负。集中力 F 的正负规定与分布荷载 $q(x)$ 的规定相同。

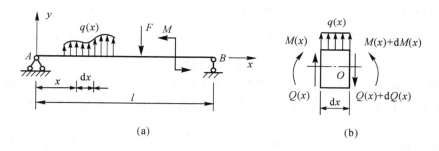

图 5-20

取距坐标原点为 x 和 $x + \mathrm{d}x$ 的微段梁为研究对象(微段内无集中力和集中力偶),如图 5-20(b)所示。横截面上的内力均假设成正的,如图 5-20(b)所示。因为整根梁处在静力平衡之中,因此,微段梁也必然处于平衡状态。由平衡方程 $\sum F_y = 0$,得

$$Q(x) - [Q(x) + \mathrm{d}Q(x)] + q(x)\mathrm{d}x = 0$$

即有

$$\frac{\mathrm{d}Q(x)}{\mathrm{d}x} = q(x) \tag{5-3}$$

式(5-3)表明,剪力对 x 的一阶导数等于梁上相应截面处分布荷载的集度。

再由平衡方程 $\sum M_o = 0$(矩心选择在微段右截面的形心 O 点),得

$$[M(x) + dM(x)] - M(x) - Q(x)dx - q(x)\frac{(dx)^2}{2} = 0$$

略去 dx 的两阶微量,简化后得

$$\frac{dM(x)}{dx} = Q(x) \tag{5-4}$$

式(5-4)表明,弯矩对 x 的一阶导数等于梁相应截面上的剪力。

对 5-4 式再作 x 的一阶导数,则得到

$$\frac{d^2M(x)}{dx^2} = \frac{dQ(x)}{dx} = q(x) \tag{5-5}$$

以上三式说明了弯矩、剪力和荷载分布集度之间存在的微分关系。

由弯矩、剪力和分布荷载集度之间的微分关系,可归纳出下面几条规律。这几条规律对正确绘制剪力图和弯矩图,或校核剪力和弯矩都是十分有帮助的。

(1)梁上无分布荷载时,即 $q(x)=0$,由 $\frac{dQ(x)}{dx}=q(x)=0$ 可知,此时剪力 $Q(x)=$ 常数,即剪力图的斜率为零,剪力图必为一条与梁轴线平行的水平直线。再由 $\frac{dM(x)}{dx}=Q(x)=$ 常数可知,$M(x)$ 是 x 的一次函数,即弯矩图为斜直线,特殊情况:当剪力图为零线时,弯矩图则为一条与梁轴线平行的水平直线。

(2)梁上有均布荷载时,即 $q(x)=q$,则由 $\frac{d^2M(x)}{dx^2}=\frac{dQ(x)}{dx}=q$ 可知,剪力图的斜率为常数,或者是 x 的一次函数,剪力图为一条斜直线。弯矩图是 x 的二次函数,即弯矩图是一条二次抛物线。当 q 向上时,剪力图为从左向右的上斜直线($\diagup$),弯矩图为上凸曲线($\cap$);当 q 向下时,剪力图为从左向右的下斜直线($\diagdown$),弯矩图为下凸曲线($\cup$)。

(3)若梁上某一截面的剪力为零时,根据 $\frac{dM(x)}{dx}=Q(x)=0$ 可知,该截面的弯矩为一极值。但就全梁来说,这个极值不一定就是全梁的最大值或最小值。

(4)梁上集中力作用处,剪力图有突变。正值的集中力引起向上突变,负值的集中力引起向下的突变,其突变值等于该集中力的数值。剪力的变化引起弯矩图斜率的变化,故弯矩图有尖角。

(5)梁上集中力偶作用处,剪力图没有变化,弯矩图有突变。根据对弯矩图设置的坐标,则顺时针转的集中力偶,引起其所在截面的弯矩向下突变;逆时针转的集中力偶,引起其所在截面的弯矩向上突变,其突变值为该力偶矩的大小。在集中力偶作用处的两侧,由于剪力相等,所以弯矩图在该点的斜率总是相等的,如例题 5-5 中图 5-16(c)中的 C 截面的弯矩所示。

(6)最大弯矩的绝对值,可能发生在 $Q(x)=0$ 的截面上,也可能在集中力或集中力偶作用处(包含支座截面处)。

以上规律对指导绘制剪力图和弯矩图是很重要的,应该熟练地运用。表 5-1 对常见荷载作用下的剪力图和弯矩图的主要特征作了描述,可供参考。

表 5-1　在几种荷载下剪力图与弯矩图的特征

一段梁上的外力的情况	向下的均布荷载	无荷载	集中力	集中力偶
剪力图上的特征	向下方倾斜的直线	水平直线,一般为	在 O 处有突变	在 C 处无变化
弯矩图上的特征	下凸的二次抛物线	一般为斜直线	在 C 处有尖角	在 C 处有突变
最大弯矩所在截面的可能位置	在 $Q=0$ 的截面		在剪力变号的截面	在紧靠 C 点的某一侧的截面

5.4.2　利用微分关系绘制剪力图和弯矩图

应用弯矩、剪力和分布荷载集度之间的微分关系,不仅能用来检查所作剪力图和弯矩图是否正确,同时,也能便捷地绘制梁的剪力图和弯矩图。其步骤为:

(1) 根据梁所受外力,将梁分成若干段,并判断各段梁的剪力图和弯矩图的形状。

(2) 计算特殊截面(控制截面)的剪力和弯矩值,并逐段画出剪力图和弯矩图。

例 5-8　图 5-21(a)为一外伸梁。已知 $q=20\text{kN/m}$,$F=20\text{kN}$,$M=160\text{kN}\cdot\text{m}$,试利用弯矩、剪力和分布荷载集度之间的微分关系绘制此梁的剪力图和弯矩图。

解　首先求出支座反力。取整梁为研究对象,由静力平衡方程

$$\sum M_B=0,\quad -F_A\times 10+160+20\times 10\times 3-20\times 2=0$$

得
$$F_A=72(\text{kN})$$

$$\sum M_A=0,\quad F_B\times 10+160-20\times 10\times 7-20\times 12=0$$

得
$$F_B=148(\text{kN})$$

校核支座反力是否正确。由静力平衡方程

$$\sum F_y=0,\quad F_A+F_B-20\times 10-20=0$$

校核无误。

绘制剪力图。将梁分为 AC、CB、BD 三段。AC 段剪力图为水平线,CB、BD 两段剪力图均为斜直线(\)。计算各控制截面的剪力为

$$Q_{A^+}=F_A=72\text{kN},\quad Q_C=F_A=72\text{kN}$$

$$Q_{B^-}=F_A-q\times 8=72-20\times 8=-88(\text{kN})$$

同理求得　$Q_{B^+}=60\text{kN}$

$$Q_{D^-}=20\text{kN}$$

根据以上各控制截面的剪力及各段剪力图形特点绘出梁的剪力图,如图 5-20 (b)所示。

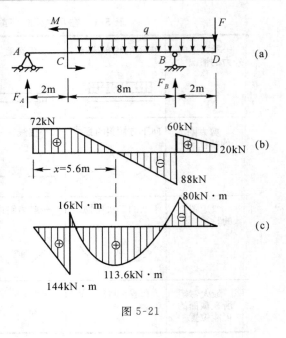

说明:剪力 Q_{A^+} 系指距 A 截面无限接近的右侧截面的剪力,Q_{B^-} 系指距 B 截面无限接近的左侧截面的剪力,其他类同,以后不再赘述。

绘制弯矩图。AC 段弯矩图为斜直线 (\),CB、BD 两段弯矩图为二次抛物线,且下凸(∪)。计算各控制截面的弯矩为

$$M_A = 0$$

$$M_{C^-} = F_A \times 2 = 72 \times 2$$
$$= 144(kN \cdot m)$$

$$M_{C^+} = F_A \times 2 - M = 72 \times 2 - 160$$
$$= -16(kN \cdot m)$$

$$M_B = -F \times 2 - q \times 2 \times 1 = -20 \times 2$$
$$-20 \times 2 \times 1$$
$$= -80(kN \cdot m)$$

$$M_D = 0$$

图 5-21

CB 段剪力 $Q(x) = 0$ 的截面、弯矩 $M(x)$ 将取得极值。设该截面距 A 的距离为 x,则由 $Q(x) = 0$,求得 x 值

$$Q(x) = F_A - q(x-2) = 0, \quad 72 - 20(x-2) = 0$$

得

$$x = 5.6(m)$$

那么,弯矩极值为

$$M_{极值} = F_A \cdot x - M - q \frac{(x-2)^2}{2}$$

$$= 72 \times 5.6 - 160 - 20 \times \frac{(5.6-2)^2}{2}$$

$$= 113.6(kN \cdot m)$$

根据以上控制截面的弯矩及各段梁的弯矩图形特征画出弯矩图,如图 5-21(c)所示。

例 5-9 图 5-22(a)所示为简支梁,右半段受均布荷载 q 作用。试利用弯矩、剪力和分布荷载集度之间的微分关系绘出梁的剪力和弯矩图。

解 首先计算支座反力。取整梁为研究对象,由静力平衡方程求出支座反力

$$\sum F_y = 0, \quad F_{Ay} + F_{By} - ql = 0$$

$$\sum M_B = 0, \quad -F_{Ay} \cdot 2l + \frac{1}{2}ql^2 = 0$$

得

$$F_{Ay} = \frac{1}{4}ql, \quad F_{By} = \frac{3}{4}ql$$

计算控制截面的剪力和弯矩。将梁划分为 AC 和 CB 两段,利用截面法求得控制截面的剪力和弯矩,其值见表 5-2。

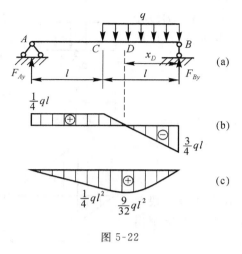

图 5-22

表 5-2　各控制截面的剪力和弯矩

梁　段	AC		CB	
控制截面	A^+	C^-	C^+	B^-
剪　力	$\frac{1}{4}ql$	$\frac{1}{4}ql$	$\frac{1}{4}ql$	$-\frac{3}{4}ql$
弯　矩	0	$\frac{1}{4}ql^2$	$\frac{1}{4}ql^2$	0

画剪力图和弯矩图。根据控制截面的剪力和剪力图的规律，即可画出剪力图，如图 5-22(b)所示。

由剪力图中可以看出，在梁的 D 处，剪力为零。根据剪力和弯矩之间的微分关系可知，在 D 处存在弯矩的极值。设 BD 段长为 x_D，则由图 5-22(b)的比例关系可知

$$x_D : (l - x_D) = \frac{3ql}{4} : \frac{ql}{4}$$

解得

$$x_D = \frac{3l}{4}$$

由此可计算得 D 截面的极值弯矩为

$$M_D = F_{By} \cdot x_D - \frac{1}{2}qx_D^2 = \frac{9ql^2}{32}$$

由控制截面的弯矩、D 截面的极值弯矩及作弯矩图的规律，便可以画出弯矩图，如图 5-22(c)所示。

例 5-10　图 5-23(a)为外伸梁，受均布载荷 q 作用。试利用弯矩、剪力和分布荷载集度之间的微分关系绘制此梁的剪力图和弯矩图。

解　首先求出支座反力。由于此梁结构对称，作用荷载也对称，则支座反力也对称，即由 $\sum F_y = 0$ 得

$$F_A = F_B = 3qa$$

绘制剪力图。将梁分为 CA、AB、BD 三段,各段的剪力图均为斜直线(\)。计算出控制截面的剪力为

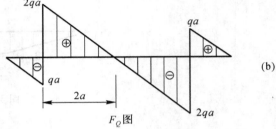

$$Q_C = 0$$

$$Q_{A^-} = -qa$$

$$Q_{A^+} = F_A - qa = 3qa - qa = 2qa$$

$$Q_{B^-} = F_A - q5a = 3qa - 5qa = -2qa$$

$$Q_{B^+} = qa$$

$$F_D = 0$$

根据以上各控制截面的剪力及各段剪力均为斜直线的特征,可以容易地绘制出剪力图,如图 5-23(b)所示。

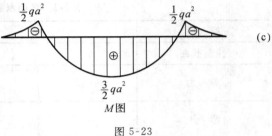

绘制弯矩图。由受荷载特点及弯矩与荷载 q 之间的微分关系可知,每段弯矩图均为二次抛物线,并且形状是下凸的(∪)。现计算出各控制截面的弯矩为

$$M_C = 0$$

$$M_A = -\frac{1}{2}qa^2$$

$$M_B = -\frac{1}{2}qa^2$$

$$M_D = 0$$

图 5-23

剪力为零的 E 截面的极值弯矩

$$M_E = F_A \cdot 2a - q \cdot 3a\frac{3a}{2} = 3qa \cdot 2a - q \cdot 3a \cdot \frac{3a}{2}$$

$$= \frac{3}{2}qa^2$$

根据上述控制截面的弯矩和各段已知的弯矩图形状,便容易地绘制出弯矩图,如图 5-23(c)所示。

由本例题可以看出,对称结构在对称荷载作用下,不仅支反力是对称的,弯矩图也是对称的,然而剪力图则是反对称的。

例 5-11 利用弯矩、剪力和荷载分布集度之间的微分关系的简便法作图 5-24(a)所示的多跨静定梁的剪力图和弯矩图。

解 首先求支座的约束反力。若把 AC 梁移去,则 BC 段梁就会倒塌,因此 AC 梁为多跨静定梁的基本梁,而 CB 梁为附属梁。求支座约束反力时,先将中间铰 C 拆开,如图 5-24(b)所示,通过列 CB 梁附属梁的平衡方程,可以求出 CB 梁的支座约束反力,然后对 AC 梁列平衡方程求出 AC 梁的支座约束反力。

$$CB 梁 \qquad \sum F_x = 0, \quad F_{Cx} = 0$$

$$\sum F_y = 0 \quad F_{Cy} + F_{By} - 20 \times 3 = 0$$

$$\sum M_B = 0 \quad -F_{Cy} \times 5 + 5 + 20 \times 3 \times 2.5 = 0$$

得
$$F_{Cy} = 31(kN) \quad F_{By} = 29(kN)$$

AC 梁
$$\sum F_x = 0 \quad F_{Ax} = 0$$

$$\sum F_y = 0 \quad F_{Ay} - 50 - F'_{Cy} = 0$$

$$\sum M_A = 0 \quad m_A - 50 \times 1 - F'_{Cy} \times 1.5 = 0$$

得
$$F_{Ay} = 81(kN) \quad m_A = 96.5(kN \cdot m)$$

作多跨静定梁的剪力图。由于 AE、EC、CD、KB 四段梁上无分布荷载,因此,该四段梁上的剪力图为水平直线,而 DK 段梁上有均布荷载,故在其段梁上的剪力图为一斜直线。各控制截面的剪力分别为:

AE 段　$Q_{A^+} = Q_{E^-} = 81(kN)$

EC 和 CD 段　$Q_{E^+} = Q_C = Q_{D^-} = 31(kN)$

DK 段　$Q_{D^+} = 31(kN)$,　$Q_{K^-} = -29(kN)$

KB 段　$Q_{K^+} = -29(kN)$,　$Q_{B^-} = -29(kN)$

根据控制截面的剪力和剪力图的特性,很容易画出剪力图,如图 5-24(c) 所示。

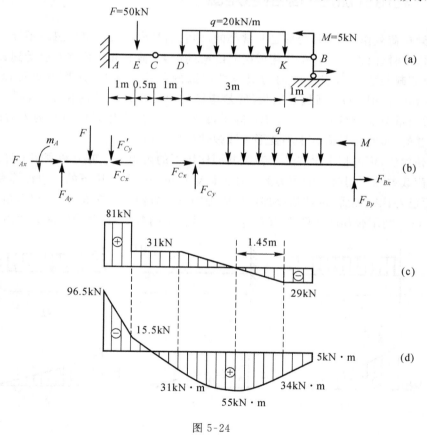

图 5-24

作多跨静定梁的弯矩图。由于 AE、EC、CD、KB 四段梁上无分布荷载,因此,该四段梁

上的弯矩图为斜直线,而 DK 段梁上有均布荷载,故在其段梁上的剪力图为一抛物线线。各控制截面的弯矩分别为:

AE 段　$M_{A^+} = -96.5(\text{kN} \cdot \text{m})$

EC 和 CD 段　$M_E = -m_A + F_{Ay} \times 1 = -15.5(\text{kN} \cdot \text{m})$　$M_C = 0$

$$M_{D^-} = F_{By} \times 1 = 31(\text{kN} \cdot \text{m})$$

DK 段　$M_{D^+} = F_{Cy} \times 1 = 31(\text{kN} \cdot \text{m})$,　$M_K = F_{By} \times 1 + M = 34(\text{kN} \cdot \text{m})$

在 DK 段由于弯矩图为抛物线,因此要找出剪力 $Q(x) = 0$ 的截面所在位置,并求出该截面的极值弯矩 $M_{极值}$。设此截面距 K 截面距离为 x,根据平衡方程,则有

$$Q(x) = -F_{By} + qx = 0, \quad x = \frac{F_{By}}{q} = \frac{29}{20} = 1.45(\text{m})$$

极值弯矩　　　　$M_{极值} = F_{By} \times 2.45 + M - \frac{1}{2}q \times 1.45^2 = 55(\text{kN} \cdot \text{m})$

KB 段　　　　　　$M_K = 34(\text{kN} \cdot \text{m})$,　$M_{B^-} = M = 5(\text{kN} \cdot \text{m})$

根据控制截面的弯矩和弯矩图的特性,很容易画出弯矩图,如图 5-24(d)所示。

5.5　利用叠加法作梁的弯矩图

通常梁在荷载作用下,其变形是非常小的,即它的跨度的改变可以忽略不计。当梁上有几个荷载作用时,由每一个荷载作用所引起的梁的反力、剪力和弯矩将不会受到其他荷载的影响,各个荷载与它们所引起的内力成线性函数的关系。这时,计算弯矩可以用**叠加法**(superposition method)。所谓叠加法,就是指结构由几个外力共同作用时,所引起结构内力(包括后面章节要介绍的应力、应变),等于每个荷载单独作用时所引起的内力的代数和。但必须注意的是,此法只适合于小变形和线弹性范围之内。

应用叠加法,可以把求梁在几个荷载共同作用下的内力——剪力和弯矩的计算,转化为分别由各荷载单独作用时梁的内力的叠加。而梁在单一荷载作用下的内力计算和图形的表示,在前面已经比较熟悉,因此用叠加法作内力图是很方便的。在此,只介绍弯矩图的叠加。

例 5-11　利用叠加法作图 5-25(a)所示的悬臂梁的弯矩图,并确定最大弯矩值。

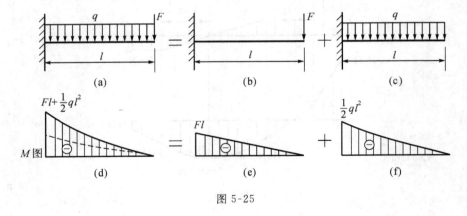

图 5-25

解　首先把梁上集中力 **F** 和均布荷载 **q**,分解成单独作用的情形,如图 5-25(b)、(c)

所示。

分别作出只有集中力 F 和均布荷载 q 作用下的弯矩图,如图 5-25(e)、(f)所示。然后两弯矩图叠加。注意,符号相同的弯矩则相加,符号不同的弯矩则相减。最终的图形为叠加后的弯矩图,如图 5-25(d)所示。

由叠加后的弯矩图,可以一目了然地看出,最大弯矩所在的截面在固定端,其值为 $M_{max}=Fl+\dfrac{1}{2}ql^2$。

例 5-12 利用叠加法作图示 5-26(a)所示的弯矩图。

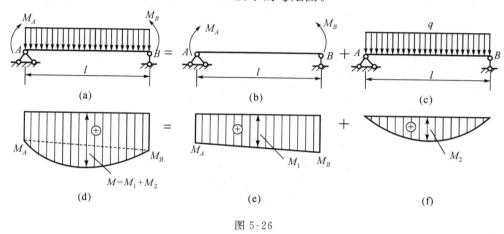

图 5-26

解 将简支梁作用荷载分解成由集中力偶矩 M_A、M_B 和跨间的均布载荷 q 两者分别作用的情形,如图 5-26(b)、(c)所示。端力偶矩 M_A、M_B 作用时梁的弯矩图为一条斜直线,而跨间均布载荷 q 作用时,梁的弯矩图为二次抛物线,如图 5-26(e)、(f)所示。然后,弯矩图叠加,即可以求得集中力偶矩 M_A、M_B 和跨间的均布载荷 q 共同作用下的弯矩图,如图 5-26(d)所示。

以上叠加法也可以用在梁的区段叠加上。现用图 5-27(a)所示梁中 AB 段的弯矩图绘制加以说明。

取 AB 段为研究对象,其上作用的力除均布荷载 q 以外,还在 A、B 两端截面上有内力,如图 5-27(b)所示。

比较图 5-27(c),其与 AB 段梁的受力完全相同,因而两者的弯矩也相同。

于是,绘制梁 AB 段弯矩就归结成了绘制相应简支梁的弯矩图的问题。而相应简支梁

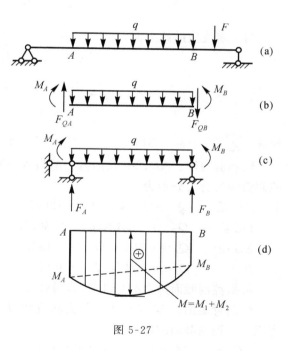

图 5-27

的弯矩图已在例 5-12 中利用叠加法加以解决。故 AB 段梁的弯矩图由图 5-27(d)表示。

这种绘制梁区段弯矩图的方法，称为**区段叠加法**(拟简支梁法)。在后续课程中的刚架内力计算中，时常会用到此法。

例 5-13　试绘制图示外伸梁的内力图。

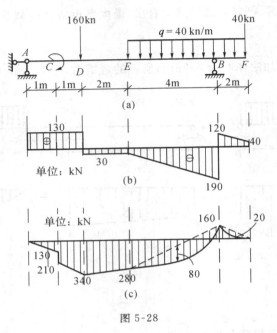

图 5-28

解　求支座的约束反力。

$$\sum X = 0, \quad H_A = 0$$

$$\sum M_B = 0, \quad V_A = 130\text{kN}(\uparrow)$$

$$\sum M_A = 0, \quad V_B = 310\text{kN}(\uparrow)$$

校核：$\sum Y = 130 + 310 - 160 - 40 - 40 \times 6 = 0$

绘制剪力图。AD、DE 段的剪力图为水平直线，EB 和 BF 段为斜率相同的斜线(＼)。控制截面的剪力分别为：

AD 段　　$Q_{A^+} = 130\text{kN}, Q_{D^-} = 130\text{kN}$

DE 段　　$Q_{D^+} = -30\text{kN}, Q_E = -30\text{kN}$

EB 段　　$Q_E = -30\text{kN}, Q_{B^-} = -190\text{kN}$

BF 段　　$Q_{B^+} = 120\text{kN}, Q_{F^-} = 40\text{kN}$

根据控制截面剪力的特性，很容易画出剪力图，如图 5-28(b)所示。

绘制弯矩图。AC、CD、DE 段为斜直线；EB、BF 段为二次抛物线，利用区位叠加法作弯矩图。控制截面的弯矩

AC 段　　$M_A = 0, M_{C^-} = 130\text{kN} \cdot \text{m}$

CD 段　　$M_{C^+} = 210\text{kN} \cdot \text{m}, M_D = 340\text{kN} \cdot \text{m}$

DE 段　　$M_E = 280\text{kN} \cdot \text{m}$

EB 和 BF 段　　　$M_B = 160\text{kN} \cdot \text{m}, M_F = 0$

　　根据 AC、CD、DE 段为斜直线的特性和控制截面弯矩,可直接画出 AC、CD、DE 段的弯矩图,如图 5-28(c)所示;根据 EB、BF 段为二次抛物线的特性和利用区位叠加法,很容易画出 EB、BF 段的弯矩图,如图 5-28(c)所示。

小　结

　　1. 本章学习的主要内容：
　　(1) 弯曲的基本概念,平面弯曲。
　　(2) 梁的简化,内力——剪力和弯矩的定义,正负号的规定。
　　(3) 用截面法计算梁横截面上的内力。
　　(4) 梁上的内力分布,即剪力方程、弯矩方程的建立和剪力图、弯矩图的绘制。
　　(5) 梁的内力与分布荷载之间的微分关系,并利用此关系简便绘制剪力图和弯矩图。
　　(6) 利用叠加法(区段叠加法)绘制弯矩图。
　　2. 重点与难点
　　(1) 本章的重难点均在梁的剪力图和弯矩图的绘制。掌握好了荷载的分布集度与剪力和弯矩之间的微分关系,绘制内力就并不难了。注意叠加法只对绘制比较简单的弯矩图方便,而对梁上受较多荷载作用或受力比较复杂时,叠加法并不方便。
　　(2) 用剪力方程和弯矩方程绘制内力图是基本的方法,初学者应有足够的重视。

思 考 题

　　5-1　在求梁某截面上的剪力和弯矩时,取左段梁或取右段梁进行计算,其结果是否一样? 为什么?
　　5-2　为什么要规定剪力和弯矩的正负号?
　　5-3　写剪力方程和弯矩方程时的分段的原则是什么?
　　5-4　为什么要绘制剪力图和弯矩图?
　　5-5　当梁上作用有集中力 $\boldsymbol{F}$ 和集中力偶 M 时,其剪力图和弯矩图在该处有什么变化? 怎么计算内力发生突变截面处的内力?
　　5-6　弯矩 M、剪力 Q 和荷载分布集度 q 三者之间具有什么样的关系? 如何利用这些关系绘制内力图?
　　5-7　什么是叠加法? 叠加法成立的条件是什么?

习　题

　　5-1　求题 5-1 图所示各梁中的 1-1 截面和 2-2 截面的剪力和弯矩。

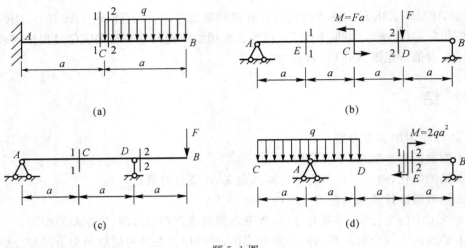

题 5-1 图

5-2 利用剪力方程和弯矩方程绘出各梁的剪力图和弯矩图,并找出最大剪力 Q_{max} 和最大弯矩 M_{max}。

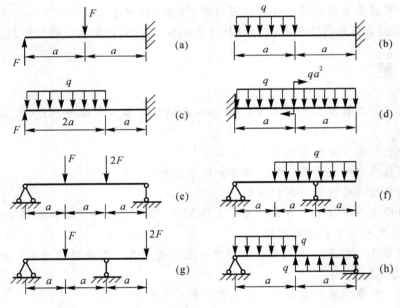

题 5-2 图

5-3 利用荷载的分布集度、剪力和弯矩的微分之间的关系,绘制出题 5-3 图所示各梁的剪力图和弯矩图。

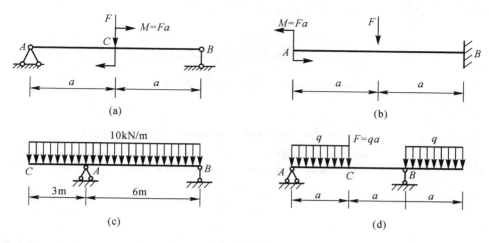

题 5-3 图

5-4   现起吊一根等截面的预制钢筋混凝土梁，如题 5-4 图所示，如果要使该梁在起吊过程中产生的最大正弯矩和最大负弯矩相等，问起吊点 A、B 应放在何处（$c = ?$）？已知该梁的单位长度自重为 q（单位为 kN/m）。

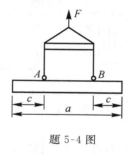

题 5-4 图

5-5   利用叠加法绘制题 5-5 图所示各梁的弯矩图。

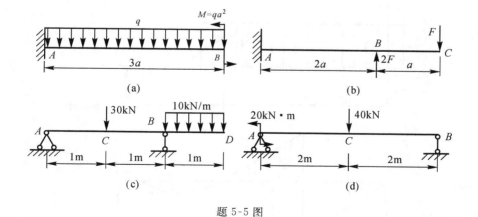

题 5-5 图

5-6 试画出题 5-6 图所示各梁的剪力图和弯矩图。

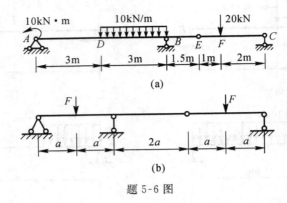

(a)

(b)

题 5-6 图

5-7 简支梁的剪力如题 5-7 图所示，且已知梁上无外力偶作用，试绘制梁的弯矩图和荷载图。

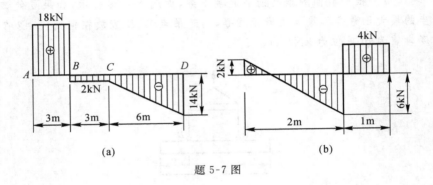

(a)   (b)

题 5-7 图

5-8 已知梁的剪力图和弯矩图如题 5-8 图所示，试确定作用于梁上的全部荷载的大小、方向(力偶的转向)及作用的位置。

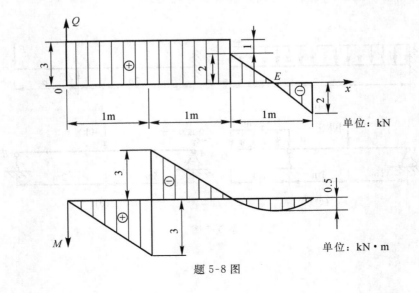

题 5-8 图

第6章 梁的弯曲应力与强度计算

【学习导航】

本章主要研究直梁在线弹性范围内的平面弯曲情况下的截面应力分析、梁的强度条件和强度计算。另外，为了分析梁截面应力的需要，还要研究梁截面的几何特性。

【学习要点】

1. 从梁的平面假设出发，通过几何关系、物理关系和静力关系推导出纯弯曲时梁的横截面上的应力分布公式，并推广到在横力弯曲下的应用。

$$\sigma = \frac{My}{I_z}$$

2. 给出横力弯曲条件下梁的横截面的切应力计算公式。

$$\tau = \frac{QS_z^*}{I_z b}$$

3. 梁在弯曲时的正应力强度条件和切应力强度条件的应用。

$$\sigma_{\max} = \frac{M_{\max}}{W_z} \leqslant [\sigma], \tau = \frac{Q_{\max} S_{z\max}^*}{I_z b} \leqslant [\tau]$$

4. 梁的合理强度的讨论与设计。

5. 讨论非对称截面梁的平面弯曲的条件，提出弯曲中心的概念。

6. 考虑梁塑性时的强度计算。

7. 掌握截面的几何特性的计算。

6.1 梁横截面上的正应力

在第5章已经讨论了梁的内力计算和内力图的画法，但是还不能对梁进行强度计算。本节将进一步研究梁横截面上的内力分布规律，即找出梁横截面上各点的应力计算公式，从而为梁的强度计算作好理论准备。

在一般情况下，梁在发生弯曲时，其横截面上既有剪力又有弯矩，通常称为**横力弯曲**（bending by transverse deformation）。由第5章可知，梁截面上的弯矩是该截面法向分布内力的合力偶矩，而梁截面上的剪力则是该截面上切向分布内力的合力，因此，横截面上的弯矩仅仅与横截面的正应力有关，而横截面上的剪力仅仅与切应力有关。

如果某段梁内各截面的内力只有弯矩而没有剪力，则称该段梁为**纯弯曲**（pure

bending）。图 6-1 所示的梁，其中间 CD 段就是属于这种情况。在推导梁的正应力计算公式时，为了便于研究，首先从纯弯曲的梁段进行推导。

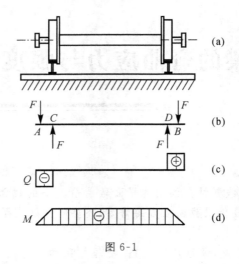

图 6-1

6.1.1 纯弯曲梁横截面上的正应力

在纯弯曲的情况下，梁横截面上只有正应力。研究纯弯曲梁的正应力的分布规律需要从几何变形关系、物理关系和静力关系三个方面予以考虑。

1. 几何变形关系

现取一矩形截面梁段，为了观察它的变形规律，在变形前梁的侧面上画出两条纵向线 ab、cd 和两条横向线 $m\text{-}m$、$n\text{-}n$，如图 6-2(a)所示。然后在梁段两端施加弯矩 M 使梁发生纯弯曲变形。观察结果表明，在变形后纵向线 ab、cd 弯曲成弧形线，其中上面的 cd 线缩短了，下面的 ab 线伸长了，而两条横向线 $m\text{-}m$、$n\text{-}n$ 仍然保持为直线，只是相对转了一个角度，且依然垂直于变形后的纵向线（弧线），如图 6-2(b)所示。

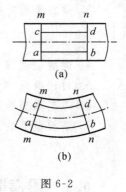

图 6-2

根据上述变形现象，可以做出这样的假设：梁的横截面在发生弯曲变形后，其横截面绕着某一轴线旋转了一个角度，但仍然保持为平面，并垂直于变形后的梁的轴线。这就是弯曲变形的**平面假设**（plane assumption）。

同时，设想梁是由无数层的纵向纤维组成。弯曲变形发生后，靠近凹入的一侧纤维缩短，而靠近凸出的一侧纵向纤维伸长，且纤维之间无挤压。由于变形的连续性，梁的各纤维层由凹入侧纤维的缩短连续变化为凸出侧的伸长，则中间必然存在一层既不伸长又不缩短的纤维层，该纤维层称为**中性层**（neutral surface）。中性层与横截面的交线，称为**中性轴**（neutral axis）。梁弯曲时，横截面就是绕着中性轴转动的。对于平面弯曲问题，由于梁上的荷载都作用在纵向对称面内，梁的轴线也在纵向对称平面内，因此，梁的变形是对称于纵向对称面的，而中性轴与纵向对称面垂直，如图 6-3 所示。

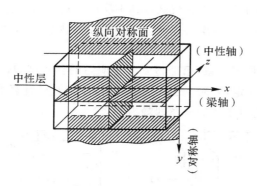

图 6-3

现在假想从上面梁段中截取长为 $\mathrm{d}x$ 的微段,变形后的情形如图 6-4(a)所示。令横截面的纵向对称轴为 y 轴,中性轴为 z 轴(在横截面的什么位置暂时尚未确定),如图 6-4(b)所示。现在研究距中性层为 y 处的纵向线 ab 的纵向线应变。梁变形后 $\mathrm{d}x$ 梁段两端截面相对转过了一个 $\mathrm{d}\theta$ 角,设梁中性层的曲率半径为 ρ,则根据中性层纤维长度不变可知:

$$O_1 O_2 = \mathrm{d}x = \rho\mathrm{d}x$$

距中性层为 y 的纵向线 ab 变形前的长度为:

$$ab = \mathrm{d}x = \rho\mathrm{d}x$$

纵向线 ab 变形以后的长度为:

$$\widehat{ab} = (\rho + y)\mathrm{d}\theta$$

故纵向线 ab 的纵向线应变为:

$$\varepsilon = \frac{(\rho + y)\mathrm{d}\theta - \rho\mathrm{d}\theta}{\rho\mathrm{d}\theta} = \frac{y}{\rho} \tag{6-1}$$

在所取的截面处,曲率半径 ρ 是常量,则纵向线应变为 ε 与纤维距中性层的距离 y 成正比。

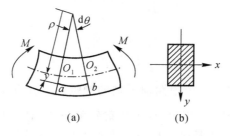

(a)　　　　　　(b)

图 6-4

2. 物理关系

由前面所述,梁内各条纤维无挤压,故可以把各条纤维假设成只受简单的拉伸和压缩。当应力不超过材料的比例极限时,根据材料拉压虎克定律,其上的应力与应变成正比

$$\sigma = E\varepsilon = E\frac{y}{\rho} \tag{6-2}$$

上式表明,横截面上各点的正应力 σ 与该点到中层的距离 y 成正比(按线性变化),离中性层等距离的各点的应力相等,中性层各点的应力均等于零,如图 6-5 所示。

3. 静力关系

虽然由几何关系和物理关系,已经得到了正应力的分布规律,但是还不知道曲率半径 ρ 和中性轴 z 的位置怎么确定,因而 y 也无法确定,故不能具体计算截面上各点的应力值。为此,需要考虑正应力与内力之间的一系列静力关系。

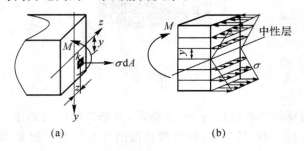

图 6-5

图 6-5(a)所示梁截面,截面上内力对中性轴 z 轴的弯矩为 M,截面上内力对纵向对称轴 y 轴的弯矩为 $M_y=0$,轴力 $N=0$。由于截面内力是截面各点应力的合成,所以应该满足:各点正应力之和等于截面轴力;各点正应力关于中性轴的力矩之和等于截面内力对 z 轴弯矩 M;各点正应力对截面纵向对称轴的力矩之和等于截面 y 轴方向的弯矩为 M_y。即

$$\int_A \sigma \mathrm{d}A = N = 0 \tag{a}$$

$$\int_A z\sigma \mathrm{d}A = 0 \tag{b}$$

$$\int_A y\sigma \mathrm{d}A = M \tag{c}$$

将式(6-2)代入式(a)得

$$\int_A \frac{E}{\rho} y \mathrm{d}A = 0$$

即

$$\frac{E}{\rho} \int_A y \mathrm{d}A = 0$$

式中:$\int y\mathrm{d}A$ 是矩形截面图形关于中性轴 z 轴的**静矩 S_z**(static moment of an area)。由于 E/ρ 不为零,则上式要等于零,只有 $S_z=0$,由静矩的形心轴定理可知:z 轴必通过形心。由此可见,在平面弯曲情况下,中性轴过形心且垂直于纵向对称面,这样中性轴的位置就唯一地确定下来了。

将式(6-2)代入式(b)得:

$$\int_A \frac{E}{\rho} zy \cdot \mathrm{d}A = 0$$

对于截面任意一点,E/ρ 是常数,可提到积分号外,于是有

$$\int_A zy \cdot \mathrm{d}A = 0$$

式中：$\int_A zy \cdot dA = I_{yz}$ 是横截面对 y 和 z 轴的**惯性积**（product of inertia of an area）。由于 y 轴是横截面的纵向对称轴，必然有 $I_{yz} = 0$，因此，该式是自然满足的。

将式（6-2）代入式 c 得

$$\int_A \frac{E}{\rho} y^2 dA = M$$

对于截面任意一点，E/ρ 是常数，可提到积分号外，于是为

$$\frac{E}{\rho} \int_A y^2 dA = M$$

式中的积分式 $\int_A y^2 dy = I_z$ 是截面关于中性轴 z 的惯性矩 I_z（moment of inertia of an area），从而有

$$\frac{1}{\rho} = \frac{M}{EI_z} \qquad\qquad (6\text{-}3)$$

将式（6-3）代入物理条件式（6-2），得到梁纯弯曲时截面任意一点的正应力计算公式

$$\sigma = \frac{My}{I_z} \qquad\qquad (6\text{-}4)$$

这就是纯弯曲时，梁横截面上各点的正应力计算公式。式中：M 为截面弯矩值；y 为横截面上计算正应力的点至中性轴 z 的距离；I_z 为横截面面积关于中性轴 z 的截面惯性矩。

在推导式（6-4）时，并没有用到矩形的特性，所以只要梁有纵向对称面及荷载作用在纵向对称面内时，非矩形截面的梁的正应力计算也可采用该公式。

在使用式（6-4）进行计算梁截面上的正应力时，通常不需要借助坐标 y 的正负来确定是拉应力还是压应力。可以通过梁的变形直接判断正应力 σ 是拉应力还是压应力。判断的方法是以中性轴为界，梁凸出的一侧为拉应力，凹入的一侧为压应力。也可以根据弯矩的正负号来判断正应力是拉或是压：当弯矩为正时，中性轴以下部分受拉，而以上部分受压；当弯矩为负时，判断相反。

由式（6-4）可知，对同截面来说，最大正应力发生在离中性轴最远的截面上边缘或下边缘的各点上。设 y_{max} 为距中性轴最远的截面上边缘或下边缘的坐标，则最大的正应力为：

$$\sigma_{max} = \frac{My_{max}}{I_z}$$

令

$$W_z = \frac{I_z}{y_{max}} \qquad\qquad (6\text{-}5)$$

则有

$$\sigma_{max} = \frac{M}{W_z} \qquad\qquad (6\text{-}6)$$

式中：$W_z = \dfrac{I_z}{y_{max}}$ 称为**弯曲截面系数**（section modulus in bending），是截面的几何特性之一，它与截面的几何形状有关。

梁弯曲时，其横截面上既由拉应力又有压应力，对于矩形截面、圆形截面、空心圆截面和工字钢形截面等，由于中性轴都是关于横截面对称的，因此，最大拉应力和最大压应力的绝对值是相等的，如图 6-6(a)所示。如果梁的横截面不是关于中性轴对称，则横截面上的最大拉应力和最大压应力是不相等的，如图 6-6(b)所示。

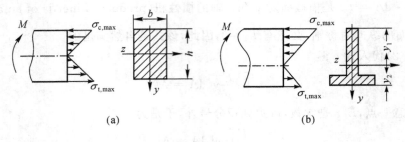

图 6-6

为了便于梁横截面应力的计算,下面介绍截面的几何性质。

6.1.2　截面的几何性质

1. 截面的静矩与形心

图 6-7 所示为一任意平面图形,其面积为 A。x 轴和 z 轴为图形所在平面内的坐标轴。在坐标(x,z)处取一微面积 dA,则下列积分

$$S_x = \int_A z\,dA, S_z = \int_A x\,dA \tag{6-7}$$

分别称为图形对 x、z 轴的**静矩**(moment of area),也称为图形对 x、z 轴的一次面积矩。静矩与所选坐标有关,同一图形对不同的坐标轴,其静矩不同,其数值可能为正,也可能为负或为零。静矩的量纲是长度的三次方。

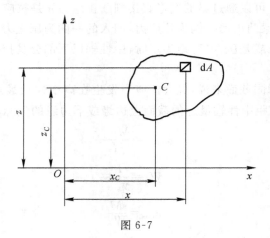

图 6-7

图形几何形状的中心称为**形心**(center of area)。设想有一个均质等厚薄板,薄板中面的形状与图 6-7 中的平面图形相同。显然在 xz 坐标系中,该薄板重心与平面图形的形心重合。由静力学的合力矩定理可知,薄板形心的坐标分别为

$$x_C = \frac{\int_A x\,dA}{A}, z_C = \frac{\int_A z\,dA}{A} \tag{6-8}$$

式(6-8)即为平面图形形心 C 坐标的表达式。

由式(6-7)和式(6-8)，可以得到形心坐标与静矩的关系：

$$x_C = \frac{S_z}{A}, z_C = \frac{S_x}{A} \tag{6-9}$$

或

$$S_x = A \cdot z_C, S_z = A \cdot x_C \tag{6-10}$$

由上两式可以看出，若某坐标通过平面图形的形心，则平面图形对该轴的静矩等于零。即 $z_C = 0$，则 $S_x = 0$；$x_C = 0$，则 $S_z = 0$。反之，若图形对某一轴的静矩等于零，则该轴必然通过图形的形心。如果平面图形有对称轴，则形心必定在该对称轴上。因为平面图形对其对称轴的静矩必为零。

如果一个平面图形是由若干个简单的平面图形（例如矩形、圆形、三角形等）组成，则称为组合平面图形。设第 i 块图形的面积为 A_i，形心坐标为 x_{Ci}, z_{Ci}，则组合平面图形的静矩和形心坐标分别为

$$S_x = \sum_{i=1}^{n} A_i z_{Ci}, S_z = \sum_{i=1}^{n} A_i x_{Ci} \tag{6-11}$$

$$x_C = \frac{S_z}{A} = \frac{\sum_{i=1}^{n} A_i x_{Ci}}{\sum_{i=1}^{n} A_i}, z_C = \frac{S_x}{A} = \frac{\sum_{i=1}^{n} A_i z_{Ci}}{\sum_{i=1}^{n} A_i}, \tag{6-12}$$

例 6-1　求图 6-8 所示半圆形的 S_x、S_z 及形心位置。

解　由图形对称性可知 $x_C = 0$，$S_z = 0$。取平行于 x 轴的狭长条作为微面积 $\mathrm{d}A$

$$\mathrm{d}A = 2x\mathrm{d}z = 2\sqrt{R^2 - z^2}\,\mathrm{d}z$$

所以

$$S_x = \int_A z\mathrm{d}A = \int_0^R z \cdot 2\sqrt{R^2 - z^2}\,\mathrm{d}z = \frac{2}{3}R^3$$

$$z_C = \frac{S_x}{A} = \frac{4R}{3\pi}$$

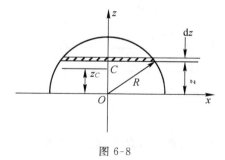

图 6-8

例 6-2　确定形心位置，如图 6-9 所示。

解　截面有一垂直对称轴，其形心必然在这一对称轴上。将图形看作由矩形 $ABCD$ 减去矩形 $abcd$，并以 $ABCD$ 的面积为 A_1，$abcd$ 的面积为 A_2。以底边 DC 作为参考坐标轴 x。

$A_1 = 1.4 \times 0.86 = 1.204 (\text{m}^2)$

$z_{C_1} = \dfrac{1.4}{2} = 0.7 (\text{m})$

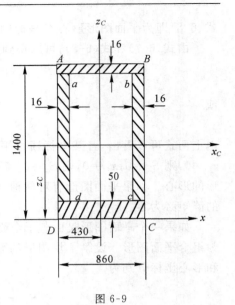

图 6-9

$A_2 = (0.86 - 2 \times 0.016) \times (1.4 - 0.05 - 0.016)$

$\qquad = 1.105 (\text{m}^2)$

$z_{C2} = \dfrac{(1.4 - 0.05 - 0.016)}{2} + 0.05 = 0.717 (\text{m})$

由公式(6-12),整个截面的形心的坐标为

$x_C = 0$

$z_C = \dfrac{A_1 z_{C_1} + A_2 z_{C2}}{A_1 + A_2} = \dfrac{1.204 \times 0.7 - 1.105 \times 0.717}{1.204 - 1.105}$

$\qquad = 0.51 (\text{m})$

这种求形心的方法称为"负面积"法。

2. 惯性矩　极惯性矩　惯性积

图 6-10 所示为一任意平面图形,其面积为 A。x 轴和 z 轴为图形所在平面内的坐标轴。在坐标为(x, z)处取一微面积 $\mathrm{d}A$,则下列积分

$$I_x = \int_A z^2 \mathrm{d}A, \quad I_z = \int_A x^2 \mathrm{d}A \qquad (6\text{-}13)$$

分别称为图形对 x、z 轴的**惯性矩**(moment of inertia),也称为图形对 x、z 轴的二次面积矩。在公式(6-13)中,由于 x^2 和 z^2 总是正的,所以恒为正,其数值随不同的坐标轴变化。惯性矩的量纲为长度的四次方。

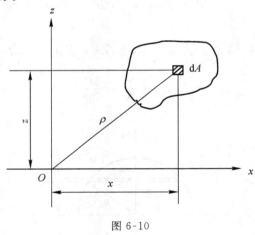

图 6-10

若以 ρ 表示微面积 $\mathrm{d}A$ 到坐标原点 O 的距离,下列积分

$$I_p = \int_A \rho^2 \mathrm{d}A \qquad (6\text{-}14)$$

定义为图形对坐标原点 O 的**极惯性矩**(polar moment of inertia)。从图 6-10 可以看出 $\rho^2 = x^2 + z^2$,所以极惯性矩与(轴)惯性矩的关系为

$$I_p = \int_A (x^2 + z^2)\mathrm{d}A = I_x + I_z \qquad\qquad (6-15)$$

式(6-15)表明,图形对任意两个互相垂直轴的(轴)惯性矩之和,等于它对该两轴交点的极惯性矩。

定义以下积分

$$I_{xz} = \int_A xz\,\mathrm{d}A \qquad\qquad (6-16)$$

为图形对正交轴 x、z 轴的**惯性积**(product of inertia)。由于坐标乘积 xz 可能为正或负,因此 I_{xz} 的数值可能为正,为负或为零。若 x、z 轴中有一个为截面的对称轴,则其惯性积为零。因为在对称轴的两侧,处于对称位置的两微面积 $\mathrm{d}A$ 的惯性积 $xz\,\mathrm{d}A$,数值相等而正负号相反,所以整个图形的惯性积 $I_{xz} = \int_A xz\,\mathrm{d}A = 0$。惯性积的量纲与惯性矩的量纲相等,都是长度的四次方。

例 6-3　试计算图 6-11 中矩形对其对称轴 x 和 z 的惯性矩。设矩形的高为 h,宽为 b。

解　先求图形对 x 轴的惯性矩。取平行于 x 轴的狭长条作为微面积 $\mathrm{d}A$。

$$\mathrm{d}A = b\,\mathrm{d}z$$

$$I_x = \int_A z^2\,\mathrm{d}A = \int_{-\frac{h}{2}}^{\frac{h}{2}} bz^2\,\mathrm{d}z = \frac{bh^3}{12}$$

用相同的方法可以求得图形对 z 轴的惯性矩,即

$$I_z = \frac{hb^3}{12}$$

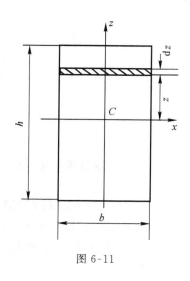

图 6-11

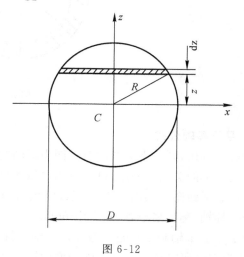

图 6-12

例 6-4　求如图 6-12 所示圆形对其形心 x、z 轴的惯性矩。

解　取平行于 x 轴的狭长阴影线面积为 $\mathrm{d}A$,

$$\mathrm{d}A = 2x\,\mathrm{d}z = 2\sqrt{R^2 - z^2}\,\mathrm{d}z$$

$$I_x = \int_A z^2\,\mathrm{d}A = 2\int_{-R}^{R} z^2\sqrt{R^2 - z^2}\,\mathrm{d}z = \frac{\pi R^4}{4} = \frac{\pi D^4}{64}$$

x 轴和 z 轴都与圆的直径重合,由于对称的原因,必然有

$$I_z = I_x = \frac{\pi D^4}{64}$$

由公式(6-15)可得圆形对圆心的极惯性矩 I_p

$$I_p = I_z + I_y = \frac{\pi D^4}{32}$$

如果一个平面图形是由若干个简单的图形组成时,根据惯性矩的定义,可先求出每一个简单图形对同一轴的惯性矩,然后求其总和,即可得到整个图形对于这一轴的惯性矩。即

$$I_x = \sum_{i=1}^{n} I_{xi}, I_z = \sum_{i=1}^{n} I_{zi} \qquad (6\text{-}17)$$

例如图 6-13 所示空心圆,可以看成是由直径为 D 的实心圆减去直径为 d 的圆,由公式(6-17),并使用例 6-4 所得的结果,可以求得

$$I_x = I_z = \frac{\pi D^4}{64} - \frac{\pi d^4}{64} = \frac{\pi}{64}(D^4 - d^4)$$

$$I_p = I_z + I_y = \frac{\pi}{32}(D^4 - d^4)$$

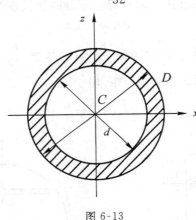

图 6-13

3. 平行移轴公式

如前文所述,同一平面图形对不同坐标轴的惯性矩和惯性积一般是各不相同的,但它们之间存在一定的关系。利用这些关系,可以使计算得到简化。

设任意平面图形如图 6-14 所示,面积为 A,形心 C。x_C 轴和 z_C 轴是通过截面形心 C 的正交坐标轴,称为**形心轴**(axis through the center)。形心轴的惯性矩分别为 I_{z_C} 和 I_{x_C},惯性积为 $I_{x_C y_C}$。x 轴和 z 轴是与截面形心轴平行的坐标轴,其惯性矩分别为 I_z 和 I_x,惯性积为 I_{zx}。现在来研究这两对坐标轴的惯性矩以及惯性积间的关系。

由图 6-14 可见,两对坐标轴的间距分别为 a 和 b(注意 a、b 有正负号),即有

$$x = x_C + b$$
$$z = z_C + a$$

根据式(6-13),(6-17)可得

$$I_x = \int_A z^2 A = \int_A (z_C + a)^2 dA = \int_A z_C^2 dA + 2a \int_A z_C dA + a^2 \int_A dA$$

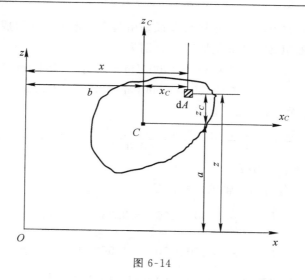

图 6-14

式中 $\int_A z_C^2 \mathrm{d}A = I_{x_C}$，$\int_A z_C \mathrm{d}A$ 为平面图形对形心轴 x_C 的静矩，其值为零，则得

$$I_x = I_{x_C} + a^2 A$$

同理可证式（6-18）中的其他两式。

$$\begin{cases} I_x = I_{x_C} + a^2 A \\ I_z = I_{z_C} + b^2 A \\ I_{xz} = I_{x_C z_C} + abA \end{cases} \tag{6-18}$$

式（6-18）称为惯性矩和惯性积的**平行移轴公式**（parallel axis theorem）。用此式即可根据截面对形心轴的惯性矩或惯性积，来计算截面对其他与形心轴平行的坐标轴的惯性矩或惯性积，或进行相反的运算。同一平面内对所有相互平行的坐标轴的惯性矩，以对形心轴的惯性矩最小。

例 6-5　试求图 6-15 中图形对形心轴 x_C 的惯性矩 I_{xC}。

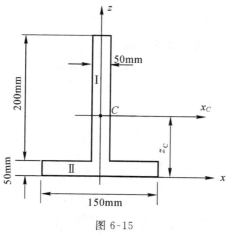

图 6-15

解　求形心。建立参考坐标轴 x、z，图形的形心必然在对称轴 z 上。因此只需求出截

面形心 C 距参考轴 x 的距离 z_C。把图形看成是由两个矩形 Ⅰ 和 Ⅱ 组成,各矩形截面的面积 A_i 及自身水平形心轴距参考轴 x 的距离 z_i 分别为:

$$A_1 = 200 \times 50 = 10000(mm^2), z_1 = 150mm$$

$$A_2 = 50 \times 150 = 7500(mm^2), z_2 = 25mm$$

根据组合截面求形心公式(6-12),有:

$$z_C = \frac{A_1 z_1 + A_2 z_2}{A_1 + A_2} = \frac{10000 \times 150 + 7500 \times 25}{10000 + 10025} = 96.4(mm)$$

求图形对形心轴 x_C 的惯性矩 I_{xC}。

矩形截面 Ⅰ、Ⅱ 对各自形心轴的惯性矩是

$$I_x^{\mathrm{I}} = \frac{1}{12} \times 50 \times 200^3 = 3.33 \times 10^7 (mm^4)$$

$$I_x^{\mathrm{II}} = \frac{1}{12} \times 150 \times 50^3 = 1.56 \times 10^5 (mm^4)$$

Ⅰ、Ⅱ 矩形截面形心 C_i 和截面形心 C 在 z 轴方向的距离分别为

$$a_1 = 150 - 96.4 = 53.6(mm), a_2 = 96.4 - 25 = 71.4(mm)。$$

使用平行移轴公式,分别计算出矩形 Ⅰ、Ⅱ 对 x_C 轴的惯性矩,分别是

$$I_{x_C}^{\mathrm{I}} = I_x^{\mathrm{I}} + a_1^2 A_1 = 3.33 \times 10^7 + (53.6)^2 \times 10000 = 6.21 \times 10^7 (mm^4)$$

$$I_{x_C}^{\mathrm{II}} = I_x^{\mathrm{II}} + a_2^2 A_2 = 1.56 \times 10^5 + (71.4)^2 \times 7500 = 3.84 \times 10^7 (mm^4)$$

整个截面对 x_C 轴的惯性矩为

$$I_{x_C} = I_{x_C}^{\mathrm{I}} + I_{x_C}^{\mathrm{II}} = 6.21 \times 10^7 + 3.84 \times 10^7 = 10.07 \times 10^7 (mm^4)$$

4. 转轴公式　主惯性轴　形心主惯性轴

任意平面图形,如图 6-16 所示,其对 x 轴和 z 轴的惯性矩和惯性积为

$$I_x = \int_A z^2 dA, I_z = \int_A x^2 dA, I_{xz} = \int_A xz dA \qquad (a)$$

如果将坐标轴绕坐标原点 O 点旋转 α 角,规定以逆时针转角为正,旋转后得到新的坐标轴 x_1 和 z_1。图形对 x_1 和 z_1 轴的惯性矩和惯性积分别为

$$I_{x_1} = \int_A z_1^2 dA, I_{z_1} = \int_A x_1^2 dA, I_{x_1 z_1} = \int_A x_1 z_1 dA \qquad (b)$$

由图 6-16,新旧坐标轴之间有如下关系

$$x_1 = x\cos\alpha + z\sin\alpha \qquad (c)$$

$$z_1 = z\cos\alpha - x\sin\alpha \qquad (d)$$

将(c)、(d)代入(b)式中第一式,

$$I_{x_1} = \int_A z_1^2 dA = \int_A (z\cos\alpha - x\sin\alpha)^2 dA$$

$$= \cos^2\alpha \int_A z^2 dA + \sin^2\alpha \int_A x^2 dA - 2\sin\alpha\cos\alpha \int_A xz dA$$

$$= I_x \cos^2\alpha + I_z \sin^2\alpha - I_{xz} \sin2\alpha$$

利用三角公式 $\cos^2\alpha = \frac{(1+\cos2\alpha)}{2}$、$\sin^2\alpha = \frac{(1-\cos2\alpha)}{2}$ 和 $2\sin\alpha\cos\alpha = \sin2\alpha$,整理后得到

$$I_{x_1} = \int_A z_1^2 dA = \frac{I_x + I_z}{2} + \frac{I_x - I_z}{2}\cos2\alpha - I_{xz}\sin2\alpha \qquad (6-19a)$$

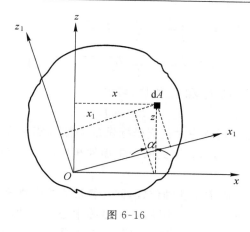

图 6-16

同理

$$I_{z_1} = \frac{I_x + I_z}{2} - \frac{I_x - I_z}{2}\cos2\alpha + I_{xz}\sin2\alpha \qquad (6\text{-}19b)$$

$$I_{x_1 z_1} = \frac{I_x - I_z}{2}\sin2\alpha + I_{xz}\cos2\alpha \qquad (6\text{-}19c)$$

式(6-19)称为惯性矩和惯性积的**转轴公式**(rotation axis theorem)。

由公式(6-19c)可知,当坐标轴绕原点转动时,惯性积将随着角 α 的改变而变化,其值可正、可负,或零。因此,总可以找到一个特定的角度 α_0,使图形对新坐标 x_0 和 z_0 的惯性积为零,这一对坐标轴就称为**主惯性轴**(principal axes)。截面对于主惯性轴的惯性矩,称为**主惯性矩**(principal moments of inertia)。当一对主惯性轴的交点与截面的形心重合时,这对主惯性轴称为**形心主惯性轴**(principal centroidal axis)。截面对于形心主惯性轴的惯性矩,称为**形心主惯性矩**(principal centroidal moments of inertia)。

对于有对称轴的平面图形,其对称轴一定是形心主惯性轴。如果平面图形有三条或更多条的对称轴(如正三角形、正多边形、圆形等),则通过该图形形心的任何对称轴都是形心主惯性轴,而且该平面图形对其任一形心主惯性轴的惯性矩都相等。

对于没有对称轴的截面,可以通过计算来确定其主惯性轴的位置。

设 α_0 角为主惯性轴与原坐标轴之间的夹角,将其代入惯性积的转轴公式(式 6-19c),并令其等于零,即

$$\frac{I_x - I_z}{2}\sin2\alpha_0 + I_{xz}\cos2\alpha_0 = 0$$

由此求出

$$\tan2\alpha_0 = -\frac{2I_{xz}}{I_x - I_z} \qquad (6\text{-}20)$$

由式(6-20)可以求出 α_0 和 $\alpha_0 + \dfrac{\pi}{2}$ 两个角度,从而可以确定一对坐标轴 x_0 和 z_0。这对坐标轴就称为主惯性轴。

将 α_0 角代入公式(6-19a)和(6-19b),可以得到任意图形的主惯性矩(推导略去)。直接给出主惯性矩的计算公式。

$$I_{y_0} = \frac{I_y + I_z}{2} + \frac{1}{2}\sqrt{(I_y - I_z)^2 + 4I_{yz}{}^2} \qquad (6\text{-}21a)$$

$$I_{z_0} = \frac{I_y + I_z}{2} - \frac{1}{2}\sqrt{(I_y - I_z)^2 + 4I_{yz}{}^2} \qquad (6\text{-}21b)$$

将公式(6-21a)和(6-21b)中的 I_{x1} 和 I_{z1} 相加,可得

$$I_{x_1} + I_{z_1} = I_x + I_z$$

这说明截面对通过同一点的任意一对正交坐标轴的两惯性矩之和为常数,并等于截面对该坐标原点的极惯性矩(见式 6-15)。因此两个主惯性矩中必然一个为最大值 I_{max},另一个为最小值 I_{min}。

例 6-6 确定图形的形心主惯性轴位置,并计算形心主惯性矩(如图 6-17)。

解 首先确定图形的形心。由于图形有一对称中心 C,C 即为图形的形心。选取通过形心的水平轴及垂直轴作为 x 轴和 z 轴。把图形看作是由 Ⅰ、Ⅱ 和 Ⅲ 三个矩形所组成。矩形 Ⅰ 的形心坐标为 $(-35, 74.5)$mm,矩形 Ⅲ 的形心做标为 $(35, -74.5)$mm,矩形 Ⅱ 的形心与 C 点重合。利用平行移轴公式分别求出各矩形对 x 轴和 z 轴的惯性矩和惯性积。

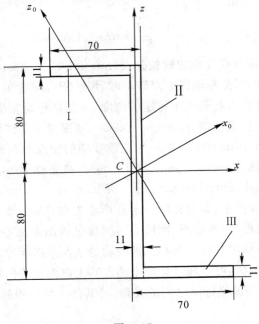

图 6-17

矩形 Ⅰ:

$$I_x^{\text{Ⅰ}} = I_{x_{C1}}^{\text{Ⅰ}} + a_1{}^2 A_1 = \frac{1}{12} \times 0.059 \times 0.011^3 + 0.0745^2 \times 0.011 \times 0.059 = 360.8 (\text{cm}^4)$$

$$I_z^{\text{Ⅰ}} = I_{z_{C1}}^{\text{Ⅰ}} + b_1{}^2 A_1 = \frac{1}{12} \times 0.059^3 \times 0.011 + (-0.035)^2 \times 0.011 \times 0.059 = 98.2 (\text{cm}^4)$$

$$I_{xz}^{\text{Ⅰ}} = I_{x_{C1} z_{C1}}^{\text{Ⅰ}} + a_1 b_1 A_1 = 0 + (-0.035) \times 0.0745 \times 0.011 \times 0.059 = -169 (\text{cm}^4)$$

矩形 Ⅱ:

$$I_x^{\text{Ⅱ}} = I_{x_{C1}}^{\text{Ⅱ}} = \frac{1}{12} \times 0.011 \times 0.16^3 = 375.4 (\text{cm}^4)$$

$$I_z^{II} = I_{z_{C1}}^{II} = \frac{1}{12} \times 0.16 \times 0.011^3 = 1.7(\text{cm}^4)$$

$$I_{xz}^{II} = 0$$

矩形 Ⅲ：

$$I_x^{III} = I_x^{I} = 360.8(\text{cm}^4)$$

$$I_z^{III} = I_z^{I} = 98.2(\text{cm}^4)$$

$$I_{xz}^{III} = I_{xz}^{I} = -169(\text{cm}^4)$$

整个图形对 x 轴和 z 轴的惯性矩和惯性积为

$$I_x = I_x^{I} + I_x^{II} + I_x^{III} = 1097(\text{cm}^4)$$

$$I_z = I_z^{I} + I_z^{II} + I_z^{III} = 198(\text{cm}^4)$$

$$I_{xz} = I_{xz}^{I} + I_{xz}^{II} + I_{xz}^{III} = -338(\text{cm}^4)$$

把求得的 I_x，I_z，I_{xz} 代入式(6-20)得

$$\tan 2\alpha_0 = \frac{-2I_{xz}}{I_x - I_z} = \frac{-2 \times (-338)}{1097 - 198} = 0.752$$

则

$$\alpha_0 = 18°30' \text{ 或 } 108°30'$$

α_0 的两个值分别确定了形心主惯性轴 x_0 和 z_0 的位置。以 α_0 的两个值分别代入公式(6-19a、b)，求出图形的形心主惯性矩为

$$I_{x_0} = \frac{1097 + 198}{2} + \frac{1097 - 198}{2}\cos 37° - (-338)\sin 37° = 1208.8(\text{cm}^4)$$

$$I_{z_0} = \frac{1097 + 198}{2} + \frac{1097 - 198}{2}\cos 217° - (-338)\sin 217° = 124.7(\text{cm}^4)$$

5. 常用截面梁的弯曲截面系数

对矩形截面

$$W_z = \frac{I_z}{y_{\max}} = \frac{bh^3/12}{h/2} = \frac{bh^2}{6} \tag{6-22}$$

对圆形截面

$$W_z = \frac{I_z}{y_{\max}} = \frac{\pi d^4/64}{d/2} = \frac{\pi d^3}{32} \tag{6-23}$$

对空心圆截面

$$W_z = \frac{I_z}{y_{\max}} = \frac{\pi D^4(1-\alpha^4)/64}{D/2} = \frac{\pi d^3(1-\alpha^4)}{32} \tag{6-24}$$

上式中，$\alpha = \dfrac{d}{D}$，其中 d 为空心圆的内径，D 为空心圆的外径。

对工字钢、槽钢、角钢等型钢的截面，W_z 可由附录型钢表中查得。

6.1.3　横力弯曲梁横截面上的正应力

式(6-4)虽然是在纯弯曲状态下推出的，但同时也可以适用于有剪力作用下的梁(即横力弯曲梁)的正应力的计算。因为，由弹性力学分析和工程实验都表明，当梁的跨度 l 与截面高度 h 之比 $l/h > 5$ 时，剪应力的存在对正应力影响很小，可以忽略不计。

例 6-7　有一矩形截面悬臂梁，尺寸如图 6-18(a)所示，已知在 B 截面作用一集中力偶

矩 $M=30\mathrm{kN\cdot m}$。试求 A 截面上 a、b、c、d 各点的正应力。

　　解　首先画出悬臂梁的弯矩图。根据梁的弯矩图的简便画法,画出弯矩图如图 6-18(b)所示。A 截面的弯矩为

$$M = 30\mathrm{kN\cdot m}$$

计算 a、b、c、d 各点的正应力。矩形截面对中性轴的惯性矩和弯曲截面系数分别为:

$$I_z = \frac{bh^3}{12} = \frac{0.15\times 0.3^3}{12} = 3.375\times 10^{-4}(\mathrm{m^4})$$

$$W_z = \frac{bh^2}{6} = \frac{0.15\times 0.3^2}{6} = 2.25\times 10^{-3}(\mathrm{m^3})$$

由式(6-4)和式(6-6)可得

$$\sigma_a = \frac{M}{W_z} = \frac{30\times 10^3}{2.25\times 10^{-3}} = 13.33\times 10^6(\mathrm{Pa}) = 13.33(\mathrm{MPa})(受压)$$

$$\sigma_b = 0$$

$$\sigma_c = \frac{My}{I_z} = \frac{30\times 10^3\times 0.075}{3.375\times 1010^{-4}} = 6.67\times 10^6(\mathrm{Pa}) = 6.67(\mathrm{MPa})(受拉)$$

$$\sigma_d = \frac{M}{W_z} = \frac{30\times 10^3}{2.25\times 10^{-3}} = 13.33\times 10^6(\mathrm{Pa}) = 13.33(\mathrm{MPa})(受拉)$$

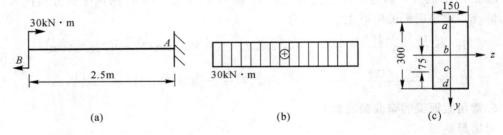

图 6-18

　　例 6-8　图 6-19(a)所示为 T 字形截面简支梁,在跨中处 C 有一集中荷载 $F=60\mathrm{kN}$ 作用。已知横截面对中性轴的惯性矩 $I_z=1.05\times 10^{-4}\mathrm{m^4}$,横截面尺寸及中性轴的位置如图 6-19(b)所示。试求弯矩最大截面处最大拉应力和最大压应力。

　　解　首先求出约束反力,并画出弯矩图。由静力平衡方程 $\sum F_y = 0,\sum M_A = 0$ 得

$$F_A = F_B = 30\mathrm{kN}$$

画出弯矩图如图 6-19(c)所示,并由此可知,最大弯矩发生在跨中截面,其值为

$$M = 30\mathrm{kN\cdot m}$$

计算最大拉应和最大压应力。根据中性轴的位置和荷载的作用情况,可以容易地判断出梁截面中性轴的上方部分受压,下面部分受拉。

　　最大拉应力

$$\sigma_{\mathrm{t,max}} = \frac{My_1}{I_z} = \frac{30\times 10^3\times 0.1}{1.05\times 10^{-4}} = 28.57\times 10^6(\mathrm{Pa}) = 28.57(\mathrm{MPa})$$

　　最大压应力

$$\sigma_{\mathrm{c,max}} = \frac{My_2}{I_z} = \frac{30\times 10^3\times 0.3}{1.05\times 10^{-4}} = 85.71\times 10^6(\mathrm{Pa}) = 85.71(\mathrm{MPa})$$

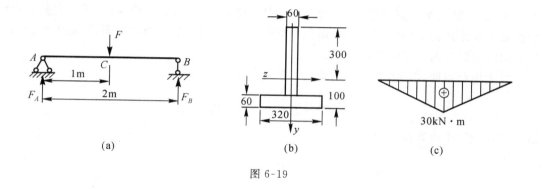

图 6-19

6.2　横力弯曲梁横截面上的切应力

梁在横力弯曲时,因为横截面上有剪力 Q,所以在相应横截面上就有切应力 τ。由于切应力在截面上的分布规律较为复杂,本书略去对其进行详细的推导,只是把矩形截面、工字钢截面、圆截面和薄壁环形截面的切应力的分布规律作一介绍,如果需要详细了解横力弯曲下的截面上的切应力的推导过程,可以参考其他有关教材。

6.2.1　矩形截面梁的切应力

图 6-20 所示为矩形截面梁的横截面,截面上作用有剪力 Q 和弯矩 M,为了讨论方便,图中未画出弯矩 M 所对应的正应力。

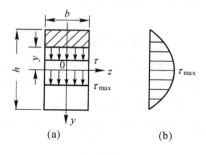

图 6-20

对矩形截面梁而言,由于梁侧面上没有切应力,因此,横截面上侧边处各点的切应力必然平行于侧边。设矩形截面的宽度相对高度较小,可以认为沿截面宽度方向的切应力的大小和方向都不会有明显的改变,所以横截面上的切应力分布可以作如下假设:(1)横截面上各点的切应力的方向都平行于横截面的侧边;(2)距中性轴 z 等距离的各点的切应力都相等(即均匀分布)。

根据以上假设,并利用静力平衡条件,可以推导出矩形截面梁横截面上各点的切应力的计算公式。现在直接给出推导结果:

$$\tau = \frac{QS_z^*}{I_z b}$$

$$(6-25)$$

上式中，Q 为横截面上剪力；I_z 为横截面对中轴的惯性矩；b 为截面的宽度；S_z^* 为横截面距中性轴为 y 距离的横向线以外部分面积（即图 6-20a 所示中的阴影部分面积，对中性轴的静矩。切应力的方向 τ 与剪力 Q 相同。

对于矩形截面，取 $\mathrm{d}A = b\mathrm{d}y$，则 S_z^* 由下式计算：

$$S_z^* = \int_A y\mathrm{d}A = \int_y^{\frac{h}{2}} by\mathrm{d}y = \frac{b}{2}\left(\frac{h^2}{4} - y^2\right)$$

这样式（6-25）可以写成

$$\tau = \frac{Q}{2I_z b}\left(\frac{h^2}{4} - y^2\right) \tag{6-26}$$

可见横力弯曲梁横截面上的剪切应力的分布是按抛物线规律变化。当 $y = \pm\frac{h}{2}$ 时，$\tau = 0$，这表明在矩形截面上下边缘各点的切应力都等于零。随着距中性轴的距离 y 的减少，τ 值逐渐在增大，当 $y = 0$ 时，τ 取得最大值，即最大切应力发生在横截面的中性轴上，其值为

$$\tau_{\max} = \frac{Qh^2}{8I_z} = \frac{Qh^2}{8 \times \frac{1}{12}bh^3} = \frac{3}{2} \times \frac{Q}{bh} = \frac{3Q}{2A} \tag{6-27}$$

可见矩形截面梁在横力弯曲时，其横截面上最大切应力为该截面上平均切应力的 1.5 倍。

6.2.2　其他截面梁的切应力

在工程中，除了矩形截面梁以外，常见的截面梁还有工字形、圆形和薄壁环形等类型。本节对这些截面梁的切应力计算作一简要的介绍。

1. 工字形截面梁

在土木工程中，经常要用到工字形截面梁，其工字形截面由翼板和腹板组成，如图 6-21 所示。在工字形截面梁的翼板和腹板上的切应力的分布规律是不相同的，需要分别研究。

腹板也是矩形且高度远大于宽度，因此，在 6.2.1 推导矩形截面切应力公式时所采用的两条假设，对腹板来说也是适应的。按照同样的办法，也可以导出工字形截面梁腹板的切应力计算公式，其表达式与矩形截面梁的切应力计算公式完全相同，即

$$\tau = \frac{QS_z^*}{I_z d} \tag{6-28}$$

式中：Q 为横截面上的剪力；I_z 为工字形截面对中性轴 z 的惯性矩；d 为腹板的厚度；S_z^* 为欲求应力点到截面边缘的面积 A^*（图 6-21(a) 所示中的阴影部分面积）对中性轴的静矩。腹板切应力 τ 的方向与剪力 Q 相同，切应力的大小同样是腹板高度的两次抛物线规律变化，其最大切应力也发生在中性轴上，如图 6-21(b) 所示。腹板上最大切应力 τ 的计算公式为

$$\tau_{\max} = \frac{QS_{z\max}^*}{I_z d} \tag{6-29}$$

式中：$S_{z\max}^*$ 为中性轴的任一侧半个截面面积对中性轴 z 的静矩。

翼缘板上的切应力比较复杂，既存在竖直方向的切应力（分量），又存在水平方向上的切应力（分量），其中竖向切应力很小，分布情况又很复杂，所以一般不予考虑。这里只介绍一

下水平方向的切应力的计算公式和切应力方向的判定方法。

　　翼缘板上的水平切应力可以认为沿其厚度是均匀分布的，其计算公式仍然与矩形截面的切应力计算形式相同，即为

$$\tau_{水平} = \frac{QS_z}{I_z \delta_0} \qquad (6\text{-}30)$$

式中：Q 为工字形横截面上的剪力；I_z 为横截面对中性轴 z 的惯性矩；δ_0 为翼板的厚度；S_z 为欲求应力点（如上翼板的 K 点）到翼板边缘间的面积 A^*（如图 6-21(b)所示中的阴影部分面积）对中性轴的静矩。

　　对某一工字形截面来说，Q、I_z、δ_0 均为常数，水平切应力 $\tau_{水平}$ 将随着 S_z 的变化而变化。由

$$S_z = A^* y_0 = \delta_0 \cdot z \cdot y_0$$

可知 S_z 是 z 的一次函数关系，所以，$\tau_{水平}$ 沿水平方向成直线的变化关系，如图 6-21(b)所示。

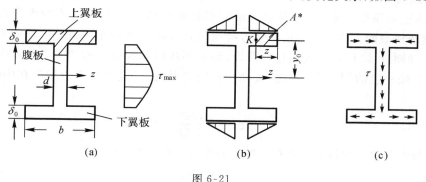

图 6-21

　　翼缘板上的水平切应力的方向与腹板竖向切向应力的方向之间的关系有着一定的规律。该规律就是所谓的"切应力流"规律，即截面上的切应力的方向就像水管中主干管与支管中的水流方向一样。例如，当知道腹板（相当于主干管）上的切应力的方向时，那么上下翼板上的切应力的方向就知道了，如图 6-21(c)所示。所以，只要知道腹板上的切应力方向，则上下两翼板上的切应力的方向就确定了。值得提醒的是，对所有开口薄壁截面梁，其横截面上的切应力方向均符合"切应力流"的规律。

　　经计算翼缘的最大切应力比腹板上的最大切应力要小得多，因此，在强度计算中一般只考虑腹板的计算，而不考虑翼板的计算。

　　工字形截面梁在横力弯曲时，切应力主要由腹板来承担，而弯曲正应力则主要由上、下翼板来承担。因此，工字形截面梁上各板的材料都能充分发挥作用，在工程中往往得到较多的使用。

2. 圆形截面梁

　　在土木工程中，圆截面梁多用于木结构。圆形截面梁其截面上各点的切应力比较复杂，在任一条弦线上各点的切应力的大小和方向都是变化的（在此不去研究它）。然而，通过分析，在横截面的中性轴上各点的切应力方向都与截面上的剪力方向相互平行，其值最大，并沿中性轴均匀分布，如图 6-22 所示。计算公式为

$$\tau_{\max} = \frac{QS_z^*}{I_z b} \tag{6-31}$$

式中：$b = 2R$，S_z^* 为中性轴一侧的半圆截面面积对中性轴的静矩，即

$$S_z^* = \frac{1}{2}\pi R^2 \cdot \frac{4R}{3\pi} = \frac{2}{3}R^3$$

又由于

$$I_z = \frac{\pi}{4}R^4$$

所以通过简化得

$$\tau_{\max} = \frac{4}{3} \cdot \frac{Q}{A} \tag{6-32}$$

可见，圆形截面梁横截面上的最大的切应力为平均切应力的 1.333 倍。

3. 薄壁圆环截面梁

对于薄壁圆环截面梁，由于薄壁环形的截面的壁厚 δ 远小于圆环的半径 R，故认为：(1)薄壁圆环横截面上的切应力沿厚度方向均匀分布；(2)横截面周边处的切应力相切于截面的圆周，如图 6-23 所示。根据这些假设，薄壁环截面梁截面上的切应力计算公式与圆截面梁截面上任一点的切应力计算公式具有相同的形式，且最大切应力发生在中性轴上，其值为

$$\tau_{\max} = \frac{QS_z^*}{I_z 2\delta} \tag{6-33}$$

式中：S_z^* 为中性轴一侧截面面积对中性轴的静矩。经计算

$$S_z^* \approx 2R_0^2\delta$$
$$I_z \approx \pi R_0^3 \delta$$

则有

$$\tau_{\max} \approx \frac{2Q}{2\pi R_0 \delta} = 2\frac{Q}{A} \tag{6-34}$$

薄壁圆环截面梁的最大切应力为平均切应力的两倍。

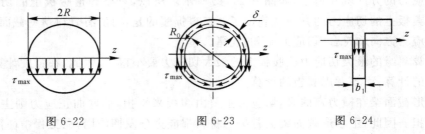

图 6-22   图 6-23   图 6-24

4. T 形截面梁

T 形截面梁的截面可认为是由两个矩形截面组成。垂直的狭长矩形截面与工字形截面的腹板相似，其最大切应力仍然发生在 T 形截面梁的中性轴上，如图 6-24 所示。计算式为

$$\tau_{\max} = \frac{QS_z^*}{I_z b_1} \tag{6-35}$$

式中：b_1 为 T 形截面梁的垂直狭长矩形截面的宽度；其他参数与工字形截面梁类同。

例 6-9 求例 6-8 梁中横截面上的最大切应力。

解 首先画出剪力图，如图 6-25(c)所示。由剪力图可知 AC、CB 上的各截面的剪力的绝对值都相等，所以只要求任一截面中性轴上的切应力都是最大切应力。

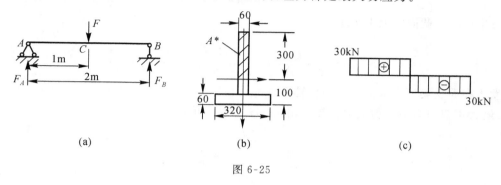

(a)　　　　(b)　　　　(c)

图 6-25

求最大切应力。中性轴一侧截面的截面面积(图 6-25(b)所示的阴影部分的面积)对中性轴的静矩为

$$S_z^* = A^* y_{C1} = 60 \times 10^{-3} \times 300 \times 10^{-3} \times \frac{1}{2} \times 300 \times 10^{-3} = 2.7 \times 10^{-3} (\text{m}^3)$$

最大切应力 τ_{max} 为

$$\tau_{max} = \frac{QS_z^*}{I_z b_1} = \frac{30 \times 10^3 \times 2.7 \times 10^{-3}}{1.05 \times 10^{-4} \times 60 \times 10^{-3}} = 12.86 \times 10^6 (\text{Pa}) = 12.86 (\text{MPa})$$

例 6-10 图 6-26(a)所示为矩形截面的简支梁，受均布荷载 q 的作用，试求该梁的最大正应力和最大剪应力的大小、位置，并对两者进行比较。

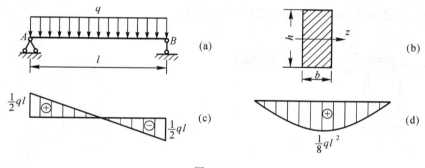

图 6-26

解 首先求出 A、B 两处的约束反力。由静力平衡条件 $\sum F_y = 0$，$\sum M_A = 0$ 得

$$F_A = F_B = \frac{1}{2}ql$$

绘制剪力图和弯矩图。根据梁荷载与截面内力的微分关系，很容易画出剪力图和弯矩图如图 6-26(c)、(d)所示。最大剪力和最大弯矩分别为

$$Q_{max} = \frac{1}{2}ql, \quad M_{max} = \frac{1}{8}ql^2$$

求出梁上最大正应力和最大切应力。根据公式 6-6 和 6-27 可得

$$\sigma_{max} = \frac{M_{max}}{W_z} = \frac{\frac{1}{8}ql^2}{\frac{1}{6}bh^2} = \frac{3ql^2}{4bh^2}$$

σ_{max}发生在跨中截面的上下边缘内侧。

$$\tau_{max} = \frac{3}{2} \cdot \frac{Q_{max}}{A} = \frac{3}{2} \cdot \frac{\frac{1}{2}ql}{bh} = \frac{3}{4} \cdot \frac{ql}{bh}$$

τ_{max}发生在简支梁两端部截面的中性轴上。

最大正应力与最大剪应力比较。由 σ_{max}，τ_{max}之比可得：

$$\frac{\sigma_{max}}{\tau_{max}} = \frac{\frac{3ql^2}{4bh^2}}{\frac{3ql}{4bh}} = \frac{l}{h}$$

从这个例子可以看出,均布荷载简支梁上的最大正应力与最大剪应力之比的数量级等于梁的跨度 l 与梁截面高度 h 之比。由于一般梁的跨度 l 远大于截面高度 h,所以梁的主要破坏原因是由正应力(也可以说是弯矩)引起的。

6.3 梁的强度条件

梁的强度问题在工程设计和施工中必须要做到科学合理,否则会引起严重的工程事故。在土木工程中由于强度设计或施工的失误而引起的工程事故时有发生,例如,图 6-27 所示为某百货大楼一层橱窗上设置挑出 1200mm 长现浇钢筋混凝土雨篷,由于施工时受力筋位置错误放置,导致雨篷拆模后强度不够而根部折断。

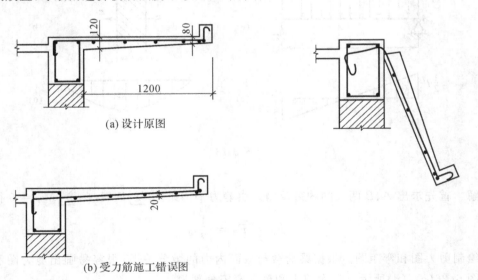

(a) 设计原图

(b) 受力筋施工错误图

图 6-27

由上节分析可知,在一般情况下,梁在横力弯曲条件下,其截面上既有切应力又有正应力。对等截面梁来说,最大正应力(拉应力和压应力)发生在最大弯矩所在的截面上下边缘内侧各点处,而此处的切应力为零,故可以看成简单的拉伸或压缩。最大切应力发生在最大剪力所在截面的中性轴上各点处,此处的正应力为零,故是纯剪切。因此,应该分别建立梁的正应力强度和切应力强度条件,至于当某些点的正应力和切应力的数值均可能较大时(例如工字钢梁的翼板和腹板相交处的点的正应力和切应力的数值都较大),这种联合作用下的强度问题将在第 8 章学习强度理论以后再介绍。

6.3.1　梁的正应力强度条件及应用

为了确保梁能安全工作,梁内最大正应力不能超过一定的限值。上节已经推导出了梁弯曲时截面上的最大正应力计算公式,因此可以像第 2 章介绍的建立构件简单拉压时的强度条件一样建立正应力强度条件,即梁的最大正应力 σ_{max} 必须小于许可弯曲应力 $[\sigma]$,即

$$\sigma_{max} = \frac{M_{max}}{W_z} \leqslant [\sigma] \tag{6-36}$$

式中,$[\sigma]$ 为许可弯曲应力。一般近似取材料的许可拉应力,或按有关的设计手册选取。

利用式(6-36)可以解决三类问题:(1)强度校核;(2)截面设计;(3)荷载设计。

值得注意的是:当梁由脆性材料制成的时候,由于它的许可拉应力和许可压应力是不相等的,而且中性轴往往也不对称,因此必须按拉伸和压缩分别进行强度校核,即要求梁的最大工作拉应力和最大工作压应力分别小于许可拉应力和许可压应力。

例 6-11　若例 6-10 中的简支梁为一木结构的矩形截面简支梁,已知荷载的分布集度 $q=3\text{kN/m}$,梁的跨度 $l=4\text{m}$,截面的宽和高分别为 $b=150\text{mm},h=250\text{mm}$,木材的许可应力 $[\sigma]=10\text{MPa}$,试校核梁的强度,并求此梁能承受最大荷载。

解　求梁上最大弯矩。根据例 6-10 中图 6-26(d)所示可知,该简支梁最大弯矩发生在跨中截面,其值为

$$M_{max} = \frac{1}{8}ql^2 = \frac{1}{8} \times 3 \times 10^3 \times 4^2 = 6 \times 10^3 (\text{N} \cdot \text{m})$$

梁的弯曲截面系数为

$$W_z = \frac{bh^2}{6} = \frac{1}{6} \times 0.15 \times 0.25^2 = 1.56 \times 10^{-3} (\text{m}^3)$$

计算最大正应力。由式(6-6)可得

$$\sigma_{max} = \frac{M}{W_z} = \frac{6 \times 10^3}{1.56 \times 10^{-3}} = 3.85 \times 10^6 (\text{Pa}) = 3.85 (\text{MPa})$$

校核强度。由于有

$$\sigma_{max} = 3.85 (\text{MPa}) \leqslant [\sigma]$$

所以满足强度条件。

求该梁承受最大荷载。根据梁弯曲正应力强度条件(6-36)式,则有

$$M_{max} = [\sigma]W_z$$

跨中最大弯矩 M_{max} 与荷载分布集度 q 关系为:

$$M_{max} = \frac{1}{8}ql^2$$

因此,可得

$$q_{max} = \frac{8[\sigma]W_z}{l^2} = \frac{8 \times 10 \times 10^6 \times 1.56 \times 10^{-3}}{4^2} = 7.8 \times 10^3 (\text{N/m}) = 7.8 (\text{kN/m})$$

所以,该梁的最大承载能力为 $q_{max}=7.8(kN/m)$

例 6-12 某车间有一简易吊车,如图 6-28(a)所示。已知起吊重量 $F_1=50kN$,电葫芦自重 $F_2=7kN$,梁的跨度 $l=9.5m$,梁的许可正应力 $[\sigma]=140MPa$,试选择吊车梁工字钢的型号。

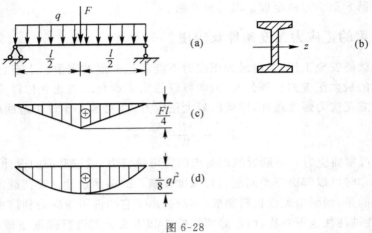

图 6-28

解 首先考虑只有外荷载(不考虑工字钢梁自重)作用时的情况,初选工字钢截面。外荷载为集中力,其值为

$$F = F_1 + F_2 = 57(kN)$$

集中力作用在跨中时的弯矩图,如图 6-28(c)所示,并由此可知最大弯矩为

$$M_{1,max} = \frac{1}{4}Fl = \frac{1}{4} \times 57 \times 10^3 \times 9.5 = 135.38 \times 10^3 (kN \cdot m)$$

由弯曲正应力强度条件初步设计工字钢梁截面。由式(6-36)得

$$W_z \geqslant \frac{M_{max}}{[\sigma]} = \frac{135.38 \times 10^3}{140 \times 10^6} = 9.67 \times 10^{-4} (m^3) = 967(cm^3)$$

从附录的型钢表上查可知,应取 No.40a 工字钢,$W_z=1090cm^3$

再考虑自重情况下吊车梁工字钢型号的设计。由型钢表查得:No.40a 工字钢,$W_z=1090cm^3$,$q=663N/m$,根据图 6-28(c)、(d)弯矩叠加,于是有:

$$M_{max} = M_{1,max} + M_{2,max} = 135.38 \times 10^3 + \frac{1}{8} \times 663 \times 9.5^2 = 142.86 \times 10^3 (kN \cdot m)$$

观察强度条件是否满足。由(6-36)式得

$$\sigma_{max} = \frac{M}{W_z} = \frac{142.86 \times 10^3}{1096 \times 10^{-6}} = 130.35 \times 10^6 (Pa) = 130.35(MPa) \leqslant [\sigma] = 140(MPa)$$

所以选择 No.40a 工字钢满足荷载要求。

例 6-13 某一 T 字形截面外伸梁,如图 6-29(a)、(b)所示。梁抗拉许可应力 $[\sigma_t]=30MPa$,抗压许可应力 $[\sigma_c]=70MPa$,T 字形截面尺寸如图 6-29(b)所示。试校核该梁的弯曲正应力强度。

解 求 B、D 支座的约束反力。根据静力平衡方程 $\sum F_y=0$, $\sum M_B=0$ 可得

$$F_B = 30kN, \quad F_D = 10kN$$

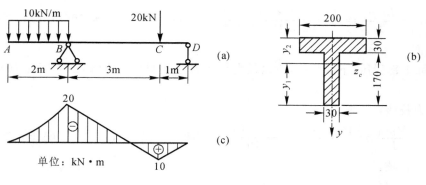

图 6-29

求梁 B 和 C 截面的弯矩。绘图示梁的弯矩图,如图 6-29(c)所示。

B 截面弯矩值为

$$M_B = 20\text{kN} \cdot \text{m}$$

C 截面其弯矩值为

$$M_C = 10\text{kN} \cdot \text{m}$$

确定截面的形心位置。由于截面关于 y 轴对称,所以形心必然在 y 轴上。现选截面底边为参考坐标轴,求出 y_1 和 y_2。由形心公式可求得

$$y_1 = \frac{\sum y_i A_i}{\sum A_i} = \frac{30 \times 170 \times \frac{170}{2} + 200 \times 30 \times (170 + \frac{30}{2})}{170 \times 30 + 200 \times 30} = 139(\text{mm})$$

$$y_2 = 200 - 139 = 61(\text{mm})$$

求截面对中性轴的惯性矩。将原截面分为两个矩形计算:

$$I_{z1} = \frac{30 \times 170^3}{12} + (139 - \frac{170}{2})^2 \times 30 \times 170 = 27.154 \times 10^6 (\text{mm}^4)$$

$$I_{z2} = \frac{200 \times (30)^3}{12} + (61 - \frac{30}{2})^2 \times 200 \times 30 = 13.146 \times 10^6 (\text{mm}^4)$$

整个 T 形截面对中性轴的惯性矩为

$$I_z = I_{z1} + I_{z2} = 27.154 \times 10^6 + 13.146 \times 10^6 = 40.3 \times 10^6 (\text{mm}^4)$$

求 B、C 截面的工作应力,并进行强度校核。

由于截面关于中性轴不对称,材料的抗拉、抗压性能不同,所以应取最大正弯矩所在的截面和数值最大的负弯矩所在的截面为危险截面进行校核,即应同时校核 B 截面和 C 截面。

校核 B 截面

B 截面上部受拉,下部受压,所以最大拉应力位于截面上边缘,最大压应力位于截面下边缘。

最大拉应力校核:

$$\sigma_{t,B} = \frac{M_B y_2}{I_z} = \frac{20 \times 10^3 \times 61 \times 10^{-3}}{40.3 \times 10^6 \times 10^{-12}} = 30.3 \times 10^6 (\text{Pa}) = 30.3(\text{MPa}) \approx [\sigma_t]$$

最大压应力校核:

$$\sigma_{c,B} = \frac{M_B y_1}{I_z} = \frac{20 \times 10^3 \times 139 \times 10^{-3}}{40.3 \times 10^6 \times 10^{-12}} = 69 \times 10^6 (\text{Pa}) = 69 (\text{MPa}) < [\sigma_c]$$

校核 C 截面

C 截面上部受压,下部受拉,所以最大拉应力位于截面下边缘,最大压应力位于截面上边缘。

最大拉应力校核:

$$\sigma_{t,C} = \frac{M_C y_1}{I_z} = \frac{10 \times 10^3 \times 139 \times 10^{-3}}{40.3 \times 10^6 \times 10^{-12}} = 34.5 \times 10^6 (\text{Pa}) = 34.5 (\text{MPa}) > [\sigma_t]$$

最大压应力校核:

$$\sigma_{c,C} = \frac{M_C y_2}{I_z} = \frac{10 \times 10^3 \times 61 \times 10^{-3}}{40.3 \times 10^6 \times 10^{-12}} = 15 \times 10^6 (\text{Pa}) = 15 (\text{MPa}) < [\sigma_c]$$

梁的最大压应力发生于 B 截面,值为 $\sigma_{c,\min} = 69\text{MPa}$。最大拉应力发生于 C 截面,值为 $\sigma_{t,\max} = 34.5\text{MPa}$,大于许可拉应力$[\sigma_t]$,梁不满足强度条件。

由本题提醒,对梁截面不关于中性轴对称,许可拉应力和许可压应力又不相等时,其梁的强度校核必须对最大正弯矩和最大负弯矩所的截面都要进行校核,否则,校核将有可能失真。

例 6-14 图 6-30(a)所示为杭州市钱江新城城市阳台江边玻璃幕墙清人工洗车。设吊绳起吊工人和清洁桶共重 900N,起重臂梁由两段空心钢管构成,已知大管的内径为 $d_1 = 45\text{mm}$,外径 $d_2 = 65\text{mm}$,小管的内径为 $d_3 = 35\text{mm}$,外径 $d_4 = 50\text{mm}$,其他尺寸见图示。如果起重臂梁的许可正应力$[\sigma] = 160\text{MPa}$,试问:(1)起重臂梁的强度是否足够?(2)平衡块需要多重?

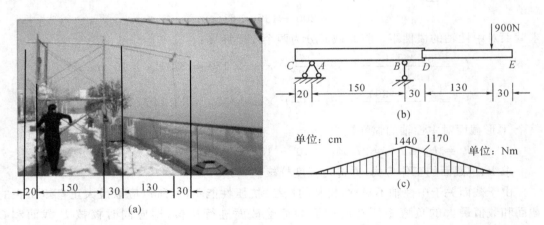

图 6-30

解 简化力学计算模型。根据起重臂梁的受力特性,简化为力学计算模型如图 6-30(b)所示。

计算支座反力。根据静力平衡方程 $\sum F_y = 0$,$\sum M_A = 0$ 可得

$$R_A = 960\text{N}(\downarrow), R_B = 1860\text{N}(\uparrow)$$

求 B、D 截面的弯矩。绘制梁的弯矩图如图 6-30(c)所示,则有

$$M_B = 1400\text{N} \cdot \text{m}, M_D = 1170\text{N} \cdot \text{m}$$

计算起重臂梁的最大工作应力,并校核其强度。

由 B 截面计算 σ_B

$$\sigma_B = \frac{M_B}{W_{ZB}} = \frac{1440}{\frac{\pi 65^3}{32} \times 10^{-9}\left[1-\left(\frac{50}{65}\right)^4\right]} = 82.21 \times 10^6(\text{Pa}) = 82.21(\text{MPa})$$

由 D 截面计算 σ_D

$$\sigma_D = \frac{M_D}{W_{ZD}} = \frac{1440}{\frac{\pi 50^3}{32} \times 10^{-9}\left[1-\left(\frac{35}{50}\right)^4\right]} = 125.51 \times 10^6(\text{Pa}) = 125.51(\text{MPa})$$

所以最大工作应力在 D 截面。

由于 $\sigma_D = 125.51\text{MPa} < [\sigma] = 160\text{MPa}$,故强度是足够的。

平衡块需要的重量。由于 A 的支反力是 960N,所以平衡物的重量必须大于 97.96kg（取重力加速度 $= 9.8\text{m/s}^2$）。

6.3.2　梁的切应力强度条件及应用

弯曲切应力与弯曲正应力一样也需要进行强度校核。本节一开始就提到,在梁的中性轴上的各点,只有切应力而没有正应力,是属于纯剪切状态。

对全梁来说,最大切应力发生在剪力最大所在截面的中性轴上,因此有

$$\tau_{max} = \frac{Q_{max}S_{z,max}^*}{I_z b}$$

为此,其强度条件为

$$\tau_{max} = \frac{Q_{max}S_{z,max}^*}{I_z b} \leqslant [\tau] \tag{6-37}$$

对梁进行强度计算时,必须同时满足梁的弯正应力强度和切应力强度条件。但对细长梁来说,强度控制因素主要是弯曲正应力。根据正应力强度确定的梁的截面尺寸一般说来都是满足切应力强度条件的,因此,不需要进行切应力强度校核。只有在下列情况时,需要注意切应力的强度校核:

(1) 短跨度梁。在这样的条件下,梁引起的弯矩较小,而剪力可能很大。

(2) 荷载作用距支座很近的细长梁。此时,梁引起的弯矩也较小,而剪力可能很大。

(3) 铆接或焊接的工字形截面钢梁。由于腹板的截面宽度一般比较小,而高度很大,其厚高比往往小于型钢相应的比值,这时对腹板引起的切应力要进行校核。

(4) 经焊接、胶合或铆接而成的梁。对焊缝、胶合面或铆钉等要进行切应力校核,有必要时还要进行平面应力状态分析（第 8 章将介绍）。例如,焊接的工字形截面钢梁的翼板和腹板焊接处,往往要进行双向平面应力状态分析。

通常对梁进行强度校核、截面设计和许可荷载设计时,总是先按弯曲正应力强度条件公式进行计算,然后进行切应力强度校核。

例 6-15　图 6-31（a）、（b）所示为某工字钢简支梁。已知 $l = 2\text{m}$,$a = 0.2\text{m}$,$q = 10$ kN/m,$F = 200\text{kN}$,材料的许可应力 $[\sigma] = 160\text{MPa}$,$[\tau] = 100\text{MPa}$。若选择工字钢型号为 25b,问该梁的强度是否足够?

解　求 A、B 支座的约束反力。由静力平衡方程 $\sum F_y = 0$,$\sum M_B = 0$ 得

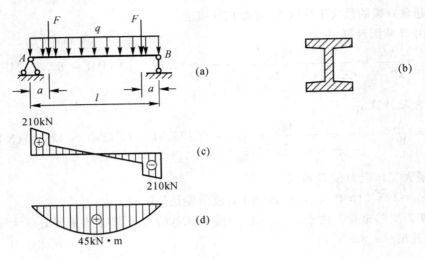

图 6-31

$$F_A = F_B = 210\text{kN}$$

梁的剪力图和弯矩图如图 6-31(c)、(d)所示。由此可知,梁上最大剪力和弯矩为

$$Q_{max} = 210\text{kN}, \quad M_{max} = 45\text{kN} \cdot \text{m}$$

梁的强度校核。查附录型钢表可知,25b 号型钢的相关参数和尺寸分别为:

$$W_z = 422.72\text{cm}^3, \quad \frac{I_z}{S_Z^*} = 21.27\text{cm}, \quad b = d = 1\text{cm}$$

梁的弯曲正应力强度校核:

$$\sigma_{max} = \frac{M_{max}}{W_z} = \frac{45 \times 10^3}{422.72 \times 10^{-6}} = 106.45 \times 10^6 (\text{Pa}) = 106.45 (\text{MPa}) < [\sigma]$$

梁的弯曲正应力强度满足。

梁的切应力强度校核:

$$\tau_{max} = \frac{Q_{max} S_{z,max}^*}{I_z b} = \frac{210 \times 10^3}{21.27 \times 10^{-2} \times 10^{-2}} = 98.73 \times 10^6 (\text{Pa}) = 98.73 (\text{MPa}) < [\tau]$$

梁的切应力强度也是足够的。

所以,该梁是安全的。

例 6-16 一矩形截面的简支梁如图 6-32(a)所示。已知该梁是由三根等截面的木条胶合而成,若胶合面上的许可切应力$[\tau]_g = 0.34\text{MPa}$,木材的弯曲许可正应力$[\sigma]_w = 10\text{MPa}$,许可切应力$[\tau]_w = 1\text{MPa}$,梁的尺寸和集中荷载作用的位置见图示,试求梁的许可荷载。

解 求 A、B 处的支座反力。由静力平衡方程 $\sum F_y = 0, \sum M_B = 0$

得

$$F_{Ay} = \frac{2F}{3}, \quad F_{By} = \frac{F}{3}$$

画出梁的剪力图和弯矩图,如图 6-32(c)、(d)所示。由内力图可知,梁上的最大剪力和弯矩分别为

$$Q_{max} = \frac{2F}{3}, \quad M_{max} = \frac{2F}{3} \times 1$$

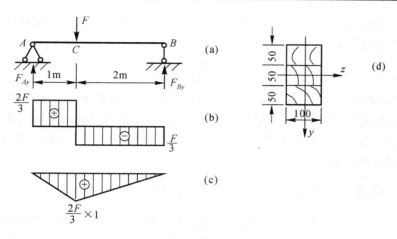

图 6-32

由木材的许可弯曲正应力求梁许可荷载$[F_1]$。根据梁弯曲正应力强度条件 $\sigma_{max} = \dfrac{M_{max}}{W_z}$

$\leqslant [\sigma]$，及梁弯曲截面系数 $W_z = \dfrac{bh^2}{6}$，可得

$$[F_1] \leqslant \frac{[\sigma]_w W_z}{\dfrac{2}{3}} = \frac{10 \times 10^6 \times 100 \times 150^2 \times 10^{-9}}{4} = 5625(\text{N}) = 5.625(\text{kN})$$

由木材的许可切应力求梁许可荷载$[F_2]$。根据矩形截面梁的切应力强度条件 τ_{max}

$\dfrac{3Q_{max}}{2A} \leqslant [\tau]$，可得

$$[F_2] \leqslant [\tau]_w bh = 1 \times 10^6 \times 100 \times 150 \times 10^{-6} = 15000(\text{N}) = 15(\text{kN})$$

由胶合板的许可切应力求梁许可荷载$[F_3]$。根据矩形截面上切应力的计算公式 $\tau = \dfrac{Q_{max} S_z^*}{I_z b}$ 及胶合面的切应力强度条件，可得

$$F_3 \leqslant \frac{3[\tau]_g b I_z}{2 S_z^*}$$

上式中，$I_z = \dfrac{bh^3}{12} = \dfrac{100 \times 10^{-3} \times 150^3 \times 10^{-9}}{12} = 28.125 \times 10^{-6}(\text{m}^4)$；$S_z^*$ 胶合面对矩形截面中性轴的静矩，其值为

$$S_z^* = A_i y_c^* = 50 \times 10^{-3} \times 100 \times 10^{-3} \times 50 \times 10^{-3} = 250 \times 10^{-6}(\text{m}^3)$$

所以有

$$F_3 \leqslant \frac{3[\tau]_g b I_z}{2 S_z^*} = \frac{3 \times 0.34 \times 10^6 \times 100 \times 10^{-3} \times 28.125 \times 10^{-6}}{2 \times 250 \times 10^{-6}} = 5740(\text{N}) = 5.74(\text{kN})$$

对三个许可荷载$[F_1]$、$[F_2]$、$[F_3]$许可荷载进行比较可知，胶合梁的许可荷载为

$$[F] = \min[F_i] = 5.625\text{kN}$$

6.4　梁的合理强度设计

在设计梁时，既要保证梁安全可靠地工作，又要使材料充分发挥作用，达到安全经济的

目的。当梁的跨高比 $L/h > 5$ 时，梁的强度由正应力控制，即正应力是梁破坏的主要因素，而由正应力的强度公式(6-36)

$$\sigma_{max} = \frac{M_{max}}{W_z} \leqslant [\sigma]$$

不难看出，提高梁的强度可以从提高梁弯曲截面系数 W_z，降低截面弯矩峰值 M_{max}，或者对弯矩较大的两梁进行局部加强，使梁的最大正应力降低，从而提高梁的抗弯能力，达到梁截面的合理设计。在工程中经常采用的合理的设计方法有：合理选择截面形状、选择等强度截面和合理配置梁的荷载和支座。下面分别讨论。

6.4.1 合理选择截面形状，合理使用材料

由式(6-36)可知，当梁的弯矩一定时，梁的弯曲截面系数 W_z 越大，则横截面上所承受的弯曲正应力越小，即最大正应力 σ_{max} 和弯曲截面系数 W_z 成反比，因此弯曲截面系数 W_z 越大越有利。而弯曲截面系数 W_z 值的大小与梁的截面面积和形状有关，所谓分析截面的合理性，就是要看在截面面积相同的条件下，比较不同截面的弯曲截面系数 W_z。如果仅从强度角度看，弯曲截面系数 W_z 越大设计越经济合理。下面讨论相同截面面积下三种不同截面形状的 W_z。

设矩形截面、正方形截面和圆截面的面积均为 A，矩形截面的高和宽分别为 h 和 b（其中 $h > b$），正方形的边长为 a，圆的直径为 d。

先比较矩形截面和正方形截面的弯曲截面系数 W_z：

矩形的弯曲截面系数 $W_{z1} = \frac{1}{6}bh^2$

正方形的弯曲截面系数 $W_{z2} = \frac{1}{6}a^3$

进行比较 $W_{z1}/W_{z2} = \frac{1}{6}bh^2 / \frac{1}{6}a^3 = \frac{1}{6}Ah / \frac{1}{6}Aa = \frac{h}{a}$

由于 $A = bh = a^2$ 而且 $h > b$，所以 $h > a$，即 $\frac{W_{z1}}{W_{z2}} = \frac{h}{a} > 1$，说明矩形截面优于正方形截面。

再比较正方形截面和圆形截面的弯曲截面系数 W_z：

圆形截面的弯曲截面系数 $W_{z3} = \frac{1}{32}\pi \cdot d^3$

进行比较 $\dfrac{W_{z2}}{W_{z3}} = \dfrac{\frac{1}{6}a^3}{\frac{1}{32}\pi \cdot d^3}$

由于 $\pi(\frac{d}{2})^2 = a^2$，则有 $a = \frac{\sqrt{\pi}}{2}d$，将此式代入上式得 $\frac{W_{z2}}{W_{z3}} = 1.18$，说明正方形截面优于圆形截面。

通过分析比较，在同样的材料用量（面积反映了用量的大小）下，工字形截面与槽钢截面的 W_z 值较大，其次是箱形截面、环形截面和矩形截面，圆截面的 W_z 值较小。从图 6-33 可看出，图中各截面都是中性轴附近的材料较少，而离中性轴较远处材料相对较多。对这些截面图形，可看作是将中性轴附近的材料挖出补于截面边缘处而成的。这样处理并不影响梁

的强度,因为从梁截面的正应力的分布规律可知,中性轴 z 附近正应力较小,甚至等于零,而应力最大值在截面边缘处。当截面边缘处的正应力达到最大值时,中性轴 z 附近的材料还大有潜力。由此也可得出这样的结论,即梁弯曲变形时,由于截面正应力的分布特性,中性轴附近的材料总有所浪费,这是不可避免的。

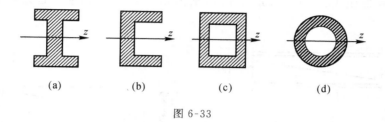

(a)　　　　(b)　　　　(c)　　　　(d)

图 6-33

另外,工程中为了减轻梁的自重,或需要在梁上开孔时,孔的位置往往开在中性轴附近,其道理也在于此,如图 6-34、6-35 所示的大跨度变截面空腹屋面梁。

图 6-34　　　　　　　　　　　　　图 6-35

工程实际中,还需注意截面的合理摆放。图 6-36 所示的矩形截面梁的两种摆放形式,其截面的 W_z 值是相差很大的。

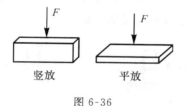

竖放　　　　平放

图 6-36

6.4.2　等强度截面的选择

现在讨论沿轴线变化梁的截面来达到梁设计的经济合理性问题。

由于弯矩沿梁的轴线不是均匀分布的,而人们在进行梁的设计时,是根据危险截面的最大弯矩来设计的,如果采用等截面设计,则在梁的非危险截面必然造成浪费,因此从合理使用材料的角度考虑,工程中往往采用变截面梁,即截面高度随弯矩的大小而变化。最理想的变截面梁,是取梁的各个截面上的最大正应力同时达到材料的许可应力。根据

$$\sigma_{max} = \frac{M(x)}{W_z(x)} = [\sigma]$$

则有

$$W_z = \frac{M(x)}{[\sigma]} \tag{6-38}$$

式中:$M(x)$ 为任一截面上的弯矩;$W_z(x)$ 为与 $M(x)$ 同截面的弯曲截面系数。这样各个截面的大小将随着截面上弯矩的大小而变化,这种截面的梁称为**等强度梁**(beam of constant strength)。

　　从强度和材料的利用来看,等强度是很理想的,但是这种梁的加工是比较困难的,尤其是当梁上的荷载作用比较复杂的时候,则梁的加工更加困难,因此在建筑工程中,较少采用等强度梁,而采用其他变截面梁。例如图 6-37(a)所示的工字钢,沿腹板斜向切开,颠倒相焊,可以做成楔形变截面悬臂梁,如图 6-37(b)所示。图 6-37(c)所示也是一个变截面的悬臂梁。

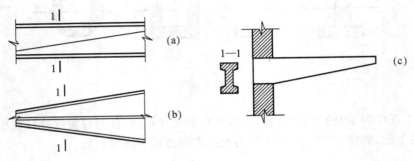

图 6-37

6.4.3　降低梁截面弯矩峰值

　　通过对梁的外力作一些调整,可以使梁的最大弯矩值有所降低。例如,图 6-38(a)所示的均布荷载作用下的简支梁,两支座竖向反力位于梁的两端,此时跨中最大弯矩为 $2ql^2$,若将 A、B 两个支座向内移动 $l/2$,如图 6-38(b)所示,此时跨中最大弯矩为 ql^2,比较两种情况的跨中弯矩值,可知后者的弯矩峰值仅是前者的一半。

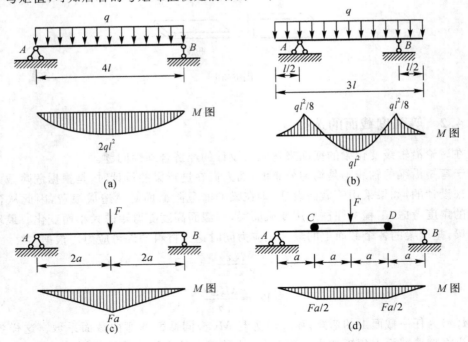

图 6-38

图 6-38(c)所示简支梁受集中力 F 作用,此时的弯矩峰值是 Fa,如改造为图 6-38(d)所示形式,即加一根辅助梁 CD,力 F 通过支点 C、D 传到主梁 A、B 上,则最大弯矩值也将降低一半。

由以上讨论可知,通过调整支座间距和分散荷载可达到降低截面弯矩峰值的目的。

*6.5　弯曲中心的概念

薄壁截面梁如图 6-39(a)所示,力 F 作用在截面形心主轴 y 上,在截面 m-m 上由于存在着与截面周边切线方向的切应力,而且根据 6.2 节可知,切应力方向遵循"应力流"的规律,即腹板上存在竖向切应力,上、下翼板上存在着水平方向的切应力,且方向相反,如图 6-39(c)所示。现将腹板上的切应力的总和和上、下翼板上的切应力的总和分别用 Q' 和 Q_1 表示,如图 6-39(d)所示。由于上、下翼缘上的剪力 Q_1 大小相等、方向相反,构成一对力偶 $Q_1 h_1$,根据静力学中的力的合成原理,剪力 Q' 和力偶 $Q_1 h_1$ 可以进一步合成为一个合力 Q (等效力),其合力 Q 的作用线通过 A 点。从图 6-39(b)可以看出,横截面上的剪力与作用在悬臂梁上的外力 F 不在同一纵向面内由平衡条件可知,在梁的 m-m 截面上必然存在着一扭矩(否则不能满足平衡条件 $\sum M_x = 0$),因此,该梁除了产生弯曲变形外,同时还产生扭转变形。要使只产生弯曲变形而不产生扭转变形,就必须使外力 F 的作用线作用于通过 A 点的纵向面内,则 A 点称为**弯曲中心**(bending center)或**剪切中心**(shear center)。对图 6-

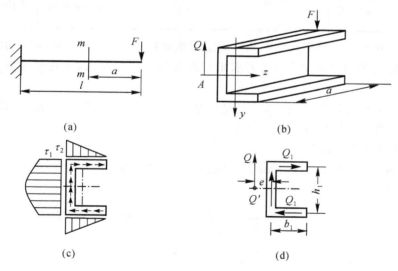

图 6-39

39 所示的槽型薄壁截面,其弯曲中心位置由以下公式计算(推导省略):

$$e = \frac{b_1^2 h_1^2 t}{4 I_z} \tag{6-39}$$

式中:e 为弯曲中心与腹板中线之间的距离;b_1 为腹板中线到翼板右侧边之间的距离;h_1 为两翼板中心线之间的距离;t 为翼板的厚度;I_z 为截面对中性轴 z 的惯性矩。

在土木工程中,尤其是在钢结构中,大量采用了开口薄壁截面的构件。这类构件抗弯强度很强,抗扭刚度较弱,很容易引起扭转变形过大而失稳,因此,对于开口薄壁截面梁,必须严格使外荷载的作用线通过截面的弯曲中心。

应当指出,任何形状的截面,不论是薄壁的还是实心的均存在弯曲中心,而弯曲中心位置的确定只取决于梁截面的形状和尺寸。

在工程实际中,确定梁的截面弯曲中心的位置是非常重要的。下面介绍一些确定截面弯曲中心位置的规律:

(1) 具有两个对称轴的截面,两对称轴的交点就是弯曲中心。

(2) 具有一个对称轴的截面,弯曲中心一定位于该对称轴上。

(3) 由若干根中线交于一点的狭长矩形组成的截面,其弯曲中心在各中线的交点上。

表 6-1 给出了工程中常见的截面的弯曲中心。

表 6-1　常见截面的弯曲中心位置

截面形状	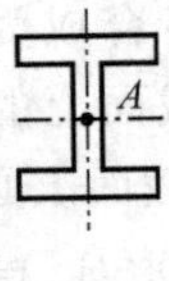 (a)	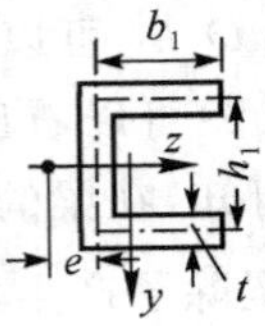 (b)	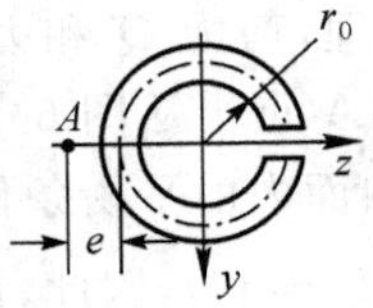 (c)	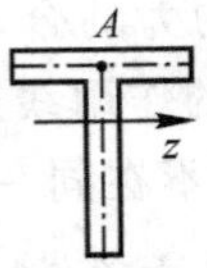 (d)	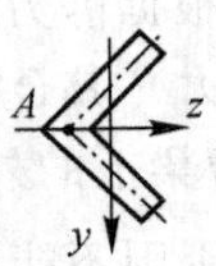 (e)
弯曲中心位置	位于中线交点	$e=\dfrac{b_1^2 h_1^2 t}{4 I_z}$	$e=r_0$	位于中线交点	位于中线交点

例 6-17　由 36a 槽钢组成的一开口薄壁截面梁的截面,如图 6-39(a)所示。现该梁受一平行于腹板的横向力 F 作用,若要求梁只能发生平面弯曲,试求这一横向力 F 的作用位置。

解　为了使梁只发生平面弯曲,横向外力必须作用在弯曲中心 A 点,如图 6-39(d)所示。现在求弯曲中心与腹板中线的距离。

查附录型钢规格表可得

$h=360\text{mm}; b=96\text{mm}; d=9\text{mm}; \delta=16\text{mm}; I_z=11874\text{cm}^4$

则有

$$b_1 = b - \frac{d}{2} = 91.5(\text{mm})$$

$$h_1 = h - 2 \times \frac{\delta}{2} = 344(\text{mm})$$

$$t = \delta = 16(\text{mm})$$

将以上数据代入 $e=\dfrac{b_1^2 h_1^2 t}{4 I_z}$ 即得

$$e = \frac{b_1^2 h_1^2 t}{4 I_z} = \frac{91.5^2 \times 344^2 \times 16}{4 \times 11874 \times 10^4} = 33.4(\text{mm})$$

所以横向力应作用在距腹板中心线为 33.4mm 的地方,才能保证该梁只发生平面弯曲。

*6.6　考虑梁塑性时梁的极限弯矩与强度计算

前面研究的强度计算都是针对危险点而进行的,这种计算方法对横截面应力是均匀分布的构件,例如轴的拉压,是完全正确的,因为一点失效,其余各点也失效。对于横截面应力非均匀分布时,例如轴的扭转和梁的弯曲,若选用脆性材料,用危险点的强度来计算构件的强度问题也是合适的。因为一点断裂失效,会很快向邻近点扩展,从而形成整体断裂。但是,若选用塑性材料,当危险点处的应力达到材料的屈服极限时,其余各点的应力均小于屈服点应力,不会很快导致构件截面的整体失效破坏,而且构件仍然有继续承载的能力。为了充分利用塑性材料,在工程中采用整个危险截面屈服为判据,建立极限设计准则。本节简要介绍塑性材料制成的梁的极限设计的基本方法。

6.6.1　考虑梁塑性时梁的极限弯矩

由材料力学性能分析可知,塑性材料(如低碳钢)在拉伸或压缩时,存在明显的屈服阶段,即应力达到屈服极限时,出现应力不增加而应变会继续增加的现象,如图 6-40(a)所示。为了分析问题的方便,现在对塑性变形体作理想假设:当应力低于屈服极限 σ_s 时,材料完全符合虎克定律,$\sigma = E\varepsilon$,而当应力达到屈服极限 σ_s 时,其值将维持 σ_s 不变,线应变将不断增加,如图 6-40(b)所示。

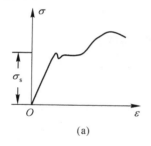 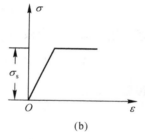

图 6-40

下面取矩形截面简支梁来讨论,考虑梁塑性时的极限弯矩。设矩形截面梁如图 6-41(a)所示,在跨中一集中力 F 作用下,梁的最大弯矩发生在跨中截面上。在弹性阶段,在截面上的正应力沿截面高度呈线形分布;当 F 达到一定值时,截面上、下边缘处的正应力达到屈服极限 σ_s,如图 6-41(b)所示;当力 F 继续增加时,梁的变形也随着增加,但由于把梁材料简化为理想情形,即如图 6-40(b)所示,截面上、下边缘处的正应力不再增加,而相邻的区域的正应力将逐步增加到 σ_s,如图 6-41(c)所示,该阶段称为弹塑性阶段;如果 F 继续增加,必然整个截面上的正应力都达到 σ_s,如图 6-41(d)所示,该阶段称为塑性阶段。此时,梁将围绕着中性轴 z 转动,犹如在跨中处出现了一个铰,通常人们称该铰为塑性铰。由此可知,整个梁变成了几何可变体系,因而丧失了承载能力。此时梁上所对应的荷载称为**极限荷载**(limit load),而危险截面上所对应的弯矩又称为梁的**极限弯矩**(limit bending moment),该状态也称极限状态。在土木工程中,某些钢筋混凝土构件就是按照强度极限状态设计的。

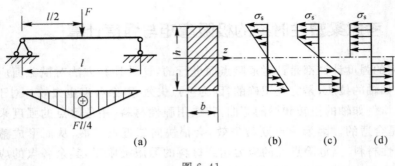

图 6-41

现在计算极限弯矩 M_u,对矩形截面来说,则有

$$M_u = \int_A y\sigma_s \cdot dA = \int_{At} y\sigma_s \cdot dA + \int_{Ac} (-y)(-\sigma_s) \cdot dA = \sigma_s(\int_{At} ydA + \int_{Ac} ydA)$$
$$= \sigma_s(S_1 + S_2)$$

式中:A_t 和 A_c 分别为截面上受拉部分和受压部分的面积(极限状态时,不管截面是不是关于中性轴对称,其 A_t 和 A_c 的面积都是相等的);S_1 和 S_2 分别为 A_t 和 A_c 对中性轴的静矩(绝对值)。

若令:$W_s = S_1 + S_2$,并称之为**塑性弯曲截面系数**(plastic section modulus in bending),则:

$$M_u = \sigma_s \cdot W_s \tag{6-40}$$

上式就是梁的极限弯矩。对于矩形截面,由于 $S_1 = S_2$,故有

$$W_s = S_1 + S_2 = 2(\frac{hb}{2} \times \frac{h}{4}) = \frac{1}{4}bh^2$$

则矩形截面梁的极限弯矩为

$$M_u = \frac{1}{4}bh^2\sigma_s \tag{6-41}$$

6.6.2 考虑梁塑性时梁的强度计算

式(6-41)的极限弯矩还不能在工程中使用,需要引入安全系数 n,则许可弯矩为

$$[M_u] = \frac{M_u}{n} = \frac{\sigma_s \cdot W_s}{n} = W_s[\sigma]$$

因此,考虑梁塑性时的强度条件为

$$M_{max} \leqslant [M_u] = W_s[\sigma] \tag{6-42}$$

例 6-11 试求矩形截面梁的极限弯矩和屈服弯矩之比。

解 矩形截面梁的极限弯矩为

$$M_u = W_s\sigma = \frac{1}{4}bh^2\sigma_s$$

矩形截面梁的屈服弯矩为

$$M_s = W_z\sigma_s = \frac{bh^2}{6}\sigma_s$$

矩形截面梁极限弯矩和屈服弯矩之比为

$$\frac{M_u}{M_s} = \frac{W_s \sigma_s}{W_z \sigma_s} = \frac{\dfrac{1}{4}bh^2}{\dfrac{1}{6}bh^2} = 1.5$$

由以上例子可以看出,通过考虑材料的塑性来挖掘材料的承载潜力,从而可以显著地提高梁的承载能力。对矩形截面来说,承载能力可以提高 50%。在工程中,影响构件正常工作的因素很多,具体应用时要根据有关工程规范而定。

小　结

1. 本章学习的主要内容:

(1)梁弯曲时的正应力的计算,其公式为

$$\sigma = \frac{My}{I_z}$$

通常正应力的正负号根据梁截面上的弯矩直接判断。

(2)截面的几何性质

截面形心计算公式:$x_C = \dfrac{S_z}{A} = \dfrac{\sum\limits_{i=1}^{n} A_i x_{ci}}{\sum\limits_{i=1}^{n} A_i}$,$z_C = \dfrac{S_x}{A} = \dfrac{\sum\limits_{i=1}^{n} A_i z_{Ci}}{\sum\limits_{i=1}^{n} A_i}$

截面惯性矩:$I_x = \displaystyle\int_A z^2 \, \mathrm{d}A$,　$I_z = \displaystyle\int_A x^2 \, \mathrm{d}A$

矩形截面惯性矩与弯曲截面系数:$I_z = \dfrac{bh^3}{12}$,$I_y = \dfrac{hb^3}{12}$;$W_z = \dfrac{bh^2}{6}$;$W_y = \dfrac{hb^2}{6}$

实心圆截面惯性矩与弯曲截面系数:$I_z = I_y = \dfrac{\pi d^4}{64}$;$W_z = W_y = \dfrac{\pi d^3}{32}$

空心圆截面惯性矩与弯曲截面系数:$I_z = I_y = \dfrac{\pi d^4}{64}(1-\alpha^4)$;$W_z = W_y = \dfrac{\pi d^3}{32}(1-\alpha^4)$

式中:$\alpha = \dfrac{d}{D}$,其中 d 为截面内径;D 为截面外径。

截面惯性矩的平行移轴公式:$I_z = I_{zc} + a^2 A$;$I_x = I_{xc} + b^2 A$

(3)横力弯曲梁横截面上的切应力的计算,其计算通式为

$$\tau = \frac{Q S_z^*}{I_z b}$$

梁横截面上的最大切应力都发生在中性轴的各点之上。

(4)几种常见的截面梁的切应力计算,其最大切应力的计算公式为

矩形截面梁:$\tau_{max} = \dfrac{3Q}{2A}$

工字钢截面梁:$\tau_{max} = \dfrac{Q S_{zmax}^*}{I_z d}$

圆形截面梁：$\tau_{max} = \dfrac{4}{3} \cdot \dfrac{Q}{A}$

薄壁圆环形截面梁：$\tau_{max} \approx \dfrac{2Q}{2\pi R_0 \delta} = 2\dfrac{Q}{A}$

T 形截面梁：$\tau_{max} = \dfrac{Q S_z^*}{I_z b_1}$

（5）横力弯曲梁的强度条件

等截面直梁的最大正应力发生在弯矩最大截面的距中性轴最远的各点处，该处各点的切应力为零，处于单向应力状态。等截面直梁的最大切应力发生在最大剪力所在截面的中性轴上各点，而该处各点的正应力为零，处于纯剪切状态，由此可以分别按单向应力状态和纯剪应力状态下的强度条件来建立强度校核。

正应力强度条件　　　　　　　　　　　　$\sigma_{max} = \dfrac{M_{max}}{W_z} \leqslant [\sigma]$

切应力强度条件　　　　　　　　　　　　$\tau_{max} = \dfrac{Q_{max} S_{z,max}^*}{I_z b} \leqslant [\tau]$

对于细长梁来说，其强度的控制主要是正应力，切应力往往可以忽略不计，因此，在一般情况下，按正应力强度条件设计的梁，都能满足切应力的强度要求。

（6）梁的合理强度设计

通过梁的合理强度设计，往往可以在不增加用材的情况下，有效地提高梁的抗弯强度。在梁的合理强度设计过程中，一般从三个方面给予考虑：合理截面的形状的选择；等强度截面的选择；合理安排支座或合理安排作用荷载，从而降低梁的截面最大弯矩。在选择合理截面时，用弯曲截面系数与截面面积之比来衡量截面形状的好坏，W_z / A 值越大，截面形状越好。等强度梁的表现形式就是变截面梁，使梁的每个截面的最大作用正应力都相同（或相近）。在条件允许的情况下，简支梁好于悬臂梁，外伸梁好于简支梁，分布荷载合理于集中荷载，荷载靠近支座设计优于跨中设计。

（7）弯曲中心的概念

非对称截面梁在横向荷载作用时，一般情况下要同时发生弯曲和扭转，只有当横向荷载作用在弯曲中心时才能使梁只发生平面弯曲。确定平面弯曲中心可以按以下规律进行：

1）具有两个对称轴的截面，两对称轴的交点就是弯曲中心。

2）具有一个对称轴的截面，弯曲中心一定位于该对称轴上。

3）由若干根中线交于一点的狭长矩形组成的截面，其弯曲中心在各中线的交点上。

在土木工程中，尤其是钢结构中，特别要注意确定弯曲中心，让荷载作用在弯曲中心上。

（8）梁的极限弯矩与强度

为了提高由塑性材料组成的梁的承载能力，人们往往利用塑性设计，充分发挥材料的潜能。当梁的最大弯矩所在的截面中的所有受拉和受压区全部都成为塑性区时，该截面所承受的弯矩称为梁的极限弯矩，其计算式为：

$$M_u = \sigma_s \cdot W_s$$

梁在塑性条件下的强度条件：

$$M_{max} \leqslant [M_u] = W_s [\sigma]$$

各种不同截面的梁在塑性条件的设计下都比屈服条件下的设计更能提高承载能力。表

6-2是用塑性弯曲截面系数与弯曲截面系数之比来反映塑性设计承载能力的提高的比例表。

表 6-2　常用截面 W_u/W_z 的比值

截面形式	矩形	工字钢	圆形	薄壁圆环	菱形
W_u/W_z	1.5	1.15～1.17	1.7	1.27	2.0

2. 重点与难点

（1）掌握梁在横力弯曲时,其截面上的正应力和切应力的分布规律和计算,熟练运用弯曲正应力和切应力强度条件进行强度校核、荷载设计和截面设计。

（2）掌握截面几何特性的计算。

（3）了解非对称截面梁的平面弯曲的条件,正确理解弯曲中心的概念。

（4）了解塑性梁的极限弯矩和强度计算。

思 考 题

6-1　什么是平面弯曲? 什么是横力弯曲和纯弯曲?

6-2　什么是中性层和中性轴? 它们之间有什么关系?

6-3　截面极惯性矩与截面惯性矩的定义是什么? 它们之间有什么关系?

6-4　为什么梁在发生平面弯曲时,中性轴一定通过横截面的形心?

6-5　画出图 6-42 的圆形截面和圆环截面梁在平面弯曲时的正应力分布规律。

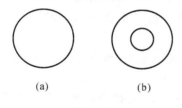

(a)　　　　　(b)

图 6-42

6-6　为什么横力弯曲梁最大正应力发生在距截面中性轴最远的上、下边上的各点,而最大切应力发生在横截面的中性轴上的各点?

6-7　对横截面不关于中轴对称的梁,一般都是脆性材料制成。对于这种梁,危险截面一定是在弯矩最大的截面处吗? 为什么?

6-8　什么是切应力流? 了解它有什么好处?

6-9　什么是弯曲中心? 只有非对称截面梁才有弯曲中心吗?

6-10　塑性铰是怎么形成的?

习 题

6-1　试计算题 6-1 图示截面的形心坐标及截面关于形心坐标轴 z_C、y_C 的截面惯性矩 I_{zc}、I_{yc}。

6-2　试求题6-2图示 T 形截面关于形心轴 z、y 的截面惯性矩 I_z、I_y。

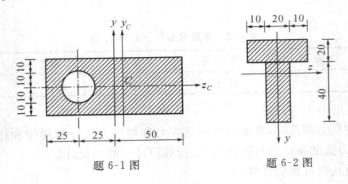

题 6-1 图　　　　　　　题 6-2 图

6-3　题 6-3 图示为一矩形截面简支梁。已知在跨中处作用一集中荷载 $F=20\mathrm{kN}$，梁的长度 $l=4\mathrm{m}$，截面尺寸见图示。试求跨中截面上 a、b、c、d 四点的弯曲正应力。

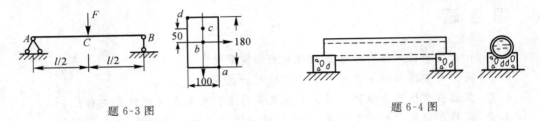

题 6-3 图　　　　　　　　　　题 6-4 图

6-4　一外径为 240mm，内径为 220mm，长度为 10m 的铸铁水管，现将其两端搁置在支座上，如题 6-4 图所示。已知铸铁的容重 $\gamma_1=76.5\mathrm{kN/m^3}$，水的容重 $\gamma_2=9.8\mathrm{kN/m^3}$，试求管内最大拉应力和最大压应力。

6-5　一外伸梁由 No.14a 槽钢制成，如题 6-5 图所示。已知 $F_1=0.3\mathrm{kN}$，$F_2=0.6\mathrm{kN}$，尺寸见图示，试求梁的最大拉应力和最大压应力。

6-6　有一木质矩形截面简支梁，在跨中作用一集中荷载 F，如题 6-6 图所示。已知梁的尺寸为 $l=4.5$，$b=120\mathrm{mm}$，$h=180\mathrm{mm}$，材料的许可应力 $[\sigma]=10\mathrm{MPa}$，试求该梁能承受的最大荷载 $F_{\max}$。

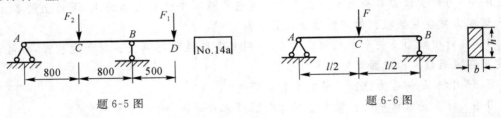

题 6-5 图　　　　　　　　　　题 6-6 图

6-7　题 6-7 图示为一槽形截面的悬臂梁。已知 $F=10\mathrm{kN}$，$M=80\mathrm{kN\cdot m}$，$l=3\mathrm{m}$，截面尺寸见图示，材料的许可拉应力 $[\sigma_t]=40\mathrm{MPa}$，许可压应力 $[\sigma_c]=120\mathrm{MPa}$。试校核该梁的正应力强度。

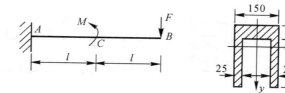

题 6-7 图

6-8　题 6-8 图示为纯弯曲梁的 T 形截面图,已知材料的许可拉应力和许可压应力的关系为 $3[\sigma_t]=[\sigma_c]$。试问从正应力个强度观点出发,h 高应为何值合适?

6-9　题 6-9 图示为一受均布荷载作用的简支梁,已知荷载的分布集度 $q=10\mathrm{kN/m}$,梁的长度 $l=6\mathrm{m}$,材料的许可弯曲正应力 $[\sigma]=170\mathrm{MPa}$,试计算按圆形截面、矩形截面($h/b=2$)和双槽钢截面设计该梁的截面尺寸或型号,并说明哪一种截面最省材料。

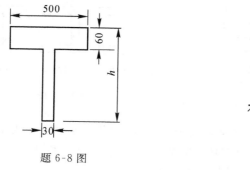

题 6-8 图

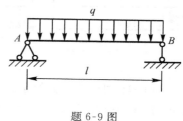

题 6-9 图

6-10　题 6-10 图示为工字钢外伸梁,在 C 端作用一集中荷载。已知 $F=15\mathrm{kN}$,$[\sigma]=160\mathrm{MPa}$,$[\tau]=85\mathrm{MPa}$,$l_1=1\mathrm{m}$,$l_2=5\mathrm{m}$,试选择该梁的工字钢型号。

6-11　题 6-11 图示为土木工程施工用的钢轨和枕木的示意图,现已知钢轨传给枕木的荷载 $F=40\mathrm{kN}$,枕木的许可弯曲正应力 $[\sigma]=15\mathrm{MPa}$,$[\tau]=2.0\mathrm{MPa}$。若枕木矩形截面的高宽比为 $h:b=3:2$,问应选择截面为多大的枕木?

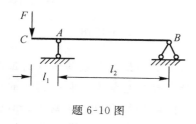

题 6-10 图

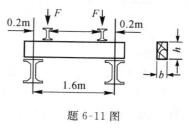

题 6-11 图

6-12　题 6-12 图示为由三块木板胶合而成的悬臂梁。已知每块木板的截面尺寸为 $40\mathrm{mm}\times100\mathrm{mm}$,胶合缝的许可切应力 $[\tau]=0.35\mathrm{MPa}$,梁长 $l=1\mathrm{m}$。试按胶合缝的切应力强度设计许可荷载,并求最大正应力。

6-13　题 6-13 图示为一简支工字钢梁。已知该梁的工字钢型号 No.25a,梁长 $l=6\mathrm{m}$,$F=20\mathrm{kN}$,$q=8\mathrm{kN/m}$,材料的许可应力 $[\sigma]=170\mathrm{MPa}$,$[\tau]=100\mathrm{MPa}$,试校核该梁的强度。

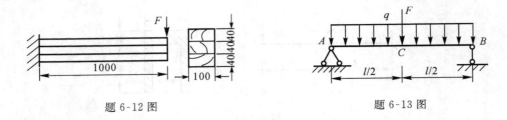

题 6-12 图　　　　　　　　　　题 6-13 图

6-14　题 6-14 图示为一木质正方形截面的悬臂梁。其尺寸及所受的荷载见图,许可应力 $[\sigma]=12\text{MPa}$。现需要在 C 截面的中性轴处开一直径为 d 的圆孔,问在保证梁的弯曲强度下,圆孔的直径可开多大?(注:本题不考虑开孔引起的应力集中问题。)

6-15　题 6-15 图示为一组横力弯曲梁的截面图。当已知截面上的剪力方向为向下时,试分别画出各截面上的切应力流的方向。

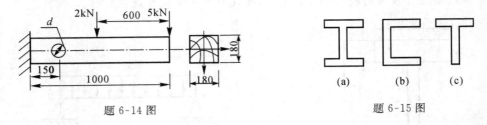

题 6-14 图　　　　　　　　　　题 6-15 图

6-16　题 6-16 图示为一悬臂梁。已知梁的长 $l=2\text{m}$,受均布荷载 $q=8\text{kN/m}$ 作用,材料的许可应力 $[\sigma]=170\text{MPa}$,$[\tau]=100\text{MPa}$,截面为等宽度的变高矩形截面。若当 $b=30\text{mm}$ 时,请设计一等强度梁,并画出该梁的基本形状。

6-17　题 6-17 图示为一圆形木头,直径为 d。现欲想从强度角度出发,在圆木头中截取一矩形截面梁,试问该矩形截面高宽的合理尺寸为多少?

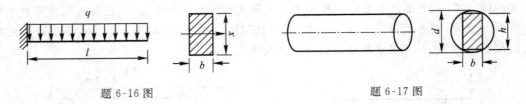

题 6-16 图　　　　　　　　　　题 6-17 图

6-18　题 6-18 图示为车间行车起重装置。已知行车梁 AB 由两根同型号的工字钢组成,起重吊车行走于行车梁 AB 之间,吊车自重 4kN,最大起吊重量为 10kN,钢材的许可应力 $[\sigma]=180\text{MPa}$,$[\tau]=100\text{MPa}$,行车梁 AB 长为 12m,吊车两轮 C、D 的距离为 2m,试选择工字钢的型号。(注意:假设荷载平均作用在两工字钢梁上;起吊重物要考虑在最不利的位置。)

6-19　题 6-19 图示为一 T 形截面钢梁的截面。若材料的屈服极限 $\sigma_s=235\text{MPa}$,试求该梁的极限弯矩。

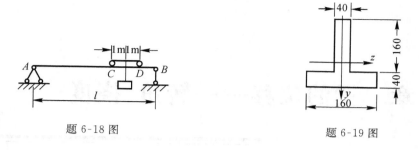

题 6-18 图　　　　　　　　　　题 6-19 图

6-20　有一矩形截面简支梁，如题 6-20 图所示。其梁长 $l=8\mathrm{m}$，截面尺寸为 $b=30\mathrm{mm}$，$h=90\mathrm{mm}$，材料的屈服极限 $\sigma_s=345\mathrm{MPa}$。试求该梁的极限荷载，并与弹性设计下的最大荷载进行比较。

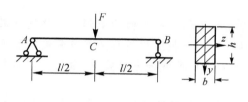

题 6-20 图

第7章 梁的位移——转角、挠度

【学习导航】
本章主要研究梁弯曲变形的挠度和转角的计算方法,并提出梁的刚度条件与校核。

【学习要点】

1. 掌握积分法求梁的挠曲线和任一截面的变形——挠度和转角。静定梁在荷载作用下发生的平面弯曲,其弯曲变形——挠度和转角必然与荷载作用而引起的内力有关。为此,通过学习要掌握挠曲线与弯矩之间的微分方程关系,由积分求解梁的挠曲线,并学会求任一截面的挠度和转角。

2. 利用叠加法求梁危险截面的挠度和转角。梁在小变形的情况下,几种荷载共同作用下的变形,可以看成由各单一荷载作用下的变形的代数叠加。因此,在通过积分法掌握了单一荷载作用下梁的变形的挠曲线方程及由此求得的危险截面的挠度和转角以后,就可以求一些比较复杂荷载作用下的变形问题。

3. 刚度条件与应用。在工程中,对梁结构的变形是有规范限制的,为了使梁在荷载作用下,变形不至于太大,要有刚度条件加以限制,这也是材料力学研究的三大问题之一。

4. 计算简单的梁的超静定问题。通过掌握梁的变形协调,可以解决一些简单的超静定问题,从而为今后学习复杂超静定结构的内力打下基础。

5. 提高梁的刚度的措施。了解如何合理使用梁的截面、支座和合理布置荷载。

【学习难点】

1. 利用积分法求梁变形的挠曲线方程中,如何根据边界条件和光滑连续条件确定积分常数是积分法中的重点和难点。

2. 在求解梁的超静定问题中,如何准确提出变形协调条件,是解决超静定问题的关键和难点。

7.1 工程中梁的变形——转角、挠度

在工程中,不仅要求梁要有足够的强度,而且还要求梁有足够的刚度。刚度的要求就是要控制梁的变形,使梁的变形严格控制在工程规范所允许范围之内。梁的变形过大会影响其正常工作的能力。例如,在土木工程中,桥梁的变形过大就会使在通车时产生很大的振动,从而可能引起梁的破坏;楼板梁的变形过大就会引起下面的灰层的脱落和上面灰层的翘

起;吊车梁变形过大就会使吊车无法在其上正常运行。

要进行梁的刚度计算就必须要能计算梁在荷载作用下的变形,而且,为了能计算超静定梁的内力也需要掌握梁的变形的计算。为此,在本章主要讨论梁的变形与计算。

图 7-1(a)所示为一悬臂梁。为了讨论梁变形的需要,取梁的轴线为 x 轴,与轴线垂直并向下的轴为 y 轴,在平面弯曲的情况下,梁的轴线弯曲变形以后变成一条曲线,如图 7-1(b)所示的 AB' 线,该条曲线称为梁的**挠曲线**(deflection curve)。对于梁的变形通常用横截面形心的竖直位移(挠度)和横截面绕着中性轴的转角这两个位移量来表示。

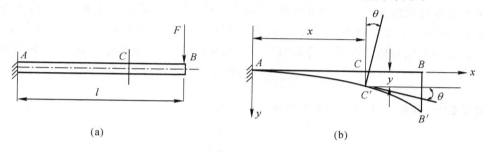

图 7-1

(1)**挠度**(deflection):距原点为任意 x 距离的横截面的形心在垂直于轴线方向的位移,如图 7-1(b)所示,用 y 表示。挠度规定沿 y 坐标轴正向为正,反之为负。值得说明的是:实际上横截面的形心在向下位移的同时,也存在沿轴线方向的位移,只是由于是小变形的条件,这种位移与挠度相比非常小,一般忽略不计。

(2)**转角**(slope):距原点为任意 x 距离的横截面绕中性轴转过的角度,如图 7-1(b)所示,用 θ 来表示。转角规定顺时针转向为正,反之为负。

显然,各截面的挠度 y 和转角 θ 都是轴线位置坐标 x 的函数,因此,有

$$y = y(x) \tag{7-1}$$
$$\theta = \theta(x) \tag{7-2}$$

式(7-1)称为梁的挠曲线方程,式(7-2)称为梁截面的转角方程。可以说求梁的变形,实际上就是求梁的挠度 y 和转角 θ。

现在再来讨论梁的挠度 y 和转角 θ 之间的关系。

由于梁的变形具有小变形的条件,因此,挠曲线总是一条扁平的曲线。由高等数学可知,此时的梁上任一横截面的转角都可以用该处的挠曲线的斜率来代替,即

$$\theta \approx \tan\theta$$

又有

$$\tan\theta = \frac{\mathrm{d}y}{\mathrm{d}x} = y'(x)$$

所以
$$\theta = y'(x) \tag{7-3}$$

式(7-3)反映了梁的挠度 y 和转角 θ 之间的微分关系,因此,只要求出挠曲线方程,任何截面的挠度和转角便都可以求出来。

7.2　梁挠曲线的近似微分方程

在第 6 章中,曾经介绍了纯弯曲情况下的梁在任一截面形心的曲率与所在截面的弯矩和抗弯刚度之间的关系,即

$$\frac{1}{\rho} = \frac{M}{EI_z}$$

上式虽然是在纯弯曲条件下推导出来的,但在工程中,梁的跨度远大于截面高度,剪力对梁的变形影响很小,可以忽略不计,所以该式仍然可以适用横力弯曲梁。对于横力弯曲梁,梁上任一截面的弯矩和曲率都是随着截面的位置的变化而变化,故都是 x 的函数,因此有

$$\frac{1}{\rho(x)} = \frac{M(x)}{EI_z} \tag{7-4}$$

根据高等数学,曲线上任一点的曲率可由下式计算,即

$$\frac{1}{\rho(x)} = \pm \frac{\dfrac{\mathrm{d}^2 y}{\mathrm{d}x^2}}{\sqrt{\left[1 + \left(\dfrac{\mathrm{d}y}{\mathrm{d}x}\right)^2\right]^3}}$$

由于挠曲线是一条扁平的曲线,$\dfrac{\mathrm{d}y}{\mathrm{d}x} = \theta$ 的数值很小,在等号右边的分母中 $\left(\dfrac{\mathrm{d}y}{\mathrm{d}x}\right)^2$ 与 1 相比可以略去不计,于是有

$$\frac{1}{\rho(x)} = \pm \frac{\mathrm{d}^2 y}{\mathrm{d}x^2} \tag{7-5}$$

由式(7-4)和(7-5)得

$$\frac{\mathrm{d}^2 y}{\mathrm{d}x^2} = \pm \frac{M(x)}{EI_z} \tag{7-6}$$

式(7-6)就是梁的**近似挠曲线微分方程**(differential equation of the deflection curve)。

在第 5 章中,选定的 y 轴正方向向下,则有:当弯矩为正值时,梁的挠曲线为凹向朝上的曲线,由高等数学可知,$\dfrac{\mathrm{d}^2 y}{\mathrm{d}x^2}$ 为负值;当弯矩为负值时,梁的挠曲线为凹向朝下的曲线,由高等数学可知,$\dfrac{\mathrm{d}^2 y}{\mathrm{d}x^2}$ 为正值。$M(x)$ 与 $\dfrac{\mathrm{d}^2 y}{\mathrm{d}x^2}$ 之间的符号关系如图 7-2 所示。由此可见,$M(x)$ 与 $\dfrac{\mathrm{d}^2 y}{\mathrm{d}x^2}$ 的符号总是相反,所以式(7-6)应写成

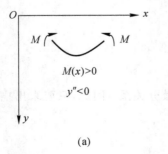

(a)

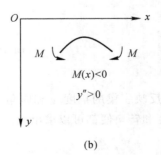

(b)

图 7-2

$$\frac{\mathrm{d}^2 y}{\mathrm{d}x^2} = -\frac{M(x)}{EI_z} \quad \text{或} \quad y'' = -\frac{M(x)}{EI_z} \tag{7-7}$$

7.3　利用积分法求梁的位移

由上节所求得的近似挠曲线微分方程

$$y'' = -\frac{M(x)}{EI_z}$$

就不难求得挠曲线的方程。积分一次,即求得转角方程;积分两次,即求得挠度方程。这种求梁的位移的方法称为**积分法**(method of integration)。

对等截面来说,$EI_z =$常数,挠曲线微分方程积分一次得转角方程

$$EI_z \frac{\mathrm{d}y}{\mathrm{d}x} = EI_z \theta = \int -M(x)\mathrm{d}x + C \tag{7-8}$$

再积分一次得挠曲线方程

$$EI_z y = \int \left[\int -M(x)\mathrm{d}x\right]\mathrm{d}x + Cx + D \tag{7-9}$$

式中 C、D 为积分常数,可以由梁的某些已知转角和挠度条件来确定。这些条件一般称为**边界条件**(boundary condition)。常见的位移边界条件见表 7-1。此外,由于挠曲线是一条光滑的曲线,在其上任一点处,都有唯一确定的转角和挠度(中间铰除外),这一条件通常又称为**光滑连续条件**(continuity condition)。这一条件在确定积分常数时也常常要用到。

表 7-1　常见的位移条件

截面位置	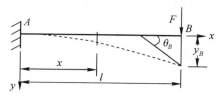			
位移条件	$y_A = 0$	$y_A = 0 \quad y'_A = 0$	$y_A = \Delta$	$y_{A,L} = y_{B,R}$

例 7-1　一等截面悬臂梁,如图 7-3 所示。已知在自由端作用一集中力 F,梁的抗弯刚度为 EI_z,试求梁的挠度、转角方程,并求出梁的最大转角和最大挠度。

图 7-3

解　首先写出弯矩方程。由图 7-3 所示的坐标系,其弯矩方程为

$$M(x) = -F(l-x)$$

列挠曲线微分方程,并积分。由式(7-7)得

$$EI_z y'' = -M(x) = F(l-x)$$

积分一次得

$$EI_z y' = EI_z \theta = Flx - \frac{1}{2}Fx^2 + C \qquad\qquad (\text{a})$$

再积分一次得

$$EI_z y = \frac{1}{2}Flx^2 - \frac{1}{6}Fx^3 + Cx + D \qquad\qquad (\text{b})$$

确定积分常数 C、D。由边界条件可知,当 $x=0$ 时,$\theta_A=0$,$y_A=0$,将其代入式(a)、(b)得

$$C = 0, \ D = 0$$

确定梁的转角和挠度方程。将 $C=0$,$D=0$ 代入式(a)、(b)得

$$EI_z \theta = Flx - \frac{1}{2}Fx^2$$

$$EI_z y = \frac{1}{2}Flx^2 - \frac{1}{6}Fx^3$$

确定梁的最大转角和最大挠度。当 $x=l$ 时,即在梁的自由端,有最大转角 θ_B 和最大挠度 y_B,则有

$$\theta_B = \frac{Fl^2}{2EI_z}$$

$$y_B = \frac{Fl^3}{3EI_z}$$

例 7-2 图 7-4 所示为一简支梁。已知全梁受均布荷载 q 作用,梁的抗弯刚度为 EI_z。试求该梁的转角方程和挠曲线方程,并求出其最大转角和最大挠度。

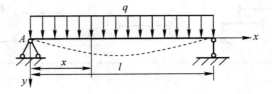

图 7-4

解　首先写出弯矩方程。由图 7-4 所示的坐标系可得梁的弯矩方程

$$M(x) = \frac{1}{2}qlx - \frac{1}{2}qx^2$$

列挠曲线微分方程,并积分。由式(7-7)得

$$EI_z y'' = -M(x) = \frac{1}{2}qx^2 - \frac{1}{2}qlx$$

积分一次得

$$EI_z y' = EI_z \theta = \frac{1}{6}qx^3 - \frac{1}{4}qlx^2 + C \qquad\qquad (\text{a})$$

再积分一次得

$$EI_z y = \frac{1}{24}qx^4 - \frac{1}{12}qlx^3 + Cx + D \qquad\qquad (\text{b})$$

确定积分常数 C、D。由边界条件可知,当 $x=0$ 和 $x=l$ 时,$y_A=0$,$y_B=0$,将其代入式 (a)、(b)得

$$C = \frac{1}{24}ql^3, D = 0$$

梁的转角和挠度方程。将积分常数 C、D 代入式(a)、(b)得

$$\theta = \frac{q}{24EI_z}(4x^3 - 6lx^2 + l^3)$$

$$y = \frac{q}{24EI_z}(x^4 - 2lx^3 + l^3 x)$$

确定梁的最大转角和最大挠度。当 $x=0$ 和 $x=l$ 时,有最大转角 θ_A 和 θ_B;当 $x=\frac{l}{2}$ 时,有最大挠度 y_{max},则有

$$\theta_A = -\theta_B = \frac{ql^3}{24EI_z}$$

$$y_{max} = \frac{5ql^4}{384EI_z}$$

θ_B 为负值,表明 B 截面逆时针转动。

例 7-3 图 7-5 所示简支梁,受一集中力 F 作用。已知梁的抗弯刚度为 EI_z,试求梁的转角方程和挠度方程,并确定 A 截面的转角和 C 截面挠度。

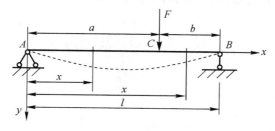

图 7-5

解 首先求出支座反力。根据平衡条件 $\sum F_y = 0$,$\sum M_A = 0$,可求得支座力

$$F_{Ay} = \frac{Fb}{l}, F_{By} = \frac{Fa}{l}$$

写出 AC、CB 段的弯矩方程。由图 7-5 所示的坐标系可得梁段 AC、CB 的弯矩方程。AC 段的弯矩方程

$$M(x) = F_{Ax}x = \frac{Fb}{l}x \qquad (0 \leqslant x \leqslant a)$$

CB 段的弯矩方程

$$M(x) = F_{Ax}x - F(x-a) = \frac{Fb}{l}x - F(x-a) \qquad (a \leqslant x \leqslant l)$$

列挠曲线微分方程,并积分。由于梁段 AC、CB 的弯矩方程各不相同,故要分别列出其挠曲线微分方程和分别积分。现将梁段 AC、CB 的曲线微分方程和积分式列于表 7-2。

表 7-2　AC、CB 段梁的曲线微分方程和积分式

AC 段梁$(0 \leqslant x \leqslant a)$	CB 段梁$(a \leqslant x \leqslant l)$
$EI_z y'' = -\dfrac{Fb}{l} x$	$EI_z y'' = -\dfrac{Fb}{l} x + F(x-a)$
$EI_z y' = -\dfrac{1}{2} \cdot \dfrac{Fb}{l} x^2 + C_1$	$EI_z y' = -\dfrac{1}{2} \cdot \dfrac{Fb}{l} x^2 + \dfrac{1}{2} \cdot F(x-a)^2 + C_2$
$EI_z y = -\dfrac{1}{6} \cdot \dfrac{Fb}{l} x^3 + C_1 x + D_1$	$EI_z y = -\dfrac{1}{6} \cdot \dfrac{Fb}{l} x^3 + \dfrac{1}{6} \cdot F(x-a)^3 + C_2 x + D_2$

AC、CB 梁段各有两个积分常数，即 C_1、D_1 和 C_2、D_2，而梁的边界条件只有两个：

(1) $x=0$，$y=0$

(2) $x=l$，$y=0$

因此，两个边界条件还不能确定四个积分常数，必须考虑梁变形的连续性。C 截面是同属于梁段 AC、CB 上的截面，而梁的变形是连续的，即光滑连续条件，所以，从 AC 段梁和 CB 段梁计算的 C 截面的转角和挠度数值是相等的，即

(3) $x=a$ 时，$\theta_{CAC} = \theta_{CCB}$

(4) $x=a$ 时，$y_{CAC} = y_{CCB}$

通过边界条件和光滑连续条件，可以求出四个积分常数。

由条件(3)可得

$$-\frac{1}{2} \cdot \frac{Fb}{l} a^2 + C_1 = -\frac{1}{2} \cdot \frac{Fb}{l} a^2 + C_1$$
$$C_1 = C_2$$

由条件(4)可得

$$-\frac{1}{6} \cdot \frac{Fb}{l} a^3 + C_1 a + D_1 = -\frac{1}{6} \cdot \frac{Fb}{l} a^3 + C_2 a + D_2$$
$$D_1 = D_2$$

由条件(1)可得

$$D_1 = 0$$

由条件(2)可得

$$-\frac{1}{6} \cdot \frac{Fb}{l} l^3 + \frac{1}{6} \cdot F(l-a)^3 + C_2 l = 0$$

整理得

$$C_2 = \frac{1}{6} \cdot \frac{Fb}{l} (l^2 - b^2)$$

则积分常数为

$$D_1 = D_2 = 0$$
$$C_1 = C_2 = \frac{1}{6} \cdot \frac{Fb}{l} (l^2 - b^2)$$

确定梁的转角方程和挠度方程。将积分常数 C_1、D_1 和 C_2、D_2 代入表 7-2，得 AC、CB 段梁的转角方程和挠度方程，如表 7-3 所示。

表 7-3　AC、CB 段梁的转角方程和挠度方程

AC 段梁($0 \leqslant x \leqslant a$)	CB 段梁($a \leqslant x \leqslant l$)
$EI_z y' = -\dfrac{1}{2} \cdot \dfrac{Fb}{l} x^2 + \dfrac{1}{6} \cdot \dfrac{Fb}{l}(l^2 - b^2)$	$EI_z y' = -\dfrac{1}{2} \cdot \dfrac{Fb}{l} x^2 + \dfrac{1}{2} \cdot F(x-a)^2 + \dfrac{1}{6} \cdot \dfrac{Fb}{l}(l^2 - b^2)$
$EI_z y = -\dfrac{1}{6} \cdot \dfrac{Fb}{l} x^3 + \dfrac{1}{6} \cdot \dfrac{Fb}{l}(l^2 - b^2)x$	$EI_z y = -\dfrac{1}{6} \cdot \dfrac{Fb}{l} x^3 + \dfrac{1}{6} \cdot F(x-a)^3 + \dfrac{1}{6} \cdot \dfrac{Fb}{l}(l^2 - b^2)x$

求出 A、C 截面的转角和挠度。将 $x=0$，$x=a$ 代入 AC 段梁的转角方程，得

$$\theta_A = \frac{Fb}{6EI_z l}(l^2 - b^2)$$

将 $x=a$ 代入 AC 或 CB 段梁的挠度方程，得

$$y_C = \frac{Fb}{6EI_z l}(l^2 - b^2 - a^2)$$

讨论：1）当要求该梁的最大转角和最大挠度时，理论上可以采用分别对转角方程和挠度方程求导取极值的方法求得（由于运算比较复杂，该处略去）。

2）当 $a = b = \dfrac{1}{2}l$ 时，则该梁的最大转角和最大挠度分别发生在 A、B 截面和 C 截面，其值为

$$\theta_{\max} = \theta_A = -\theta_B = \frac{Fl^2}{16EI_z}$$

$$y_{\max} = y_C = \frac{Fl^3}{48EI_z}$$

为了实用上的方便，各种常见荷载作用下的简单梁的转角和挠度方程均有表可以查，如表 7-4 所示。

表 7-4　梁在简单荷载作用下的变形

	梁及荷载形式	挠曲线方程	梁端转角	最大挠度
1		$y = \dfrac{Fx^2}{6EI} \times (3l - x)$	$\theta_B = \dfrac{Fl^2}{2EI}$	$y_B = \dfrac{Fl^3}{3EI}$
2		$y = \dfrac{qx^2}{24EI} \times (x^2 - 4lx + 6l^2)$	$\theta_B = \dfrac{ql^3}{6EI}$	$y_B = \dfrac{ql^4}{8EI}$
3		$y = \dfrac{Mx^2}{2EI}$	$\theta_B = \dfrac{Ml}{EI}$	$y_B = \dfrac{Ml^2}{2EI}$

续表

	梁及荷载形式	挠曲线方程	梁端转角	最大挠度
4		$y=\dfrac{Fx}{48EI}\times(3l^2-4x^2)$ $(0\leq x\leq\dfrac{l}{2})$	$\theta_A=\dfrac{Fl^2}{16EI}$ $\theta_B=-\theta_A$	$y_C=\dfrac{Fl^3}{48EI}$
5		$y=\dfrac{Fbx}{6EIl}\times(l^2-x^2-b^2)$ $(0\leq x\leq a)$ $y=\dfrac{Fa(l-x)}{6EIl}\times$ $(2lx-x^2-a^2)$ $(a\leq x\leq l)$	$\theta_A=\dfrac{Fab(l+b)}{6EIl}$ $\theta_B=-\dfrac{Fab(l+a)}{6EIl}$	设 $a>b$ $x=\sqrt{\dfrac{l^2-b^2}{3}}$ 处 $y_{max}=\dfrac{\sqrt{3}Fb}{27EIl}\times$ $(l^2-b^2)^{\frac{3}{2}}$ $x=\dfrac{l}{2}$ 处 $y_{\frac{1}{2}}=\dfrac{Fb}{48EI}\times$ $(3l^2-4b^2)$
6		$y=\dfrac{qx}{24EI}\times$ $(l^3-2lx^2+x^3)$	$\theta_A=\dfrac{ql^3}{24EI}$ $\theta_B=-\theta_A$	$x=\dfrac{l}{2}$ 处 $y_{max}=\dfrac{5ql^4}{384EI}$
7		$y=\dfrac{Mx}{6EIl}\times(l-x)$ $(2l-x)$	$\theta_A=\dfrac{Ml}{3EI}$ $\theta_B=-\dfrac{Ml}{6EI}$	$x=(1-\dfrac{1}{\sqrt{3}})l$ 处 $y_{max}=\dfrac{Ml^2}{9\sqrt{3}EI}$ $x=\dfrac{l}{2}$ 处 $y_{\frac{1}{2}}=\dfrac{Ml^2}{16EI}$
8		$y=\dfrac{Mx}{6EIl}\times(l^2-x^2)$	$\theta_A=\dfrac{Ml}{6EI}$ $\theta_B=-\dfrac{Ml}{3EI}$	$x=\dfrac{l}{\sqrt{3}}$ 处 $y_{max}=\dfrac{Ml^2}{9\sqrt{3}EI}$ $x=\dfrac{l}{2}$ 处 $y_{\frac{1}{2}}=\dfrac{Ml^2}{16EI}$
9		$y=\dfrac{Mx}{24EIl}\times(l^2-4x^2)$ $(0\leq x\leq\dfrac{l}{2})$	$\theta_A=\dfrac{Ml}{24EI}$ $\theta_B=\dfrac{Ml}{24EI}$	$x=\dfrac{l}{2\sqrt{3}}$ 处 $y_{max}=\dfrac{Ml^2}{72\sqrt{3}EI}$

	梁及荷载形式	挠曲线方程	梁端转角	最大挠度
10		$y=-\dfrac{Fax}{6EIl}\times(l^2-x^2)$ $(0\leqslant x\leqslant l)$ $y=\dfrac{F(l-x)}{6EI}\times$ $[(x-l)^2-3ax+al]$ $(l\leqslant x\leqslant(l+a))$	$\theta_A=-\dfrac{Fal}{6EI}$ $\theta_B=\dfrac{Fal}{3EI}$ $\theta_C=\dfrac{Fa(2l+3a)}{6EI}$	$y_C=\dfrac{Fa^2(l+a)}{3EI}$
11		$y=-\dfrac{qa^2x}{12EIl}(l^2-x^2)$ $(0\leqslant x\leqslant l)$ $y=\dfrac{q(x-l)}{24EI}[2a^2$ $(3x-l)+(x-l)^2$ $(x-l-4a)]$ $[l\leqslant x\leqslant(l+a)]$	$\theta_A=-\dfrac{qa^2l}{12EI}$ $\theta_B=\dfrac{qa^2l}{6EI}$ $\theta_C=\dfrac{qa^2(l+a)}{6EI}$	$y_C=\dfrac{qa^2}{24EI}\times$ $(4l+3a)$
12		$y=-\dfrac{Mx}{6EIl}(l^2-x^2)$ $(0\leqslant x\leqslant l)$ $y=\dfrac{M}{6EI}(3x^2-4lx+l^2)$ $[l\leqslant x\leqslant(l+a)]$	$\theta_A=-\dfrac{Ml}{6EI}$ $\theta_B=\dfrac{Ml}{3EI}$ $\theta_C=\dfrac{M(l+3a)}{3EI}$	$y_C=\dfrac{Ma}{6EI}\times$ $(2l+3a)$

7.4　利用叠加法求梁的位移

在实际工程中,梁上的荷载往往由几种或几个同时作用,如利用积分法计算梁的转角和位移,其计算工作量是非常大的,此时,可以采用**叠加法**(superposition method)。所谓叠加法,就是先分别求出每种(或每个)荷载单独作用时所产生的转角和位移,然后将这些位移进行代数叠加。表 7-4 已经列出了常见梁在常见荷载单独作用下的转角和位移,因此,利用叠加法可以简便地计算梁的转角和位移。注意:梁的叠加法只是在小变形的情况下适用。因为,此时的梁上的位移、转角与作用在梁上的荷载呈线性关系。可以证明在这种关系下,当梁上同时作用若干荷载时,可以用叠加法求位移或转角。

例 7-4　如图 7-6 所示的简支梁,同时受到均布荷载 q 和集中荷载 F 的作用。已知梁的抗弯刚度为 EI_z,试利用叠加法求跨中截面的位移。

解　该梁的变形是由分布荷载 q 和集中荷载 F 共同作用而引起。现将图 7-6(a)分解成图 7-6(b)、(c)的叠加。由图 7-6(b)查表 7-4 可得

$$\theta_A(q)=\frac{ql^3}{24EI_z}\quad(\downarrow)$$

$$y_C(q)=\frac{5ql^4}{384EI_z}\quad(\downarrow)$$

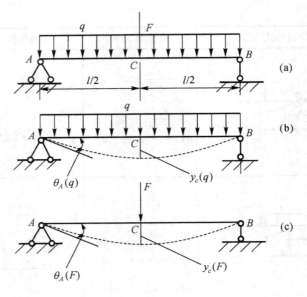

图 7-6

由图 7-6(c)查表 7-4 可得

$$\theta_A(F) = \frac{Fl^2}{16EI_z} \quad (\searrow)$$

$$y_C(F) = \frac{Fl^3}{48EI_z} \quad (\downarrow)$$

计算分布荷载 q 和集中荷载 F 共同作用下的梁在 A 截面的转角和 C 截面的挠度。

A 截面的转角

$$\theta_A = \theta_A(q) + \theta_A(F) = \frac{ql^3}{24EI_z} + \frac{Fl^2}{16EI_z} \quad (\searrow)$$

C 截面的挠度

$$y_C = y_C(q) + y_C(F) = \frac{5ql^4}{384EI_z} + \frac{Fl^3}{48EI_z} \quad (\downarrow)$$

例 7-5　一外伸梁,尺寸和作用荷载如图 7-7 所示。梁的抗弯刚度为 EI_z,试求 C 截面的转角和挠度。

解　现将作用在 $\mathrm{d}x$ 微段上的微荷载 $q\mathrm{d}x$ 看成是一集中荷载,该荷载作用在距 B 端为 x 距离处,如图 7-7(b)所示。由表 7-4 可查得微荷载 $q\mathrm{d}x$ 作用处 D 截面的转角和挠度

$$\theta_D = \frac{qx\,\mathrm{d}x}{6EI_z}(2l + 3x) \quad (\searrow)$$

$$y_D = \frac{qx^2\,\mathrm{d}x}{3EI_z}(l + x) \quad (\downarrow)$$

则有在微荷载 $q\mathrm{d}x$ 作用 C 端的转角和挠度

$$\theta_{Ci} = \theta_D = \frac{qx\,\mathrm{d}x}{6EI_z}(2l + 3x) \quad (\searrow)$$

$$y_{Ci} = y_D + \theta_D(a - x) = \frac{qx^2\,\mathrm{d}x}{3EI_z}(l + x) + \frac{qx\,\mathrm{d}x}{6EI_z}(2l + 3x)(a - x) \quad (\downarrow)$$

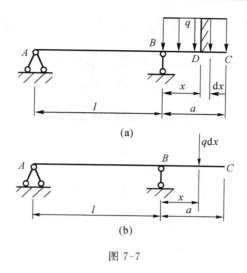

图 7-7

在整个外伸梁 BC 段上作用的分布荷载,可看成由无数个微外荷载 $q\mathrm{d}x$ 作用的叠加,则由积分可得 C 截面的转角和挠度:

$$\theta_C = \sum \theta_{Ci} = \int_0^a \frac{qx}{6EI_z}(2l+3x)\mathrm{d}x = \frac{qa^2}{6EI_z}(l+a) \quad (\downarrow)$$

$$y_C = \sum y_{Ci} = \int_0^a \frac{qx}{6EI_z}(2la+3ax-x^2)\mathrm{d}x = \frac{qa^3}{24EI_z}(4l+3a) \quad (\downarrow)$$

7.5　梁的刚度条件与校核

在工程中,根据强度条件设计梁以后,为了保证梁有足够的刚度,往往还需要对梁进行刚度校核,限制梁的最大转角和最大挠度。梁的刚度条件为

$$y_{\max} \leqslant [f] \tag{7-10a}$$

$$\theta_{\max} \leqslant [\theta] \tag{7-10b}$$

式中: $y_{\max}$、$\theta_{\max}$ 分别为梁的最大挠度和最大转角;$[f]$、$[\theta]$ 分别为许可挠度和许可转角,可以在有关设计规范中查得。

在土木建筑工程中,梁的强度条件通常采用最大挠度 $y_{\max}$ 与跨度 l 之比应限制在许可挠跨比 $\left[\dfrac{f}{l}\right]$ 范围之内

$$\frac{y_{\max}}{l} \leqslant \left[\frac{f}{l}\right] \tag{7-11}$$

梁的许可挠跨比有关规范一般规定在 $\dfrac{1}{200} \sim \dfrac{1}{1000}$ 之间。

梁的强度条件和刚度条件必须同时满足。一般情况下梁的强度条件常常起到控制作用,由强度条件设计的梁,大多数都能满足刚度条件。所以,在梁的设计过程中,一般先由强度条件选择梁的截面,然后再校核刚度。

例 7-6　如图 7-8 所示梁为一悬臂梁,已知梁上的分布荷载集度为 $q=60\mathrm{kN/m}$,梁的抗

弯刚度 $EI_z = 2.2 \times 10^4 \mathrm{kN \cdot m}$，梁的许可挠度比 $\left[\dfrac{f}{l}\right] = \dfrac{1}{300}$，试对梁的刚度进行校核。

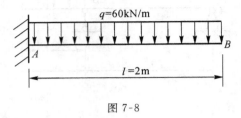

图 7-8

解　求梁的最大挠度。梁的最大挠度发生在自由端，查表 7-4 可得

$$y_B = \frac{ql^4}{8EI} \quad (\downarrow)$$

校核梁的刚度。由于梁的跨度比为

$$\frac{y_B}{l} = \frac{ql^3}{8EI_z} = \frac{60 \times 10^3 \times 2^3}{8 \times 2.2 \times 10^4 \times 10^3} = 2.73 \times 10^{-3} \leqslant \left[\frac{f}{l}\right] = \frac{1}{300} = 3.33 \times 10^{-3}$$

所以该梁满足刚度条件。

7.6　简单超静定梁的计算

在前面几章所讨论的杆件的拉压、扭转以及梁的弯曲问题中，其约束反力或杆件截面内力都可以通过静力平衡方程求解。这类问题称为 **静定问题**（statically determinate prolbem）。例如，图 7-9(a)和图 7-10(a)所示的悬臂梁和简支梁就属于静定梁。如果构件的约束反力或截面的内力不能仅仅用静力平衡方程全部求出，这类问题称为 **超静定问题**（statically indeterminate problem）。例如，图 7-9(b)所示和图 7-10(b)所示的在悬臂梁自由端增加一个活动铰支座和在简支梁的跨间增加两个活动铰支座的情形，这时作用在梁上的未知约束反力分别共有 4 个（图 7-9(b)所示）和 5 个（图 7-10(b)所示），而对该两梁分别只能列出 3 个相互独立的静力平衡方程，不能求出所有的约束反力，因此，该两梁都为超静定梁。

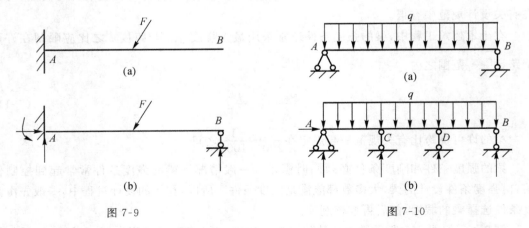

图 7-9　　　　　　　　　　　　　　图 7-10

在超静定梁中有的约束对于维持结构的平衡状态来说是多余的,习惯上称为**多余约束**(redundant constrain)。与多余约束对应的约束反力称为**多余约束反力**(redundant constrain force)。在超静定结构中,未知约束反力的数目与可列出的独立静力平衡方程的数目之差,称为**超静定次数**(degree of statically indeterminate problem)。例如,图 7-9(b)所示超静定梁,有四个未知的约束反力,而图 7-10(b)所示的超静定梁,则有五个未知的约束反力,因此它们分别为一次超静定梁和两次超静定梁。超静定的次数与多余约束反力的个数相同,即有几多余约束反力就有几次超静定。

为了求解超静定结构的全部未知的约束反力,很显然除了静力平衡方程以外,还要寻求补充方程,而且补充方程的数还应等于未知反力的数目。

在超静定结构中,由于存在着多余约束,构件的变形必然存在着一定的限制条件,这种条件称为变形协调条件,由此得到的方程称为**变形协调方程**(compatibility equation of deformation)。由虎克定律可知,当应力不超过比例极限时,应力与应变成正比,于是可得满足虎克定律的物理方程,再将物理方程代入变形协调方程,即可得到补充方程。将补充方程和静力平衡方程联立求解,即可以求出全部的未知约束反力。

在求解超静定问题时,可以假想地将某些多余约束解除,用相应的约束反力来代替,由此得到一个作用有荷载和未知的多余约束反力的静定结构,称为基本结构。基本结构在未知多余约束反力作用处的变形应当满足原超静定结构的约束条件,即变形协调条件。将物理方程代入变形协调方程,即可得补充方程。

例 7-7　图 7-11(a)所示为一次超静定悬臂梁。已知梁上分布荷载集度为 q,抗弯刚度为 EI_z,梁的长度为 l。试求梁固定端的约束反力。

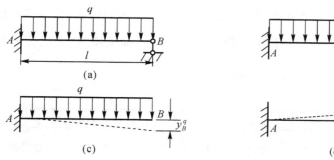
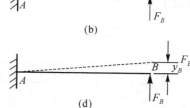

图 7-11

解　取多余约束,建立基本结构。现取 B 端支座为多余约束,用未知约束反力 F_B 来代替,建立基本结构,如图 7-11(b)所示。

建立补充方程——变形协调方程。根据叠加原理,将作用在基本结构上的分布荷载 q 和未知约束反力 F_B 分解成如图 7-11(c)图 7-11(d)的叠加,则有

$$y_B = y_B^q + y_B^{F_B} \tag{a}$$

式中,y_B^q 和 $y_B^{F_B}$ 分别表示在分布荷载 q 和未知约束反力 F_B 单独作用于基本结构时,在 B 端引起的竖向位移。由于基本结构的变形必须与原结构的变形相同,又已知 B 支座的边界条件 $y_B=0$,则有边形协调方程

$$y_B^q + y_B^{F_B} = 0 \tag{b}$$

求解未知约束反力 F_B。查表 7-4,可得

$$y_B^q = \frac{ql^4}{8EI_z}, y_{B}^{F_B} = -\frac{F_B l^3}{3EI_z} \quad (c)$$

将式(c)代入(b)式解得

$$F_B = \frac{3ql}{8}$$

求固定端的未知约束反力。由于已经求出 B 支座的未知约束反力 F_B,即可以按图 7-11(b)基本结构图,由静力平衡方程求出固定端的未知约束反力 F_{Ax}、F_{Ay}、M_A,其值为

$$F_{Ax} = 0, F_{Ay} = \frac{5ql}{8}, M_A = \frac{ql^2}{8}$$

四个未知约束反力求出来以后,按照第 5 章作梁的内力图的方法可以画出该超静定梁的剪力图和弯矩图。建议读者自行画出该超静定梁的剪力图和弯矩图。

7.7　提高抗弯刚度的措施

从梁的挠曲线微分方程不难看出,梁的弯曲变形的大小与弯矩的大小、跨度长短、支座条件和梁的抗弯刚度有关,因此,提高梁的刚度的措施要从以下几方面着手。

7.7.1　改善梁的结构形式

梁的变形与其跨度的 n 次幂成正比。设法减小梁的跨度 l,将会有效地减小梁的变形,从而提高其刚度。在结构构造允许的情况下,可采用两种办法减小跨度值。

(1) 增加中间支座,使梁成为超静定结构。如图 7-12(a)所示简支梁,跨中的最大挠度为 $f_a = \frac{5ql^4}{384EI}$;图 7-12(b)所示为在简支梁跨中增加一个活动支座,使之成为一次超静定梁。经过计算,此时梁的最大挠度 f_b 约为原梁的 $\frac{1}{38}$。

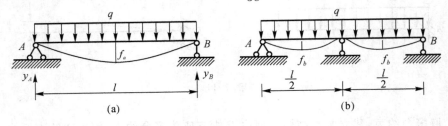

图 7-12

(2) 两端支座内移。如图 7-13 所示,将简支梁的支座向中间移动使之变成外伸梁,一方面减小了梁的跨度,从而减小梁跨中的最大挠度;另一方面在梁外伸部分的荷载作用下,使梁跨中产生向上的挠度(图 7-13(c)),从而使梁中段在荷载作用下产生的向下的挠度被抵消一部分,从而减小了梁跨中的最大挠度值。

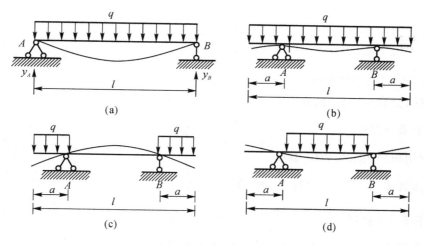

图 7-13

7.7.2　改善荷载的作用和选择合理截面

（1）改善荷载的作用。在结构允许的情况下，合理地调整荷载的位置及分布情况，以降低弯矩，从而减小梁的变形，提高其刚度。如图 7-14 所示，将集中力分散作用，甚至改为分布荷载，则弯矩降低，从而梁的变形减小、刚度提高。

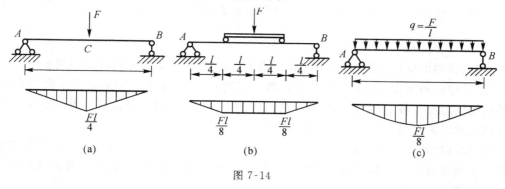

图 7-14

（2）增大梁的抗弯刚度 EI_z。梁的变形与梁的抗弯刚度 EI_z 成反比，增大梁的抗弯刚度 EI_z 将使梁的变形减小，从而提高其刚度。增大梁的 EI_z 值主要是设法增大梁截面的惯性矩 I_z 值，一般不采用增大 E 值的方法。在截面面积不变的情况下，采用合理的截面形状，即采用材料尽量远离中性轴的截面形状，比如采用工字形、箱形、圆环形等截面，可显著提高截面的惯性矩。

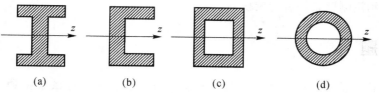

图 7-15

小 结

1. 本章学习的主要内容。

(1)梁的变形——转角、挠度

挠曲线微分方程
$$y'' = -\frac{M(x)}{EI_z}$$

(2)利用积分法求梁的位移

梁截面转角
$$EI_z \frac{\mathrm{d}y}{\mathrm{d}x} = EI_z\theta = \int -M(x)\mathrm{d}x + C$$

梁截面形心的挠曲线 $EI_z y = \int[\int -M(x)\mathrm{d}x]\mathrm{d}x + Cx + D$

积分常数 C、D 可以由边界条件和梁的光滑连续条件确定。

需要注意的是:挠曲线微分方程、利用积分法求梁的位移都是建立在线弹性和小变形的假设基础之上,所以,只适用于梁的线弹性和小变形范围。

(3)利用叠加法求梁的位移。在求几种或几个荷载同时作用在梁上的位移时,首先,分解成几种或几个单一荷载作用在梁上的情形;其次,根据已知的表 7-4,分别查出并计算所要求截面的转角和挠度;最后,将单一或单种荷载作用下的所要求截面的转角和挠度分别进行代数叠加。这种方法用来计算某些特定截面的转角和挠度特别方便。

(4)梁的刚度条件。在土木工程中,梁的刚度条件为

$$\frac{y_{\max}}{l} \leqslant \left[\frac{f}{l}\right]$$

注意:在梁的设计过程中,一般首先按强度进行设计,然后校核设计梁的刚度。

(5)简单超静定梁的计算。在计算超静定结构时,一般首先拆除梁上的多余约束,用未知的约束反力来代替,使之转化成基本结构;利用变形协调条件,可以写出变形协调方程(补充方程);求出未知的多余约束反力和所有的约束反力。

(6)提高抗弯刚度的措施。梁的弯曲变形的大小与弯矩的大小、跨度长短、支座条件和梁的抗弯刚度有关。提高梁的刚度的措施要从改善梁的结构形式、改善荷载的作用和选择合理截面等方面入手。

2. 重点和难点

(1)掌握简单梁变形的积分法和利用叠加法求不同荷载(类型荷)作用下的梁的位移。积分法中的积分常数的确定往往是初学者难以理解和掌握的难点,务必引起注意。

(2)计算简单超静定梁的约束反力。求解超静定问题,关键是正确写出变形协调条件,从而列出变形方程。

(3)正确利用刚度条件进行校核。

思 考 题

7-1   为什么说梁挠曲线微分方程为近似微分方程? 用积分法求梁的变形时,如何确定积分常数? 其物理意义是什么?

7-2　挠度和转角的符号是怎么规定的？最大挠度所在的截面转角一定为零吗？

7-3　建立挠曲线微分方程时的分段原则是什么？它与建立内力方程时的分段原则是否相同？

7-4　什么是求梁变形的叠加法？为什么可以用叠加法？

7-5　静定梁与超静定梁的区别是什么？求解超静定梁的方法是什么？

7-6　在梁的设计过程中，通常是按什么步骤进行的？在土木工程中梁的刚度条件是什么？

习　题

7-1　利用积分法求题 7-1 图所示梁的 B 截面的转角和最大挠度。已知梁的抗弯刚度为 EI_z。

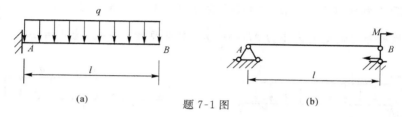

题 7-1 图

7-2　利用积分法求题 7-2 图所示外伸梁自由端的转角和挠度。已知梁的抗弯刚度为 EI_z。

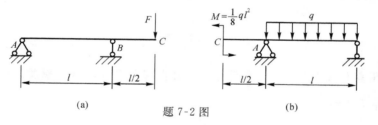

题 7-2 图

7-3　试画出题 7-3 图所示各梁的挠曲线的大致形状。

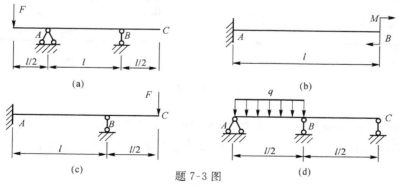

题 7-3 图

7-4　题 7-4 图所示各梁，在利用积分法求位移时，应该分成几段来列挠曲线微分方程？试写出各梁的位移边界条件和光滑连续条件。

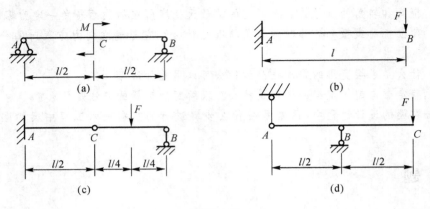

题 7-4 图

7-5 利用叠加法求题 7-5 图所示梁端截面 B 的转角和跨中截面的挠度。已知梁的抗弯刚度 EI_z，集中外力偶矩的大小为 $M_A = \frac{1}{8}ql^2$，转向见图，集中力为 $F = 2ql$。

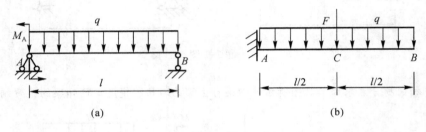

题 7-5 图

7-6 利用叠加法求题 7-6 图所示外伸梁自由端截面的转角和挠度。已知梁的抗弯刚度为 EI_z，集中力 $F = \frac{1}{4}ql$。

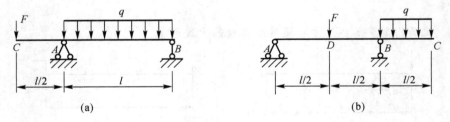

题 7-6 图

7-7 题 7-7 图所示为变截面悬臂梁，在 CB 段作用均布荷载 q，已知 CB、AB 梁段的抗弯刚度为 $EI_{z2} = EI_{z1}$，试分别用积分法和叠加法求自由端的转角和挠度。

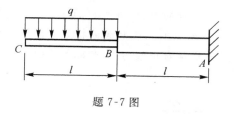

题 7-7 图

7-8　题 7-8 图所示为一简支梁。已知抗弯刚度 $EI_z = 5 \times 10^4 \, \text{kN} \cdot \text{m}^2$，梁的许可挠度比 $\left[\dfrac{y}{l}\right] = \dfrac{1}{250}$，集中力 $F = 30\text{kN}$。试问该梁的刚度是否足够？

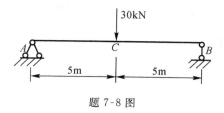

题 7-8 图

7-9　一松木桁条，横截面为圆形，两端可视为简支。已知松木桁条跨度 $l = 4\text{m}$，作用均布荷载 $q = 2.0\text{kN/m}$，松木的许可应力 $[\sigma] = 10\text{MPa}$，$E = 10^4 \, \text{MPa}$，许可挠度比 $\left[\dfrac{y}{l}\right] = \dfrac{1}{200}$。试求梁横截面所需要的直径（松木桁条视作圆截面等直杆）。

7-10　题 7-10 图所示为一工字钢悬臂梁。已知该梁由两根槽钢组成，梁的长度 $l = 3\text{m}$，许可应力 $[\sigma] = 120\text{MPa}$，弹性模量 $E = 210\text{GPa}$，许可挠度比 $\left[\dfrac{y}{l}\right] = \dfrac{1}{500}$，试选择槽钢的型号。

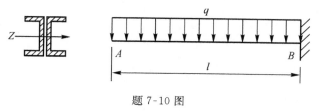

题 7-10 图

7-11　试求题 7-11 图所示超静定梁的支座约束反力。

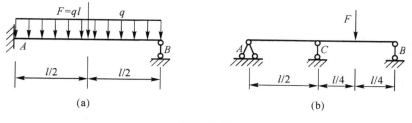

(a)　　　　　　　　　　　　　　(b)

题 7-11 图

7-12　在题 7-12 图所示结构中，已知横梁的抗弯刚度为 EI_z，竖杆的抗拉刚度为 EA，

梁上均布荷载为 q，试求结构中竖杆的内力，并画出 AB 梁的内力图。

7-13 题 7-13 图所示为一悬臂梁。已知梁的抗弯刚度 $EI_z = 450 \text{kN} \cdot \text{m}^2$，在自由端作用一集中力 $F = 10 \text{kN}$。如果悬臂梁自由端与 B 支座之间的距离为 1mm，试求 A、B 支座的约束反力。

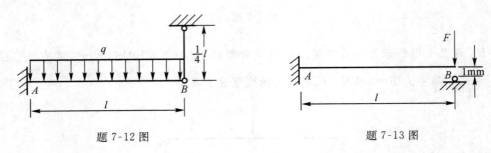

题 7-12 图   题 7-13 图

第8章　应力状态分析与强度理论

【学习导航】

本章主要研究构件内任一点处不同方位的应力变化规律和构件危险点在复杂应力状态下的强度条件。

【学习要点】

1. 明确一点应力状态、主应力与主平面、最大切应力与所在平面等概念,熟练掌握从构件中截取单元体的方法。

2. 掌握利用解析法和图解法分析计算平面应力状态下任意截面上的应力、主应力,并确定对应的主平面方位。

3. 了解平面应力状态的分析方法和有关主应力、主平面等的重要结论。

4. 了解三向应力状态与广义虎克定理及其应用。

5. 了解三向应力状态下的变形比能、形状改变比能和体积改变比能的主要结论。

6. 了解四个强度理论的基本观点和与之相应的强度条件和应用范围。

7. 熟练运用强度理论进行强度计算。

【学习难点】

1. 在应用解析法计算任意截面的应力时,如何正确选择原始单元体和计算出相应截面上的正应力、切应力。

2. 在应用解析法计算主平面时,如何正确计算第一主平面和第二主平面的方位角 α_1、α_2。

3. 如何正确确定复杂应力状态下的危险点,并进行强度校核计算。

8.1　应力状态的概念

在前面几章中,已经介绍了构件在拉压、扭转和弯曲等基本变形时,横截面上的应力分布规律,并由此建立了强度条件:

$$\sigma_{max} \leqslant [\sigma], \quad \tau_{max} \leqslant [\tau]$$

然而,由于构件组成的材料不同,在不同荷载作用下,其破坏面并不都发生在横截面的某一点上。为此,需要对构件某一点的应力情况有一个全面的了解,从而提出新的强度条件(强度理论)。

8.1.1 点的应力状态的概念

一般来说,受力构件的某点处不同方位的截面上,其应力是不相同的。通常把构件某点处不同方位截面上的应力的集合,称为该点的**应力状态**(state of stress at a point)。

在前面几章中,其实已经确定了受力构件某点特殊截面的应力。例如,图 8-1(a)所示的受轴向拉压的构件,在其内部围绕某一点取出一单元体,若单元体的左右侧面是拉压构件的横截面,其余 4 个面均与轴线平行,则此时各截面上的应力情况如图 8-1(b)所示。如图 8-2(a)所示的受扭圆轴,在围绕着 A 点截取出一单元体,若单元体的左右两个侧面是圆轴的横截面,前后侧面与圆周的切平面平行,上下两个侧面与轴线平行,则单元体上各截面的应力情况由图 8-2(b)所示。如图 8-3(a)所示的横力弯曲梁段,若在梁横截面上围绕着 1、2、3 点挖出三个单元体,则由于 1 点的处横截面上的切应力为零,只有正应力,其单元体的应力情况由图 8-3(b)所示;2 点处的横截面上既有正应力又有切应力,其单元体的应力情况由图 8-3(c)所示;3 点处在梁的中性轴上,其横截面上只有切应力,而无正应力,单元体的应力情况由图 8-3(d)所示。

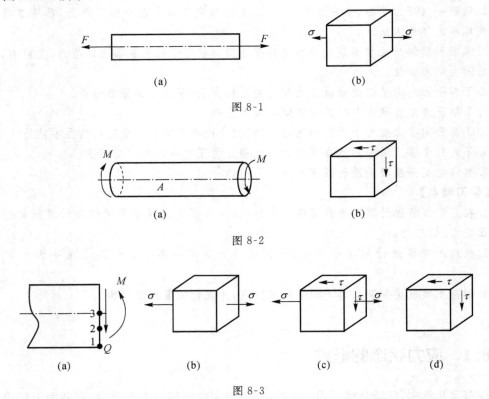

(a)　　　　　　　　　(b)

图 8-1

(a)　　　　　　　　　(b)

图 8-2

(a)　　　　　　(b)　　　　　　(c)　　　　　　(d)

图 8-3

由以上三种情况相关点的应力情况还可知道,取不同的构件、不同的点,其应力状态是不一样的。经过分析可知,即使同一点,不同的截面方位,其应力的大小也是不一样的。应力状态分析就是要找出哪个截面方位的正应力最大,哪个截面方位的切应力最大,由此提出构件的强度计算(即强度理论)。其次,一些构件的破坏现象也需要通过点的应力状态分析才能解释其破坏的原因。如铸铁构件的压缩和扭转构件的破坏都是发生在斜截面上,这些破坏现象都与斜截面上的应力有着密切的关系。另外,在测定构件的实验应力分析中及其他力学学科中,都要广泛应用到应力状态分析和强度理论,正由于这个原因,所以要对构件进行应力状态分析。

研究构件中的一点处的应力状态,是通过围绕该点截取一正六面体——单元体来展开的。单元体的尺寸可以无限小,因此,各个侧面上的应力可以看成是均匀分布的,并认为相对两侧面上的应力大小相等,而方向相反。从所截取的单元体出发,根据各侧面的已知应力,并借助于截面法和静力平衡条件,求出通过该单元体的各个截面的应力,进而确定出最大正应力和最大切应力等,这就是研究一点的应力状态的基本方法。

8.1.2　主应力与主平面的概念

从受力构件内某一点取出的单元体,一般来说,在该单元体的各个截面上既有正应力又有切应力。为了分析构件上某单元体在荷载作用下的应力沿各截面方位的变化,可以选取不同的坐标系来表达同一点的应力状态,而且可以证明总可以找到一个坐标系,使得在该坐标系下切应力为零,因而可以只用三个正应力来完全表达该点的应力状态。此时,三个正应力称为**主应力**(principal stress),该空间坐标系的坐标轴称为该点应力状态的三个主应力方向。和三个主应力方向垂直的面称为**三个主平面**(principal plane)。值得注意的是:1)根据切应力互等定理,单元体上某个面的切应力为零时,与之垂直的另外两个面的切应力也同时为零,故三个主平面是相互垂直的。2)通常主应力用 σ_1、σ_2、σ_3 来表示,并按代数值的大小来排列,最大值用 σ_1 来表示,最小值用 σ_3 来表示。

根据点的应力状态中主应力不为零的数目,将应力状态分为三类:

(1)如果三个主应力中只有一个主应力不为零,而其他两个主应力均为零,则称该应力状态为**单向应力状态**(one dimensional state of stress),如图 8-4(a)所示。

(2)如果三个主应力中有两个主应力不为零,只有一个主应力为零,则称该应力状态为**平面应力状态**(plane state of stress),如图 8-4(b)所示。

(3)如果三个主应力均不为零,则称该应力状态为**三向应力状态**(three-dimensional state of stress),也称空间应力状态,如图 8-4(c)所示。

单向应力状态也称简单应力状态,二向、三向应力状态也称复杂应力状态。

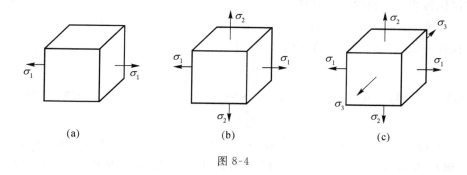

图 8-4

8.2 平面应力状态分析——解析法

平面应力状态下的一单元体,如图 8-5(a)所示,在法线为 z 轴的截面上没有应力。为了绘图简单,通常平面应力状态的单元体在 z 方向的厚度就不在纸面上画出来了,受力情况表示成如图 8-5(b)所示的平面图形。平面应力状态的应力是 σ_x、σ_y、τ_x 和 τ_y,其中 $\tau_x = -\tau_y$。应力脚标 x 和 y 表示其作用面的法线方向与 x 和 y 轴同向。在平面应力状态下正应力和切应力正负号的规定:正应力受拉时为正,反之为负;切应力当对单元体内任意一点取矩为顺时针转动时为正,反之为负。

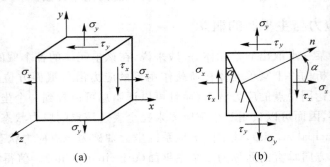

图 8-5

8.2.1 任意斜截面上的应力

下面根据单元体上已经知道的应力来确定任一斜截面上的未知应力,从而找出在该点处主应力和主平面所在的位置。设任一斜截面的外法线 n 与 x 轴的夹角为 α(α 自正 x 轴起,转到斜截面外法线 n 止,以逆时针转为正,反之为负),如图 8-5(b)所示。在 α 截面上的应力分别用 σ_α、τ_α 来表示,并取出 α 截面下部分为隔离体进行分析,如图 8-6 所示。

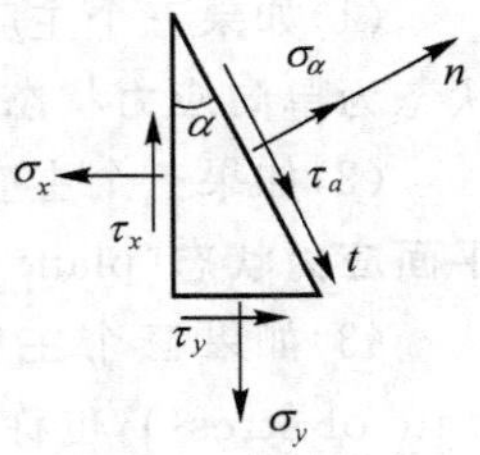

图 8-6

现在假设 σ_α、τ_α 正向(如图 8-6 所示),斜截面的面积记为 A_α,那么三棱柱另两个侧面的面积分别是

$$A_x = A_\alpha \cos\alpha, \quad A_y = A_\alpha \sin\alpha$$

考虑三棱柱在法线 n 和切线 τ 方向的平衡条件

$$\sum F_n = 0$$

$$\sigma_\alpha A_\alpha - (\sigma_x A_\alpha \cos\alpha)\cos\alpha - (\sigma_y A_\alpha \sin\alpha)\sin\alpha + (\tau_x A_\alpha \cos\alpha)\sin\alpha + (\tau_y \sin\alpha)\cos\alpha = 0$$

$$\sum F_t = 0$$

$$\tau_\alpha A_\alpha - (\sigma_x A_\alpha \cos\alpha)\sin\alpha + (\sigma_y A_\alpha \sin\alpha)\cos\alpha - (\tau_x A_\alpha \cos\alpha)\cos\alpha + (\tau_y A_\alpha \sin\alpha)\sin\alpha = 0$$

由于 τ_x 和 τ_y 数值相等(指向已经在以上两式中考虑过),以及利用三角关系 $\cos^2\alpha = \dfrac{1+\cos 2\alpha}{2}$,$\sin^2\alpha = \dfrac{1-\cos 2\alpha}{2}$,$2\sin\alpha\cos\alpha = \sin 2\alpha$,则经过整理得

$$\sigma_\alpha = \frac{\sigma_x + \sigma_y}{2} + \frac{\sigma_x - \sigma_y}{2}\cos2\alpha - \tau_x\sin2\alpha \tag{8-1}$$

$$\tau_\alpha = \frac{\sigma_x - \sigma_y}{2}\sin2\alpha + \tau_x\cos2\alpha \tag{8-2}$$

以上两式就是平面应力状态下任一斜截面上的正应力 σ_α 和切应力 τ_α 的解析计算公式。正应力 σ_α 和切应力 τ_α 的正负号与前相同,即拉应力为正,压应力为负;τ_α 对单元体内任一点之矩的转向为顺时针时为正,反之为负。

如另外取一斜截面 $\beta = 90° + \alpha$,则由以上式(8-1)和式(8-2)可得 β 截面的正应力 σ_β 和切应力 τ_β 计算公式

$$\sigma_\beta = \frac{\sigma_x + \sigma_y}{2} - \frac{\sigma_x - \sigma_y}{2}\cos2\alpha + \tau_x\sin2\alpha \tag{8-3}$$

$$\tau_\beta = -\left(\frac{\sigma_x - \sigma_y}{2}\sin2\alpha + \tau_x\cos2\alpha\right) \tag{8-4}$$

将 σ_α 和 σ_β 相加得

$$\sigma_\alpha + \sigma_\beta = \sigma_x + \sigma_y \tag{8-5}$$

由此可知,任意两个相互垂直的截面上的正应力之和保持不变。

8.2.2　主应力、主平面、主切应力

现在来确定单元体上的主应力、主平面与主切应力。由式(8-1)和式(8-2)可知,当 α 角从 $0°$ 到 $180°$ 变化时,其正应力和切应力值也随之改变。正应力的最大值和最小值的位置可用令导数 $\dfrac{\mathrm{d}\sigma_\alpha}{\mathrm{d}\alpha} = 0$,然后求解出 α,再代回原式来确定。由式(8-1)求导数,并令导数值等于零得

$$\frac{\mathrm{d}\sigma_\alpha}{\mathrm{d}\alpha} = -(\sigma_x - \sigma_y)\sin2\alpha - 2\tau_x\cos2\alpha = 0$$

则有

$$\left(\frac{\sigma_x - \sigma_y}{2}\right)\sin2\alpha + \tau_x\cos2\alpha = 0 \tag{8-6}$$

由式(8-2)和式(8-6)比较可知,斜截面上的最大和最小正应力正好发生在切应力为零的截面,即在主平面上,因此,斜截面上的最大和最小正应力恰好是两个主平面上的主应力 σ_1、σ_2。

由式(8-6)可以求得 σ_α 达到极限值的 α 值,现用 α_0 代替 α,则得

$$\tan2\alpha_0 = -\frac{2\tau_x}{\sigma_x - \sigma_y} \tag{8-7}$$

或

$$2\alpha_0 = \arctan\left(\frac{-2\tau_x}{\sigma_x - \sigma_y}\right) \tag{8-8}$$

式中,α_0 表示主平面的法向与 x 轴的夹角(α_0 角以逆时针转为正,反之为负)。从式(8-7)或式(8-8)所得到的 $2\alpha_0$ 有两个相差 $180°$ 的值,其中第一个值位于 $0°$ 和 $180°$ 之间,另一个位于 $180°$ 和 $360°$ 之间。从而 α_0 的两个值可以求出来:一个值位于 $0°$ 和 $90°$ 之间,另一个位于 $90°$ 和 $180°$ 之间。两个 α_0 中的一个值,对应的正应力为极大值 σ_{max},而另一个对应的正应力则

为极小值 $\sigma_{\min}$。这两个主应力发生在相互垂直的截面上。

利用下列三角关系：$\cos2\alpha_0 = \pm\dfrac{1}{\sqrt{1+\tan^2 2\alpha_0}}$，$\sin2\alpha_0 = \pm\dfrac{\tan2\alpha_0}{\sqrt{1+\tan^2 2\alpha_0}}$，将式(8-7)代入，可得

$$\cos2\alpha_0 = \pm\frac{\sigma_x-\sigma_y}{\sqrt{(\sigma_x-\sigma_y)^2+4\tau_x^2}} \tag{a}$$

$$\sin2\alpha_0 = \pm\frac{2\tau_x^2}{\sqrt{(\sigma_x-\sigma_y)^2+4\tau_x^2}} \tag{b}$$

将以上两式代入(8-1)式，得

$$\sigma_{1,2} = \frac{\sigma_x+\sigma_y}{2} \pm \sqrt{\left(\frac{\sigma_x-\sigma_y}{2}\right)^2+\tau_x^2} \tag{8-9}$$

式中，根号前取"+"时得主应力 σ_1，取"−"时得主应力 σ_2。

至于由式(8-7)解得的两个 α_0 值中，哪一个是 σ_1 作用面所对应的方位角(用 α_1 表示)，哪一个是 σ_2 作用面所对应的方位角(用 α_2 表示)，可以按照以下规则来判定：

(1)若 $\sigma_x > \sigma_y$，则 $|\alpha_1| < 45°$；

(2)若 $\sigma_x < \sigma_y$，则 $|\alpha_1| > 45°$；

(3)若 $\sigma_x = \sigma_y$，则当 $\tau_x > 0$ 时，$\alpha_1 = -45°$；当 $\tau_x < 0$ 时，$\alpha_1 = +45°$。

以上判定规则在 8.3 节的应力圆中将会得到很直观的说明。求得 α_1 后，自然 α_2 也就求得了：

$$\alpha_2 = \alpha_1 + 90° \tag{8-10}$$

现在来确定最大切应力和它所作用的平面。对式(8-2)求导数 $\dfrac{\mathrm{d}\tau_\alpha}{\mathrm{d}\alpha}$，并令其等于零，求得

$$\frac{\mathrm{d}\tau_\alpha}{\mathrm{d}\alpha} = (\sigma_x-\sigma_y)\cos2\alpha - 2\tau_x\sin2\alpha = 0 \tag{8-11}$$

由式(8-11)，并用 α_τ 来代替 α，可得

$$\tan2\alpha_\tau = \frac{\sigma_x-\sigma_y}{2\tau_x} \tag{8-12}$$

式中 α_τ 表示最大切应力平面对应的角。由式(8-12)也可以求出相差 90°两个角(即两个截面)，其中一个角(截面)上作用的是切应力的极大值，以 $\tau_{\max}$ 来表示，另一个角上作用的是极小值，以 $\tau_{\min}$ 表示。值得说明的是：切应力的极大值与极小值的绝对值是相等的。切应力的极值也称为主切应力。

将式(8-12)代入式三角关系：$\cos2\alpha_\tau = \pm\dfrac{1}{\sqrt{1+\tan^2 2\alpha_\tau}}$，$\sin2\alpha_\tau = \pm\dfrac{\tan2\alpha_\tau}{\sqrt{1+\tan^2 2\alpha_\tau}}$，然后，再回代到式(8-2)，即可求得 $\tau_{\max}$ 和 $\tau_{\min}$ 为

$$\tau_{\max,\min} = \pm\sqrt{\left(\frac{\sigma_x-\sigma_y}{2}\right)^2+\tau_x^2} \tag{8-13}$$

将式(8-9)中的 σ_1 和 σ_2 相减，可看出最大切应力为

$$\tau_{\max} = \frac{\sigma_1-\sigma_2}{2} \tag{8-14}$$

即最大切应力等于两个主应力之差的一半。

比较式(8-7)和式(8-12),则有

$$\tan 2\alpha_0 \cdot \tan 2\alpha_\tau = -1$$

因此可知,$2\alpha_0$ 与 $2\alpha_\tau$ 相差 90°,即 α_0 与 α_τ 相差 45°,于是有

$$\left. \begin{matrix} \alpha_{\tau 1} \\ \alpha_{\tau 2} \end{matrix} \right\} = \alpha_1 \pm 45° \tag{8-15}$$

式中 $\alpha_{\tau 1}$ 和 $\alpha_{\tau 2}$ 分别表示 τ_{max} 和 τ_{min} 作用面的方位角。上式也表明主切应力的作用面与主应力的作用面成 45°的夹角。

例 8-1　试计算图 8-7 所示单元体上指定截面的应力,并求出主应力及方向。已知 $\sigma_x = 80\mathrm{MPa}$,$\sigma_y = -40\mathrm{MPa}$,$\tau_x = -60\mathrm{MPa}$,$\alpha = 30°$。

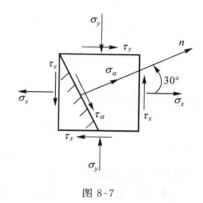

图 8-7

解　求斜截面上的正应力和切应力。将 $\sigma_x = 80\mathrm{MPa}$,$\sigma_y = -40\mathrm{MPa}$,$\tau_x = -60\mathrm{MPa}$ 和 $\alpha = 30°$ 代入式(8-1),(8-2)得

$$\begin{aligned}\sigma_{30°} &= \frac{\sigma_x + \sigma_y}{2} + \frac{\sigma_x - \sigma_y}{2}\cos 2\alpha - \tau_x \sin 2\alpha \\ &= \frac{80 + (-40)}{2} + \frac{80 - (-40)}{2}\cos(2\times 30°) - \\ &\quad (-60)\sin(2\times 30°) = 101.96(\mathrm{MPa})\end{aligned}$$

$$\begin{aligned}\tau_{30°} &= \frac{\sigma_x - \sigma_y}{2}\sin 2\alpha + \tau_x \sin 2\alpha \\ &= \frac{80 - (-40)}{2}\sin(2\times 30°) + (-60)\sin(2\times 30°) = 21.96(\mathrm{MPa})\end{aligned}$$

求主平面与主应力。先确定主平面的方位,根据式(8-7),将已知应力代入得

$$\tan 2\alpha_0 = -\frac{2\tau_x}{\sigma_x - \sigma_y} = -\frac{2\times(-60)}{80 - (-40)} = 1$$

$2\alpha_1 = 45°$,$\alpha_1 = 22.5°$;$2\alpha_2 = 45° + 180°$,$\alpha_2 = 22.5° + 90° = 112.5°$,$\alpha_1 = 22.5°$为最大主应力 σ_1 与 x 轴的夹角,$\alpha_2 = 112.5°$为最小主应力 σ_2 与 x 轴的夹角。

将已知应力代式(8-9)得主应力为

$$\begin{aligned}\sigma_{1,2} &= \frac{\sigma_x + \sigma_y}{2} \pm \sqrt{\left(\frac{\sigma_x - \sigma_y}{2}\right)^2 + \tau_x^2} = \frac{80 + (-40)}{2} \pm \sqrt{\left[\frac{80 - (-40)}{2}\right]^2 + (-60)^2} \\ &= 20 \pm 84.85(\mathrm{MPa})\end{aligned}$$

即 $\sigma_1 = 104.85(\mathrm{MPa})$;$\sigma_2 = -64.85(\mathrm{MPa})$。

例 8-2　图 8-8(a)所示为一单元体。已知 $\sigma_x = 20\mathrm{MPa}$,$\sigma_y = -10\mathrm{MPa}$,$\tau_x = 10\mathrm{MPa}$,试求:主应力值和主应力作用面的方位角;求最大切应力和所在截面的方位角。

解　求主应力。根据式(8-9)得

$$\sigma_{1,2} = \frac{\sigma_x + \sigma_y}{2} \pm \sqrt{\left(\frac{\sigma_x - \sigma_y}{2}\right)^2 + \tau_x^2} = \frac{20 - 10}{2} \pm \sqrt{\left[\frac{20 - (-10)}{2}\right]^2 + 20^2}$$

$$\sigma_1 = 30(\mathrm{MPa}) \qquad \sigma_2 = -20(\mathrm{MPa})$$

利用式(8-5)进行校核。

$$\sigma_1 + \sigma_2 = \sigma_x + \sigma_y$$

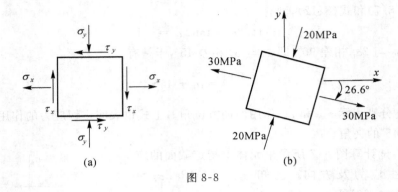

图 8-8

$$30 + (-20) = 20 + (-10)(\text{MPa})(\text{校核无误})$$

求主应力的方位。

$$\tan 2\alpha_0 = -\frac{2\tau_x}{\sigma_x - \sigma_y} = -\frac{2 \times 20}{20 - (-10)} = -\frac{4}{3}$$

$$\alpha_1 = -26.56°, \alpha_2 = -26.56° + 90° = 63.44°$$

相应的主应力状态的单元体如图 8-8(b)所示。

求最大切应力。根据式(8-14)

$$\tau_{\max,\min} = \pm \sqrt{\left(\frac{\sigma_x - \sigma_y}{2}\right)^2 + \tau_x^2} = \pm \sqrt{\left[\frac{20 - (-10)}{2}\right]^2 + 20^2}$$

$$\tau_{\max} = 25(\text{MPa}), \tau_{\min} = -25(\text{MPa})$$

校核最大切应力。由式(8-14)得

$$\tau_{\max} = \frac{\sigma_1 - \sigma_2}{2} = \frac{30 - (-20)}{2} = 25(\text{MPa})$$

求最大切应力的方位。根据式(8-12)得

$$\tan 2\alpha_\tau = \frac{\sigma_x - \sigma_y}{2\tau_x} = \frac{20 - (-10)}{2 \times 20} = \frac{3}{4}$$

$$\alpha_{\tau 1} = 18.44°, \alpha_{\tau 2} = 18.44° + 90° = 108.44°$$

相应最大切应力状态的单元体图(略画)。

例 8-3 图 8-9(a)所示的圆轴为铸铁材料制成,试分析该轴在扭转时其边缘点 K 的应力情况。

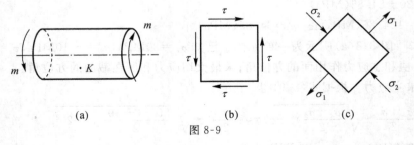

图 8-9

解 计算圆轴边缘点 K 的应力。圆轴扭转时,其横截面边缘处的切应力最大,其值为

$$\tau = \frac{T}{W_p}$$

式中：$T = m$；$W_n = \dfrac{\pi \cdot d^3}{16}$；$d$ 为圆轴的直径。

取轴边缘点 K 的单元体分析。由于单元体上各个面上的正应力均为零，如图 8-9(b) 所示，故有

$$\sigma_x = \sigma_y = 0, \tau_x = -\tau_y = -\tau$$

该单元体是属于纯剪状态。

计算主应力。将上述条件代入式(8-9)得

$$\sigma_{1,2} = \frac{\sigma_x + \sigma_y}{2} \pm \sqrt{(\frac{\sigma_x - \sigma_y}{2})^2 + \tau_x^2} = \pm \tau$$

即 $\sigma_1 = \tau, \sigma_2 = -\tau$

求主应力方位。根据式(8-7)得

$$\tan 2\alpha_0 = -\frac{2\tau_x}{\sigma_x - \sigma_y} = +\infty$$

因此有 $2\alpha_0 = 90°$ 或 $2\alpha_0 = 270°$，所以有 $\alpha_1 = 45°, \alpha_2 = 135°$。当 $\alpha_1 = 45°$ 时，对应主应力为 $\sigma_1 = \tau$；当 $\alpha_2 = 135°$ 时，对应的主应力为 $\sigma_2 = -\tau$。主平面的应力状态图如图 8-9(c) 所示。

圆轴在扭转时，表面上各点的主应力 σ_1 在主平面内连成倾斜角为 45° 的螺旋面。由于铸铁的抗拉强度低于抗压强度，所以构件将沿这一螺旋面因拉伸而发生断裂破坏。

8.3　平面应力状态分析——应力圆法

上节给出了关于平面应力状态下，任意斜截面上应力分量的数学表达式(解析法)，以及主应力、主平面、主切应力的确定方法。现在介绍一种工程界常用的几何学方法。

8.3.1　平面应力状态的应力圆法

已知单元体的 σ_x、σ_y，且 $\tau_x = -\tau_y$，则根据解析法，任意斜截面上的应力情况由式(8-1) 和式(8-2)可知

$$\sigma_\alpha = \frac{\sigma_x + \sigma_y}{2} + \frac{\sigma_x - \sigma_y}{2} \cos 2\alpha - \tau_x \sin 2\alpha$$

$$\tau_\alpha = \frac{\sigma_x - \sigma_y}{2} \sin 2\alpha + \tau_x \cos 2\alpha$$

为了消去 α，将上式改写为

$$\sigma_\alpha - \frac{\sigma_x - \sigma_y}{2} = \frac{\sigma_x - \sigma_y}{2} \cos 2\alpha - \tau_x \sin 2\alpha \tag{a}$$

$$\tau_\alpha = \frac{\sigma_x - \sigma_y}{2} \sin 2\alpha + \tau_x \cos 2\alpha \tag{b}$$

将(a)、(b)两式等号两边平方并相加，得

$$(\sigma_\alpha - \frac{\sigma_x - \sigma_y}{2})^2 + \tau_\alpha^2 = (\frac{\sigma_x - \sigma_y}{2})^2 + \tau_x^2 \tag{8-16}$$

因为，σ_x、σ_y、τ_x 是已知量，所以上式在以 σ 为横轴 τ 为纵轴的 σ-τ 平面上，它是一个以点 $[\frac{1}{2}(\sigma_x + \sigma_y), 0]$ 为中心，以 $\sqrt{[\frac{\sigma_x - \sigma_y}{2}]^2 + \tau_x^2}$ 为半径的圆。这个圆称为**应力圆**(stress circle)，有

时也称为**莫尔圆**(Mohr circle for stresses)。应力圆是德国学者莫尔(O. Mohr)于 1882 年首先提出。

　　现在把此圆的作法叙述如下：

　　设有一平面应力状态下的单元体，如图 8-10 所示，现要求 α 斜截面上的 σ_α、τ_α。为了用应力圆法求 α 斜截面上的 σ_α、τ_α，作一 $\sigma\tau$ 之坐标系。以横坐标表示 σ，向右为正；以纵坐标表示 τ，向上为正。根据图 8-10 所示的应力状态，按照应力的比例在横坐标上量取 $\overline{OA}=\sigma_x$，$\overline{OA'}=\sigma_y$。以同样的比例由 A、A' 两点分别量取 $\overline{AC}=\tau_x$，$\overline{A'C'}=\tau_y$。以 $\overline{AA'}$ 的中点 D 为圆心（这是由

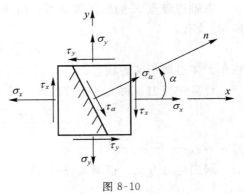

图 8-10

于 $\overline{OD}=\frac{1}{2}(\overline{OA}+\overline{OA'})=\frac{1}{2}(\sigma_x+\sigma_y)$）；以 $\overline{CD}$ 为半径（这是由于 $\overline{CD}=\overline{AD}^2+\overline{AC}^2=[\frac{1}{2}(\sigma_x-\sigma_y)^2+\tau^2]$）作圆，如图 8-11(a)所示。此圆上的 C 点的两个坐标值指的就是单元体上法线为 x 的平面上的正应力 σ_x 和切应力 τ_x；C' 点的两个坐标值指的就是单元体上法线为 y 的平面上的正应力 σ_y 和切应力 τ_y；$\overline{CD}$ 线的位置即代表单元体上的 x 轴，以此线为基准可以计算任意截面的应力。以此方法所作的圆称为应力圆。

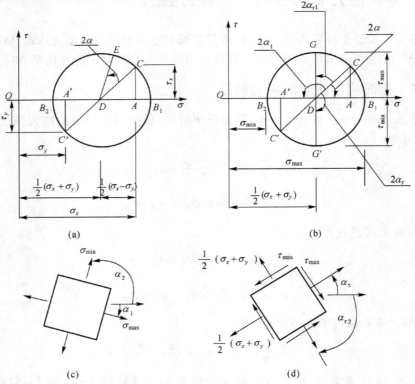

图 8-11

欲求 α 为任意角的斜截面上的应力 σ_α 和 τ_α，如图 8-10 所示，则只要在圆上自 $\overline{CD}$ 线起量取与 α 同向的一圆心角 2α，此时所得的 $\overline{DE}$ 中的 E 点的两个坐标值即代表 α 截面上的两个应力 σ_α 和 τ_α（证明略），如图 8-11(a) 所示。

8.3.2　主应力与主平面的方位

应力圆给出了平面应力状态中各截面上的应力分量如何随截面法向与 x 轴夹角 α 变化的直观形象，它使前一节的解析公式变成图形而容易记忆。为判断主平面位置、主应力大小，以及最大切应力大小和作用面提供了一个直观的图解法。

现在利用应力圆来求主应力与主平面、最大切应力与作用面。应力圆上的最右点 B_1 和最左点 B_2 的横坐标为最大和最小，而纵坐标均为零，所以，这两点对应的两个截面为两个主平面，其最右点 B_1 所对应的横坐标为第一主应力 $\sigma_1 = \sigma_{\max}$，而最左点 B_2 所对应的横坐标为第二主应力 $\sigma_2 = \sigma_{\min}$，如图 8-11(b) 所示。从图 8-11(b) 可得：

$$\sigma_1 = \sigma_{\max} = \overline{OB_1} = \overline{OD} + \overline{DB_1} = \overline{OD} + \overline{CD} = \frac{\sigma_x + \sigma_y}{2} + \sqrt{\left(\frac{\sigma_x - \sigma_y}{2}\right)^2 + \tau_x^2} \qquad (c)$$

$$\sigma_2 = \sigma_{\min} = \overline{OB_2} = \overline{OD} - \overline{DB_2} = \overline{OD} - \overline{CD} = \frac{\sigma_x + \sigma_y}{2} - \sqrt{\left(\frac{\sigma_x - \sigma_y}{2}\right)^2 + \tau_x^2} \qquad (d)$$

求主平面的方位。由应力圆图 8-11(b) 可以直观地得出第一主平面的法线与 x 轴的夹角 α_1（顺时针转为负）：

$$\tan 2\alpha_1 = -\frac{\overline{CA}}{\overline{DA}} = -\frac{\tau_x}{\dfrac{\sigma_x - \sigma_y}{2}} = -\frac{2\tau_x}{\sigma_x - \sigma_y} \qquad (e)$$

或

$$2\alpha_1 = \arctan\left(-\frac{2\tau_x}{\sigma_x - \sigma_y}\right) \qquad (f)$$

由式 (c)、(d)、(e)、(f) 可知，利用应力圆法求得的主应力、主平面和上节利用解析法求得的结果（式 8-7，8-8，8-9）完全一样。单元体的主应力状态图绘制，如图 8-11(c) 所示。

8.3.3　主切应力与其作用平面的方位

现再来确定主切应力（即极大、极小切应力）与作用面。由应力圆图 8-11(b) 所示可以知道，最高点 G 和最低点 G' 即为最大切应力和最小切应力。最大切应力和最小切应力的绝对值相等，即为应力圆的半径

$$\tau_{\max, \min} = \frac{\overline{DG}}{\overline{DG'}} = \pm \sqrt{\left(\frac{\sigma_x - \sigma_y}{2}\right)^2 + \tau_x^2} \qquad (f)$$

从图 8-11(b) 还可以知道，应力圆的半径等于 $\sigma_1 = \sigma_{\max}$ 和 $\sigma_2 = \sigma_{\min}$ 之差的一半，故最大切应力和最小切应力还可以由下式计算：

$$\tau_{\max, \min} = \pm \frac{\sigma_1 - \sigma_2}{2} \qquad (g)$$

上式 (f)、(g) 与上节中式 (8-13)、式 (8-14) 相同。切应力的极大和极小值也称主切应力。

求主切应力的作用面的方位 $\alpha_{\tau 1}$ 和 $\alpha_{\tau 2}$。由图 8-11(b)可知，$\left.\begin{array}{c}2\alpha_{\tau 1}\\2\alpha_{\tau 2}\end{array}\right\}=2\alpha_1\pm 90°$

$$\left.\begin{array}{c}\alpha_{\tau 1}\\\alpha_{\tau 2}\end{array}\right\}=\alpha_1\pm 45° \tag{h}$$

上式表明，主切应力（即极大、极小切应力）的作用面与主应力的作用面相差±45°，式(h)与上节的式(8-15)相同。

由图 8-11(b)还可以看出，G 和 G' 的横坐标等于 $\frac{1}{2}(\sigma_x+\sigma_y)$，它表明 τ_{max} 和 τ_{min} 作用面上正应力都等于单元体任何方位时的两个垂直截面上的正应力之和的一半。绘制单元体的主切应力状态图，如图 8-11(d)所示。

例 8-4　图 8-12(a)所示为一受轴向拉伸直杆中取出的单元体，已知轴向拉伸应力 $\sigma_x=100\text{MPa}$，试用图解法求出最大切应力和其所在的作用面方位。

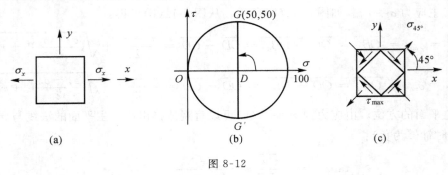

图 8-12

解　建立 $\sigma\tau$ 坐标如图 8-12(b)所示。

作应力圆。由于 $\sigma_x=100\text{MPa}$，$\tau_x=0$，$\sigma_y=0$，$\tau_y=0$，根据比例将已知量画在 $\sigma\tau$ 坐标的对应点上。应力圆的半径为 $R=\tau_{max}=\sqrt{(\frac{\sigma_x-\sigma_y}{2})^2+\tau_x^2}=\frac{\sigma_x}{2}=50\text{MPa}$，应力圆圆心 D 点的坐标为 $\frac{1}{2}(\sigma_x+\sigma_y)=\frac{1}{2}\sigma_x=50\text{MPa}$。作应力圆如图 8-12(b)所示。

求最大切应力。由应力圆可知最大切应力在 G 点，其值为 $\tau_{max}=50\text{MPa}$。从应力圆图还可以知道，最大切应力所在截面的正应力 σ_α 的大小与最大切应力 τ_{max} 相同，即都为 50MPa。

最大切应力所在的作用面。由应力圆可知 $2\alpha_{\tau 1}=90°$（从 x 截面逆时针转），所以

$$\alpha_{\tau 1}=45°$$

画出主切应力单元体图。根据已知条件容易画出主切应力的单元体图，如图 8-12(c)所示。

例 8-5　一平面应力状态的单元体，如图 8-13(a)所示。已知 $\sigma_x=60\text{MPa}$，$\tau_x=20\text{MPa}$，试用应力圆法求：

(1) 在 $\alpha=60°$ 时的截面上的应力；

(2) 单元体上的主应力，并绘制出主平面方位；

(3) 单元体上的最大切应力，并绘制出最大切应力作用的平面。

解　作应力圆。由题可知 $\sigma_x=60\text{MPa}$，$\tau_x=20\text{MPa}$；$\sigma_y=0$，$\tau_y=-20\text{MPa}$。按比例将 x 截面和 y 截面的应力坐标点 D 和 D' 确定在 $\sigma\tau$ 坐标系上；点 D 和 D' 的连线交于 C；取 $\overline{CD}$

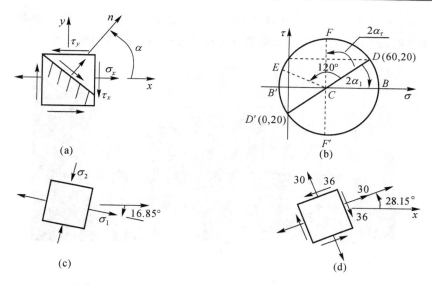

图 8-13

为半径作应力圆,如图 8-13(b)所示。

　求 $\alpha=60°$ 截面上的应力。在应力圆上,自 $\overline{CD}$ 半径开始沿逆时针旋 120° 交于点 E,量取点 E 的两个坐标值,其中横坐标为 $\alpha=60°$ 截面上的正应力,纵坐标为 $\alpha=60°$ 截面上的切应力,这两个值分别为

$$\sigma_{60°}=-2.32\text{MPa},\tau_{60°}=15.98\text{MPa}$$

　求主应力及主平面的方位。在应力圆上,圆周线与 σ 轴的交点 B 和 B' 的横坐标就是单元体的两个主应力,其中交点 B 所对应的主应力为 $\sigma_1=66\text{MPa}$,交点 B' 所对应的主应力为 $\sigma_2=-6\text{MPa}$。

　主平面的方位角可以由下式计算

$$\tan 2\alpha_0=-\frac{2\tau_x}{\sigma_x-\sigma_y}=-\frac{2\times 20}{60-0}=-\frac{2}{3}$$
$$2\alpha_0=-33.70°$$

则有

$$\alpha_1=-16.85°,\alpha_2=-16.85°+90°=73.15°$$

单元体主应力状态图如图 8-13(c)所示。

　求单圆体上的最大切应力及所作用的平面。绝对值最大切应力所对应的应力圆上的点是 F 和 F',量取该两点的纵坐标值就是最大切应力和最小切应力值,它们分别为

$$\tau_{\max}=36.0\text{MPa},\tau_{\min}=-36.0\text{MPa}$$

　求最大切应力所作用的方位。由图 8-13(b)可知:

$$2\alpha_{\tau 1}=90°-|2\alpha_1|=90°-33.70°=56.3°$$

则有

$$\alpha_{\tau 1}=28.15°$$

单元体最大切应力状态图如图 8-13(d)所示。

　例 8-6　在地震中会产生横向和纵向两种地震波,其中横向地震波对建筑物的破坏影

响最大。图 8-14(a)所示为 2008 年四川汶川特大地震中心映秀镇映秀中学教学主楼的灾后正立面残存图,试用单元体应力状态的应力圆法分析房屋的结构破坏特性。

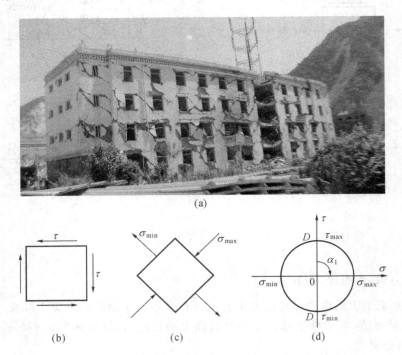

(b)　　　　　　　　　(c)　　　　　　　　　(d)

图 8-14

解　取单元体。围绕教学楼立面残存墙面的裂纹破坏线取一单元体,如图 8-14(b)所示。由于横向地震波是引起教学楼破坏的主要因素,现将波动引起的横向惯性切应力画出,如图 8-14(b)所示,由此可见是一纯剪问题。

作应力圆。由上分析可知,$\sigma_x = 0$,$\tau_x = \tau$;$\sigma_y = 0$,$\tau_y = -\tau$。将 x 截面和 y 截面的应力坐标点 $D(0, \tau)$ 和 $D'(0, \tau)$ 确定在 $\sigma\tau$ 坐标系上;取 $\overline{OD}$ 为半径作应力圆,如图 8-14(c)所示。

计算主应力。由应力圆可知,两个主应力为:$\sigma_1 = \tau$,$\sigma_2 = -\tau$。两个主应力方向与 x 轴(水平轴)成 $\pm 45°$。

分析破坏成因。由于墙体由砖混结构构成,属于典型的脆性材料建筑物。众所周知,脆性材料它具有抗压不抗拉的特性,当第一波动主应力大到或超过砖混结构的抗拉强度极限时,墙体就正好沿着与水平轴成 $\pm 45°$ 方向被拉断了。有兴趣的读者可以进一步阅读有关抗震方面的教材,了解地震惯性力的计算,从而进行定量分析。

8.4　三向应力状态

前面研究了单元体上有两对平面上的应力不为零,而第三对平面上的应力始终为零的平面应力状态,事实上在工程中,还有单元体的三对平面上的应力均不为零的应力状态,如图 8-15 所示。这类应力状态称为**三向**

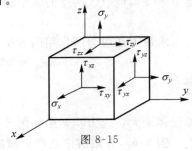

图 8-15

应力状态(three-dimensional stress),亦称空间应力状态。三向应力状态的一般情形的应力分析将在弹性力学课程中进行研究。本节只讨论在单元体的三个主应力 σ_1、σ_2、σ_3(其中三个主应力的排列为 $\sigma_1 > \sigma_2 > \sigma_3$)已知的情况下,确定最大切应力与主应力之间的关系。

设已知一单元体的三个主应力如图 8-16(a)所示。先研究一个与主应力 σ_3 平行的斜截面上的应力状态情况。因为 σ_3 与该平面平行,所以该斜截面上的正应力 σ 和切应力 τ 与主应力 σ_3 无关,而只由 σ_1 和 σ_2 来决定。于是,与主应力 σ_3 平行的斜截面上的应力状态可以由 σ_1 和 σ_2 所作的应力圆来表示,如图 8-16(b)所示,该圆的最大正应力和最小正应力分别就是 σ_1 和 σ_2。与此同理,在平行于 σ_1 或 σ_2 的斜截面上的正应力 σ 和切应力 τ,也可以分别由(σ_2,σ_3)和(σ_1,σ_3)所作的应力圆来表示,如图 8-16(b)所示。当与三个主应力不平行时的任意斜截面,如图 8-16(c)所示,则其斜截面上的正应力 σ_n 和切应力 τ_n,必然处在三个应力圆所围成阴影范围内的某一点 K 上。由于点 K 的确定较复杂,本教材不作进一步介绍,如需要了解请参考相关弹性力学的教材。

通过上面分析可以知道,在三向应力圆中,由 σ_1 和 σ_3 所围的应力圆是三个应力圆中最大的应力圆,称为**极限应力圆**(ultimate stress circle);σ_1 为最大主应力,而 σ_3 为最小主应力,三个主应力的排序为 $\sigma_1 > \sigma_2 > \sigma_3$;单元中任意斜截面上的正应力 σ_n 和切应力 τ_n 都在 σ_1 和 σ_3 之间;最大切应力 $\tau_{\max}$ 则等于应力圆的半径,即

$$\tau_{\max} = \frac{\sigma_1 - \sigma_3}{2} \tag{8-17}$$

在式(8-17)中,$\tau_{\max}$ 所在的平面与 σ_2 的方向平行,并与 σ_1 和 σ_3 的主平面相交 45°角。

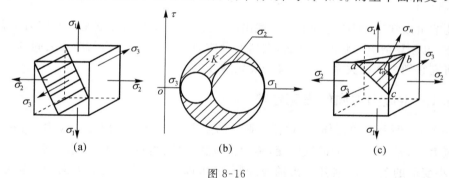

图 8-16

例 8-7　试作图 8-17(a)所示的单元体的三向应力圆,求出最大切应力 $\tau_{\max}$ 及其所在的作用面的正应力,并将它们画在单元体上。

解　画出单元体三向应力圆。由图 8-17(a)所示可知,$\sigma_1 = 30\text{MPa}$,$\sigma_2 = -20\text{MPa}$,$\sigma_3 = -40\text{MPa}$,根据三个主应力,在 $\sigma\tau$ 坐标系中按照选定的比例画出三向应力圆,如图 8-17(b)所示。

求最大切应力及其平面的正应力。从三向应力圆可知,最大切应力为点 K 的纵向坐标值,而该点的正应力的值为点 K 的横坐标,从图中按比例量得

$$\tau_{\max} = 35\text{MPa}, \sigma = -5\text{MPa}$$

最大切应力所在的截面与 σ_2 所在的截面垂直,并且与 σ_1 和 σ_3 所在的平面互相成 45°角,如图 8-17(c)所示。

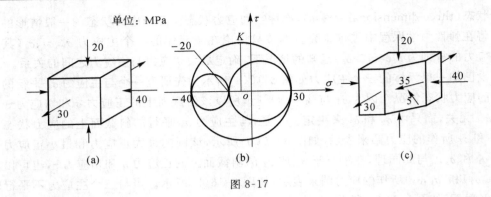

图 8-17

8.5 广义虎克定律

在第 2 章的构件单向拉压中,曾经介绍过当应力未超过比例极限时,正应力与纵向线应变成线性关系:

$$\varepsilon = \frac{\sigma}{E}$$

同时,根据材料的泊松比,得到横向线应变

$$\varepsilon' = -\mu\varepsilon = -\mu\frac{\sigma}{E}$$

由前面几节可以知道,围绕构件上某点截出的单元体,在多数情况下是平面应力状态或三向应力状态(也称复杂应力状态),那么,在这两种应力状态下,其应力与应变之间的关系如何?本节将研究它们之间的关系——广义虎克定律。

8.5.1 主应力方向的虎克定律

图 8-18(a)所示的单元体,三对相互垂直的主平面上分别作用有主应力 σ_1、σ_2 和 σ_3,沿三个主应力 σ_1、σ_2 和 σ_3 方向的线应变,称为主应变,分别用 ε_1、ε_2 和 ε_3 来表示。对各向同性材料,在小变形的条件下,利用变形的叠加原理,可以求得三个主应力方向的主应变。因此,主应变 ε_1 可以看成各主应力单独作用时,在 σ_1 方向产生的应变的叠加。

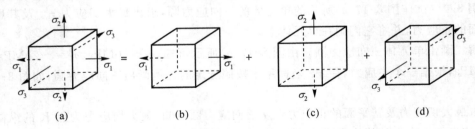

图 8-18

由 σ_1 单独作用时，在 σ_1 方向产生的线应变为

$$\varepsilon_1{}' = \frac{\sigma_1}{E}$$

由 σ_2 和 σ_3 分别作用时，在 σ_1 方向上的线应变分别为

$$\varepsilon_1{}'' = -\mu\frac{\sigma_2}{E} , \varepsilon_1{}''' = -\mu\frac{\sigma_3}{E}$$

则有在 σ_1 方向产生的总线应变为

$$\varepsilon_1 = \varepsilon_1{}' + \varepsilon_1{}'' + \varepsilon_1{}''' = \frac{1}{E}[\sigma_1 - \mu(\sigma_2 + \sigma_3)] \tag{8-18a}$$

同理，可以求得在 σ_2 和 σ_3 方向上线应变为

$$\varepsilon_2 = \frac{1}{E}[\sigma_2 - \mu(\sigma_3 + \sigma_1)] \tag{8-18b}$$

$$\varepsilon_3 = \frac{1}{E}[\sigma_3 - \mu(\sigma_1 + \sigma_2)] \tag{8-18c}$$

从式(8-18a、b、c)容易看出，在最大主应力方向的线应变最大，三个主应变的大小排序为 $\varepsilon_1 > \varepsilon_2 > \varepsilon_3$。式(8-18)称为三向主应力状态下的**广义虎克定律**(generalized Hook's law)。

8.5.2　一般三向应力状态下的广义虎克定律

前面介绍了单元体三个特殊主应变方向的广义虎克定律，现在来介绍单元体在一般三向应力状态下的广义虎克定律。图 8-19 所示为单元体一般三向应力状态下的情形，在三对相互垂直的平面上，共有 9 个应力分量来表示应力状态。考虑到切应力互等定理，即 $\tau_{xy} = \tau_{yx}$，$\tau_{yz} = \tau_{zy}$，$\tau_{zx} = \tau_{xz}$，则 9 个应力分量中只有 6 个是独立的应力分量。

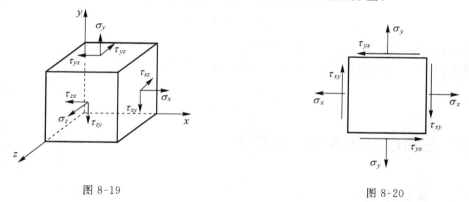

图 8-19　　　　　　　　　　　图 8-20

当纯剪切的情况下，由第 4 章剪切虎克定律可知，在弹性变性范围内，切应力 τ 与切应变 γ 之间存在着线性关系，即

$$\gamma = \frac{\tau}{G} \text{ 或 } \tau = G\gamma$$

上述虎克定律的关系，对于三向应力状态也成立。

对于各向同性材料，当在线弹性范围内时，线应变 ε 只与正应力 σ 有关，与切应力无关；切应变只与切应力有关，而与正应力无关。因此，根据三向主应力状态下的广义虎克定律和剪切虎克定律，则有

$$\varepsilon_x = \frac{1}{E}[\sigma_x - \mu(\sigma_y + \sigma_z)]$$

$$\varepsilon_y = \frac{1}{E}[\sigma_y - \mu(\sigma_z + \sigma_x)] \left. \right\} \tag{8-19a}$$

$$\varepsilon_z = \frac{1}{E}[\sigma_z - \mu(\sigma_x + \sigma_y)]$$

$$\gamma_{xy} = \frac{\tau_{xy}}{G}$$

$$\gamma_{yz} = \frac{\tau_{yz}}{G} \left. \right\} \tag{8-19b}$$

$$\gamma_{zx} = \frac{\tau_{zx}}{G}$$

式(8-19a)和(18-19b)称为一般三向应力状态下的广义虎克定律。

在平面应力状态(见图 8-20)下,广义虎克定律的表达式为

$$\varepsilon_x = \frac{1}{E}(\sigma_x - \mu\sigma_y)$$

$$\varepsilon_y = \frac{1}{E}(\sigma_y - \mu\sigma_x) \left. \right\} \tag{8-20}$$

$$\gamma_{xy} = \frac{\tau_{xy}}{G}$$

当 $\tau_{xy} = 0, \sigma_x = \sigma_1, \sigma_y = \sigma_2$ 时,式(8-20)变为

$$\varepsilon_1 = \frac{1}{E}(\sigma_1 - \mu\sigma_2)$$

$$\varepsilon_2 = \frac{1}{E}(\sigma_2 - \mu\sigma_1) \left. \right\} \tag{8-21}$$

上式即为双向主应力状态下的广义虎克定律。

上述各式中,三个弹性常数 G、E 和 μ 之间存在如下关系:

$$G = \frac{E}{2(1 + \mu)} \tag{8-22}$$

8.6　三向应力状态下的变形能

8.6.1　体积应变

上一节研究了三向应力状态下的应力与应变之间的关系,现在来计算三向应力状态下的体积改变。设有一三向应力状态的单元体,如图 8-21 所示。单元体的各边长分别为 $\mathrm{d}x$、$\mathrm{d}y$ 和 $\mathrm{d}z$。该单元体变形前的体积为

$$V_1 = \mathrm{d}x\mathrm{d}y\mathrm{d}z$$

在三个主应力作用下,各边长将产生线应变 ε_1、ε_2 和 ε_3,因此,各边的长度为 $\mathrm{d}x(1+\varepsilon_1), \mathrm{d}y(1+\varepsilon_2), \mathrm{d}z(1+\varepsilon_3)$,则单元体变形后的体为

$$V_2 = \mathrm{d}x(1+\varepsilon_1)\mathrm{d}y(1+\varepsilon_2)\mathrm{d}z(1+\varepsilon_3)$$

将上式展开后并略取高阶微量,可得

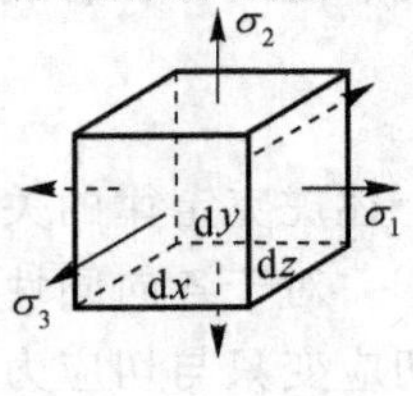

图 8-21

$$V_2 = \mathrm{d}x\mathrm{d}y\mathrm{d}z(1 + \varepsilon_1 + \varepsilon_2 + \varepsilon_3)$$

单位体积的体积改变为

$$\theta = \frac{V_2 - V_1}{V_1} = \frac{\mathrm{d}x\mathrm{d}y\mathrm{d}z(\varepsilon_1 + \varepsilon_2 + \varepsilon_3)}{\mathrm{d}x\mathrm{d}y\mathrm{d}z} = \varepsilon_1 + \varepsilon_2 + \varepsilon_3 \tag{8-23}$$

上式中的 θ 称为**体积应变**(volumetric strain)。

利用式(8-18)广义虎克定律,把式(8-23)中的主应变用主应力来表示,经整理后有

$$\theta = \varepsilon_1 + \varepsilon_2 + \varepsilon_3 = \frac{1 - 2\mu}{E}(\sigma_1 + \sigma_2 + \sigma_3) \tag{8-24}$$

引进 $K = \dfrac{E}{3(1 - 2\mu)}$,$K$ 称为**体积模量**(volumetric modulus),亦称体积变形系数。则式(8-24)可以改写成为

$$\theta = \frac{1 - 2\mu}{E}(\sigma_1 + \sigma_2 + \sigma_3) = \frac{1}{K} \cdot \frac{1}{3}(\sigma_1 + \sigma_2 + \sigma_3) = \frac{\sigma_\mathrm{m}}{K} \tag{8-25}$$

式中,$\sigma_m = \dfrac{1}{3}(\sigma_1 + \sigma_2 + \sigma_3)$ 称为 3 个主应力的平均值。

式(8-25)表明,单元体的体积改变与三个主应力的和有关,而与三个主应力之间的比例无关。

8.6.2　三向应力状态下的应变比能

在后续章节中,将要研究用能量法计算变形,因此,现在介绍三向应力状态下的变形比能。所谓变形比能,就是指单位体积内存储的变形能。那么何为变形能? 根据变形能的概念,若应力均按同比例由零增长到最终值,则存储在单元体体积内的变形能 $\bar{v}$ 等于该单元体的体积乘以各面上的应力与同方向的应变的乘积之和的一半。

设有一单元体,受三向应力 σ_1、σ_2 和 σ_3 作用,如图 8-22(a)所示。根据变形能的概念,该单元体的变形能为

$$\bar{v} = \frac{1}{2}\mathrm{d}x\mathrm{d}y\mathrm{d}z(\sigma_1\varepsilon_1 + \sigma_2\varepsilon_2 + \sigma_3\varepsilon_3) \tag{8-26}$$

单位体积的变形能称为**应变比能(密度)**(strain energy density),用 V_s 表示,其计算式为

$$V_\mathrm{s} = \frac{\bar{v}}{\mathrm{d}x\mathrm{d}y\mathrm{d}z} = \frac{1}{2}(\sigma_1\varepsilon_1 + \sigma_2\varepsilon_2 + \sigma_3\varepsilon_3) \tag{8-27}$$

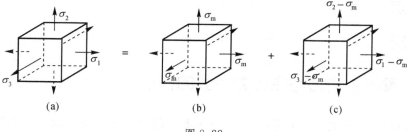

图 8-22

若将广义虎克定律式(8-18)代入上式,并整理得用应力表达的应变比能:

$$V_s = \frac{1}{2E}\{\sigma_1[\sigma_1 - \mu(\sigma_2 + \sigma_3)] + \sigma_2[\sigma_2 - \mu(\sigma_1 + \sigma_3)] + \sigma_3[\sigma_3 - \mu(\sigma_1 + \sigma_2)]\}$$

$$= \frac{1}{2E}[\sigma_1^2 + \sigma_2^2 + \sigma_3^2 - 2\mu(\sigma_1\sigma_2 + \sigma_2\sigma_3 + \sigma_3\sigma_1)] \qquad (8\text{-}28)$$

因为单元体的变形可分为体积改变和形状改变，因此，应变比能也可以认为由两部分构成：一部分是只有体积改变而形状不变的**体积改变比能**（volumetric strain energy per unit volume），用 V_θ 表示；另一部分只是形状改变而体积不变的**形状改变比能**（distortional strain energy per unit volume），用 V_d 表示。即有

$$V_s = V_\theta + V_d \qquad (8\text{-}29)$$

相应的应力状态也可以分解为两部分，一部分是相应于体积改变的应力状态，即平均应力状态，如图 8-22(b) 所示；另一部分是相应于形状改变的应力状态，即原来的应力状态减去平均应力状态后所剩下的应力状态，如图 8-22(c) 所示。要证明后一种应力状态只有形状改变，只要将此单元体上的三个主应力代入式(8-24)即可证明体积应变为零。证明如下：

$$\theta = \frac{1 - 2\mu}{E}(\sigma_1 + \sigma_2 + \sigma_3) = \frac{1 - 2\mu}{E}(\sigma_1 - \sigma_m + \sigma_2 - \sigma_m + \sigma_3 - \sigma_m) = 0$$

现在来计算体积改变比能 V_θ 和形状改变比能 V_d。计算体积改变比能 V_θ 时，只要图 8-22(b) 所示的三个平均主应力代入式(8-28)，可得

$$V_\theta = \frac{1}{2E}[\sigma_1^2 + \sigma_2^2 + \sigma_3^2 - 2\mu(\sigma_1\sigma_2 + \sigma_2\sigma_3 + \sigma_3\sigma_1)]$$

$$= \frac{1}{2E}[\sigma_m^2 + \sigma_m^2 + \sigma_m^2 - 2\mu(\sigma_m\sigma_m + \sigma_m\sigma_m + \sigma_m\sigma_m)]$$

$$= \frac{1 - 2\mu}{2E} \cdot 3\sigma_m^2$$

将 $\sigma_m = \frac{1}{3}(\sigma_1 + \sigma_2 + \sigma_3)$ 代入上式得

$$V_\theta = \frac{1 - 2\mu}{6E} \cdot (\sigma_1 + \sigma_2 + \sigma_3)^2 \qquad (8\text{-}30)$$

形状改变比能可以由式(8-28)代入式(8-29)得

$$V_d = V_s - V_\theta$$

$$= \frac{1}{2E}[\sigma_1^2 + \sigma_2^2 + \sigma_3^2 - 2\mu(\sigma_1\sigma_2 + \sigma_2\sigma_3 + \sigma_3\sigma_1)] - \frac{1 - 2\mu}{6E} \cdot (\sigma_1 + \sigma_2 + \sigma_3)^2$$

$$= \frac{1 + \mu}{3E}(\sigma_1^2 + \sigma_2^2 + \sigma_3^2 - \sigma_1\sigma_2 - \sigma_2\sigma_3 - \sigma_3\sigma_1)$$

$$= \frac{1 + \mu}{6E}[(\sigma_1 - \sigma_2)^2 + (\sigma_2 - \sigma_3)^2 + (\sigma_3 - \sigma_1)^2] \qquad (8\text{-}31)$$

8.7 梁的主应力与主应力迹线的概念

众所周知，在钢筋混凝土梁里，放钢筋的主要目的是让它承受拉应力。既然如此，那么最好让钢筋沿着最大拉应力的方向进行放置。由第 6 章梁的弯曲理论可知，在横力弯曲中，每个横截面上既有剪力又有弯矩，与之对应的就既有切应力，又有正应力。于是，由本章介绍的主应力的概念可知，各点的最大拉应力的方向将随着不同的截面或截面上不同的点的

变化而不同,因此,有必要找出梁内主拉应力方向的变化规律,以便能科学地放置钢筋。

8.7.1　梁的主应力

由第 6 章可知,梁在横力弯曲时,除梁横截面上下边缘上各点处于单向拉(压)应力状态以外,其他各点同时存在正应力和切应力,计算式为

正应力
$$\sigma_x = \frac{My}{I_z} \tag{a}$$

切应力
$$\tau_{xy} = \frac{QS_z^*}{bI_z} \tag{b}$$

另外由于假设横截面上无相互挤压,则有 $\sigma_y = 0$, $\sigma_z = 0$;由横截面上的剪力方向可知,$\tau_{zx} = 0$, $\tau_{zy} = 0$。可见梁的横截面除上下边缘各点为单向应力状态外,其余各点的应力状态都是平面应力状态(即 $\sigma_2 = 0$),另外两个主应力 σ_1 和 σ_3 即为 $\sigma_{\max}$ 和 $\sigma_{\min}$,其计算式为

$$\sigma_{1,3} = \sigma_{\max,\min} = \frac{\sigma_x}{2} \pm \sqrt{\left(\frac{\sigma_x}{2}\right)^2 + \tau_{xy}^2} \tag{8-32}$$

主应力 σ_1 为拉应力,主应力 σ_3 为压应力。

8.7.2　主应力迹线

图 8-23(a)所示为一简支梁,受横向荷载作用。现任取一横截面 m-m,并将截面 m-m 附近的一段梁的正视图截出,如图 8-23(b)所示。在截面 m-m 上取出 5 个点,其中 1、5 两点分别靠近顶边和底边,3 点位于中性轴上,其余 2、4 两点分别在距上下边为梁高的四分之一处。

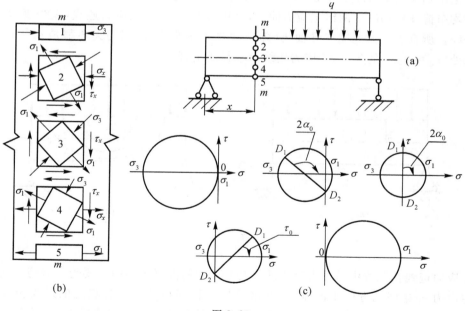

图 8-23

根据该截面的剪力和弯矩,可以按照本节的式(a)和式(b)求得各点的正应力和切应力。

这样就得 5 个点的单元体,如图 8-23(b)所示。由此可以画出 5 个单元体的应力圆,如图 8-23(c)所示。

　　在截面 m-m 上,1、5 两点处为单向应力状态,1 点的正应力即是最大的压应力,方向水平,5 点的正应力即是最大的拉应力方向水平。3 点在中性层上,只有切应力,而无正应力,所以由应力圆(见图 8-23(c))可知,最大拉应力在 $-45°$ 方向,最大压应力在 $+45°$ 方向,相应的主应力单元体绘制在原单元体内。2、4 点同时受到正应力和切应力的作用,相应的主应力单元体绘制在原单元体内。

　　由截面 m-m 的 5 个点的主应力方向可知,主拉应力(即 σ_1)的方向沿截面的高度自下而上由水平位置按顺时针转,逐渐变到上边成垂直位置。主压应力(即 σ_3)沿截面自上而下由水平位置按逆时针转,逐渐变到底下成垂直位置。

　　梁的任一点处均可定出两个主应力 σ_1 和 σ_3 的方向(它们的方向相互垂直),于是沿着这些方向,在梁的 xy 平面内可以画出两组相互正交的曲线。在一组曲线上每点处的切线方向就是该点的 σ_1 方向,而另外一组曲线上每点的切线方向就是该点的 σ_3 方向。这两条正交的曲线称为**主应力迹线**(principal stress trajectories),如图 8-24 所示。

　　下面介绍主应力迹线的具体画法。按照一定的比例画出梁在 xy 平面内的平面图,并画出代表一些横截面位置的直线 1-1,2-2,3-3 等等,如图 8-24(a)所示。从横截面 1-1 的任意点 a 开始,根据前面的方法求出该点的 σ_1 主应力方向,将这一主应力方向延长至与 2-2 横截面的交点 b。然后再出 b 点的主应力 σ_1 方向,将这一主应力方向延长至与 3-3 横截面的交点 c。依次类推下去,就可以画出一条折线,再将画出与这条折线相切的曲线,则该条曲线就称为 σ_1 主应力迹线。值得说明的是,各相邻横截面越靠近,所画出的主应力迹线越真实。至于 σ_3 的主应力迹线,完全可以仿效 σ_1 主应力迹线的画法画出。图 8-24(b)就是简支梁受均布荷载作用时的两组主应力曲线,其中实线表示 σ_1 主应力迹线,虚线表示 σ_3 的主应力迹线。所有主应力迹线与梁轴线(即中性层所在的位置)间的夹角都是 $45°$,在梁的上下边缘处($\tau_{xy}=0$ 处)的各点,主应力迹线为平行或垂直。

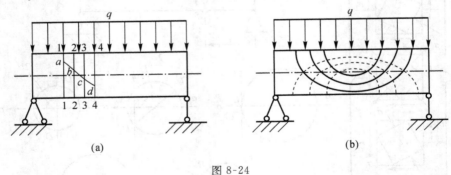

(a)　　　　　　　　　　　　　　　　(b)

图 8-24

　　主应力迹线在工程中是非常有用的,例如,在钢筋混凝土梁的主要受力钢筋大致上应该按照主应力 σ_1 迹线的方向来配制,这样就可以使钢筋担负起梁各点处的最大拉应力。当然,在施工中还要考虑到施工的方便,不可能把钢筋布置成理想的曲线形,而是弯成与迹线方向相近的折线形。

8.8　强度理论

8.8.1　强度理论的概念

　　构件的强度问题是材料力学所要研究的最基本问题之一。当构件承受的荷载达到一定程度时,就会在其危险点处首先发生失效,从而使构件丧失正常工作的能力。为了保证构件能正常工作,除了要找出危险点的位置以外,还非常有必要找出材料的破坏原因,进而建立强度条件。

　　关于构件在简单应力状态下的强度条件的建立,在前面几章已经分别学习过。例如,杆件在受简单的轴向拉伸或压缩时,其强度条件为

$$\sigma_{\max} = \frac{N}{A} \leqslant [\sigma] \tag{a}$$

式中,材料的许用应力$[\sigma]$是直接通过拉伸试验测出材料失效时的极限应力再除以强度安全因数$(n>1)$而得到的。

　　圆轴扭转时,材料处于纯剪切状态,它的强度条件为

$$\tau_{\max} = \frac{T}{W_p} \leqslant [\tau] \tag{b}$$

式中,材料的许用应力$[\tau]$也是通过直接试验测出材料失效时的极限应力再除以强度安全因数$(n>1)$而得到的。

　　对于横力弯曲问题,由于最大正应力危险点是发生在梁的上下边缘点上,其应力状态为单向拉伸或压缩状态;最大切应力危险点则发生在中性轴的各点之上,其应力状态是纯剪状态,因此可以效仿材料受简单拉压和纯剪状态时的强度条件来建立其强度条件,即

$$\sigma_{\max} = \frac{M_{\max}}{W_z} \leqslant [\sigma] \tag{c}$$

$$\tau_{\max} = \frac{Q_{\max} \times S^*}{b I_z} \leqslant [\tau] \tag{d}$$

　　上面所谈到许用应力$[\sigma]$和$[\tau]$是由材料的失效时的极限应力除以强度安全因数而得到的。对于塑性材料,失效应力取材料的屈服极限σ_s或τ_s;对于脆性材料,失效应力取材料的强度极限σ_b或τ_b。这些失效应力都是通过做实验的办法而求得的。

　　由此可见,在简单的应力状态下,建立强度条件是比较简单的。

　　但是,在工程中存在大量的复杂应力状态,此时很难用试验的方法测定危险应力。例如,焊接工字钢梁的危险点常常发生在腹板和翼板的焊接处,而该处不仅存在正应力,同时还存在切应力,危险点的破坏是两种应力共同作用的结果,因此对这样的点就不能按单独正应力σ和切应力τ来建立强度条件。又如,对于三向应力状态,如果从三个主应力σ_1、σ_2、σ_3来考虑失效的话,由于三个主应力的比例有无限多种可能,要在每种比例下都通过对材料的直接试验来测定失效应力值,将难以做到,甚至是不可能做到的。因此,如何建立复杂应力状态下的强度条件,便成为一个需要深入研究的问题。

　　长期以来,中外科学家根据材料的失效现象的分析和研究,提出了种种假设,进而建立相应的强度理论。人们通常把这些关于材料失效规律的假设或学说称为强度理论。

　　材料的强度理论研究是以材料的发展为背景的。早在 17 世纪,由于当时主要使用的材料是砖、石和铸铁等脆性材料,人们观察到的材料失效现象都属于脆性断裂,因而提出了关于断裂的强度理论。这类理论主要包括最大拉应力理论和最大伸长线应变理论。随着 19 世纪末钢铁工业的发展,工程中大量地使用低碳钢等塑性材料。人们对材料的塑性变形的物理本质又有了较多的认识,于是又相继出现了以屈服或显著塑性变形为标志的强度理论。这类理论主要包括最大切应力理论和形状改变比能理论。上述四个强度理论,称为经典强度理论,它们对工程建设起过较大的作用,而且,在当前的工程设计中仍然被广泛采用。

　　由于强度理论在理论研究和工程应用的重要性、广泛性,20 世纪以来仍然吸引着许多中外科学家的研究,先后提出了数以百计的各种强度理论。它们中具有代表性的理论有:莫尔强度理论(德国科学家 O. Mohr 于 1882 年和 1900 年对最大切应力理论做了修正而提出)和双切应力强度理论(这一强度理论是由中国科学家、西安交通大学的俞茂宏教授于 1961 年提出)。20 世纪出现的强度理论称为近代强度理论。

　　由于篇幅的关系,本节只介绍四个经典强度理论,并简单介绍莫尔强度理论。

8.8.2　四个强度理论

1. 最大拉应力理论(称为第一强度理论)

　　第一强度理论认为材料的断裂是决定于最大拉应力,不论是单向应力状态还是复杂应力状态,引起破坏的原因都是相同的。

　　在单向拉伸时,断裂破坏的极限应力是抗拉强度极限 σ_b。按照这一强度理论,不管在什么应力状态下,只要第一主应力 σ_1 达到了单向拉伸时的强度极限 σ_b,就会引起材料的断裂破坏。因此,材料的破坏条件为

$$\sigma_1 = \sigma_b$$

　　将强度极限 σ_b 除以安全因数 n 后得许可应用应力 $[\sigma]$,于是便可得第一强度理论的强度条件为

$$\sigma_1 \leqslant [\sigma] \tag{8-33}$$

　　这一理论与脆性材料受拉伸引起的破坏情况比较吻合。例如,第 2 章介绍的铸铁杆受轴向拉伸时,主要沿试件的横断面拉断,这是由于该截面的拉应力最大。又如,铸铁圆杆受纯扭转时,沿 45° 斜截面断裂,这是由于在该方位的截面上有最大拉应力 σ_1。

　　这一理论对塑性材料的破坏不能解释。例如,低碳钢制成的圆轴受扭转时,当横截面的切应力达到屈服极限 τ_s 时,便开始流动,发生很大的塑性变形,说明低碳钢圆轴扭转破坏状态的因素不是拉应力而是切应力。此外,这一强度理论没有考虑第二主应力 σ_2 和第三主应力 σ_3 对材料的破坏影响;对没有拉应力的应力状态也无法应用。

2. 最大伸长线应变理论(称为第二强度理论)

　　第二强度理论认为最大伸长线应变 ε_1 是引起材料破坏的主要原因。按照这一强度理论,不管在什么应力状态下,只要第一主应变 ε_1 达到材料单向拉伸时的最大拉伸应变的极限值 $\varepsilon_1^0 = \dfrac{\sigma_b}{E}$,就会引起材料的断裂破坏,所以这一强度理论的破坏条件为

$$\varepsilon_1 = \varepsilon_1^0 = \frac{\sigma_b}{E}$$

由广义虎克定律可知，ε_1 应为

$$\varepsilon_1 = \frac{1}{E}[\sigma_1 - \mu(\sigma_2 + \sigma_3)]$$

所以，该理论的破坏条件可以写成为

$$\sigma_1 - \mu(\sigma_2 + \sigma_3) = \sigma_b$$

将强度极限 σ_b 除以安全因数 n 后，得许可应用应力 $[\sigma]$，于是便可得到第二强度理论的强度条件为

$$\sigma_1 - \mu(\sigma_2 + \sigma_3) \leqslant [\sigma] \tag{8-34}$$

这一强度理论可以较好地解释石料或混凝土这样的脆性材料受轴向压缩时的破坏现象。例如，当混凝土试件的受压面上添加一些润滑剂时，材料的破坏是沿着纵向产生裂缝，这正是最大拉应变方向的破坏。

这一强度理论看起来要比第一强度理论更加完善，因为它不仅考虑了第一主应力 σ_1，同时还考虑了第二主应力 σ_2 和第三主应力 σ_3 的影响。但是，只有很少的实验证实该理论比第一强度理论更加符合实际情况。因此，它不能解释一般的脆性材料的破坏规律，目前已经很少用该理论来解释强度问题。

3. 最大切应力理论（称为第三强度理论）

第三强度理论认为材料的破坏主要原因是最大切应力 τ_{max} 引起的，即认为无论是什么应力状态，只要最大切应力 τ_{max} 达到与材料有关的极限切应力 τ_{max}^0，材料就发生屈服。材料的极限切应力可以通过单向拉伸获得。单向拉伸屈服时，横截面上的正应力为 σ_s，与轴线成 $45°$ 的斜截面上的切应力是 $\frac{\sigma_s}{2}$，此值就是极限切应力，因此有 $\tau_{max}^0 = \frac{\sigma_s}{2}$。

由此理论，当在复杂应力状态下，最大切应力 τ_{max} 达到材料的切应力 τ_{max}^0 时，材料就发生屈服，由此可见材料发生屈服的条件是

$$\tau_{max} = \tau_{max}^0 = \frac{\sigma_s}{2}$$

根据式（8-17），上式可以变为

$$\sigma_1 - \sigma_3 = \sigma_s$$

再将 σ_s 除以安全因数 n 后，得到许可应用应力 $[\sigma]$，于是，第三强度理论的强度条件为

$$\sigma_1 - \sigma_3 \leqslant [\sigma] \tag{8-35}$$

大量实验表明，这一强度理论能较好地解释塑性材料出现塑性变形的现象，但是由于该理论没有考虑 σ_2 的影响，故这一理论设计的构件是偏于安全的。实际上 σ_2 对材料的屈服是有影响的，经过计算略去的这种影响所造成的误差最大可达 15%。该理论适用于塑性材料的一般情形。

4. 形状改变比能理论（第四强度理论）

第四强度理论是从变形能的观点而建立起来的。它认为构件在受力作用后，在构件内储存了变形能。构件单位体积的变形能由两部分构成，一部分是体积改变比能（见式 8-30）、另一部分是形状改变比能（见式 8-31）。这一理论认为，不管材料处于什么应力状态，材料发生屈服的原因是由于形状改变比能 V_d 达到了某个极限值 V_d^0。材料的 V_d 可以通过对单向拉伸的实验获得。单向拉伸时，横截面上的屈服正应力为 σ_s，由式（8-31）可以求出材料的形状改变比能的极限值为

$$V_d^0 = \frac{1+\mu}{6E}(2\sigma_s^2)$$

任意应力状态下的形状改变比能值为

$$V_d = \frac{1+\mu}{6E}[(\sigma_1 - \sigma_2)^2 + (\sigma_2 - \sigma_3)^2 + (\sigma_3 - \sigma_1)^2]$$

因此材料发生屈服失效的条件为

$$[(\sigma_1 - \sigma_2)^2 + (\sigma_2 - \sigma_3)^2 + (\sigma_3 - \sigma_1)^2] = 2\sigma_s^2$$

将上式中的 2 除到左边,再将 σ_s 除以安全因数 n 后,得许可应用应力 $[\sigma]$,于是,第四强度的强度条件为

$$\sqrt{\frac{1}{2}[(\sigma_1 - \sigma_2)^2 + (\sigma_2 - \sigma_3)^2 + (\sigma_3 - \sigma_1)^2]} \leqslant [\sigma] \tag{8-36}$$

这一强度理论和第三强度理论一样,适用于塑性材料。值得指出的是,第四强度理论符合实际的程度要比第三强度理论好一些。究其原因可能主要是第三强度理论没有考虑第二主应力 σ_2 的影响,而第四强度理论同时考虑了三主应力 σ_1、σ_2、σ_3 的共同影响。

需要注意的是:第四强度理论只考虑了形状改变比能影响,而并没有考虑体积改变比能产生的影响,这是由于根据计算构件的形状的改变容易导致破坏。

前面四个强度理论的强度条件,可以写成统一的形式

$$\sigma_r \leqslant [\sigma] \tag{8-37}$$

σ_r 称为相当应力(或称为计算应力),对应四个强度理论的强度条件,则相当应力分别为

$$\sigma_{r1} = \sigma_1 \tag{8-38}$$

$$\sigma_{r2} = \sigma_1 - \mu(\sigma_2 + \sigma_3) \tag{8-39}$$

$$\sigma_{r3} = \sigma_1 - \sigma_3 \tag{8-40}$$

$$\sigma_{r4} = \sqrt{\frac{1}{2}[(\sigma_1 - \sigma_2)^2 + (\sigma_2 - \sigma_3)^2 + (\sigma_3 - \sigma_1)^2]} \tag{8-41}$$

强度问题是一个复杂的问题,各种因素彼此错综复杂,相互影响。目前人们还没有完全搞清楚各种因素之间的本质关系,还需要人们进行深入的探索和研究,提出更合理的强度理论。

8.8.3 简介莫尔强度理论

前面四个经典的强度理论认为材料的破坏都是由于某一个因素达到了极限值而引起的,例如,第一强度理论只考虑了最大拉应力对材料破坏的影响;第二强度理论只考虑了最大线应变对材料的破坏影响;第三强度理论只考虑了最大切应力对材料的破坏影响;第四强度理论只考虑了最大形状改变比能对材料破坏的影响。莫尔强度理论改变了传统强度理论的做法,它是以各种应力状态下材料的破坏为依据,考虑了材料的拉伸、压缩的不同,承认最大切应力是引起材料屈服剪断的主要原因,并考虑了剪切面上正应力的影响,从而建立起强度理论。

莫尔强度理论的强条件

$$\sigma_1 - \frac{[\sigma_+]}{[\sigma_-]}\sigma_3 \leqslant [\sigma] \tag{8-42}$$

上式中,$[\sigma_+]$ 为材料的许可拉应力;$[\sigma_-]$ 为材料的许可压应力。

　　莫尔理论考虑了材料的抗拉和抗压强度的不同,这符合脆性材料(如混凝土、岩石等)的破坏特点,但该理论未考虑第二主应力 σ_2 的影响。另外,如果 $[\sigma_+]$ 和 $[\sigma_-]$ 相等时,则式(8-42)就退化为第三强度理论式(8-35)。

　　例 8-8　图 8-25 所示的三个单元体,试分别按第三和第四强度理论计算相当应力。

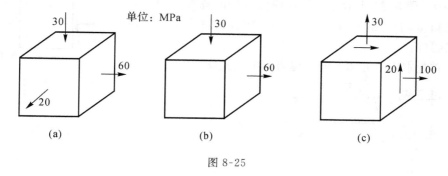

图 8-25

　　解　首先计算图 8-25(a)单元体的相当应力。由单元体可知

$$\sigma_1 = 60\text{MPa}, \sigma_2 = 20\text{MPa}, \sigma_3 = -30\text{MPa}$$

按式(8-40)和式(8-41)可以计算第三和第四强度理论的相当应力,其值分别为

$$\sigma_{r3} = \sigma_1 - \sigma_3 = 60 - (-30) = 90(\text{MPa})$$

$$\sigma_{r4} = \sqrt{\frac{1}{2}\left[(\sigma_1 - \sigma_2)^2 + (\sigma_2 - \sigma_3)^2 + (\sigma_3 - \sigma_1)^2\right]}$$

$$= \sqrt{\frac{1}{2}\{(60 - 20)^2 + [20 - (-30)]^2 + (-30 - 60)^2\}} = 78.10(\text{MPa})$$

　　计算图 8-25(b)所示单元体的相当应力。由单元体可知:

$$\sigma_1 = 60\text{MPa}, \sigma_2 = 0, \sigma_3 = -30\text{MPa}$$

同理,按式(8-40)和式(8-41)可以计算第三和第四强度理论的相当应力,其值分别为

$$\sigma_{r3} = \sigma_1 - \sigma_3 = 60 - (-30) = 90(\text{MPa})$$

$$\sigma_{r4} = \sqrt{\frac{1}{2}\left[(\sigma_1 - \sigma_2)^2 + (\sigma_2 - \sigma_3)^2 + (\sigma_3 - \sigma_1)^2\right]}$$

$$= \sqrt{\frac{1}{2}\{(60 - 0)^2 + [0 - (-30)]^2 + (-30 - 60)^2\}} = 79.37(\text{MPa})$$

　　再计算 8-25(c)单元体的相当应力。由单元体可制知,为了计算相当应力,必须首先计算出三个主应力 σ_1、σ_2、σ_3。根据式(8-9)得

$$\sigma_{1,2} = \frac{\sigma_x + \sigma_y}{2} \pm \sqrt{\left(\frac{\sigma_x - \sigma_y}{2}\right)^2 + \tau_x^2} = \frac{100 + 30}{2} \pm \sqrt{\left(\frac{100 - 30}{2}\right)^2 + 20^2}$$

得 $\sigma_1 = 105.31(\text{MPa})$, $\sigma_2 = 24.69(\text{MPa})$, $\sigma_3 = 0$

　　则可再按式(8-40)和式(8-41)计算第三和第四强度理论的相当应力,其值分别为

$$\sigma_{r3} = \sigma_1 - \sigma_3 = 105.31 - 0 = 105.31(\text{MPa})$$

$$\sigma_{r4} = \sqrt{\frac{1}{2}\left[(\sigma_1 - \sigma_2)^2 + (\sigma_2 - \sigma_3)^2 + (\sigma_3 - \sigma_1)^2\right]}$$

$$=\sqrt{\frac{1}{2}\left[(105.31-24.69)^2+(24.69-0)^2+(0-105.31)^2\right]}=95.41(\mathrm{MPa})$$

由以上三个单元计算的第三和第四强度理论的相当应力比较可知,两者的差距较大,按照第三强度理论来设计构件偏于安全。

例 8-9　图 8-26 所示为一铸铁脆性构件的危险点的单元体图。已知$[\sigma_-]=160\mathrm{MPa}$,$[\sigma_+]=40\mathrm{MPa}$,试用莫尔强度理论校核其强度。

单位:MPa

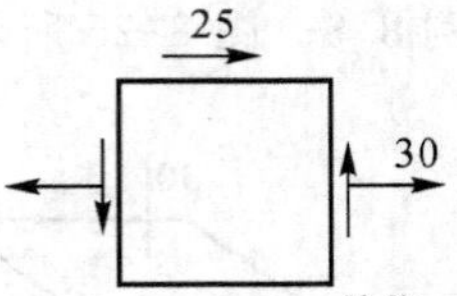

图 8-26

解　首先求出单元体上的主应力。根据式(8-9)

$$\sigma_{1,3}=\frac{\sigma_x+\sigma_y}{2}\pm\sqrt{(\frac{\sigma_x-\sigma_y}{2})^2+\tau_x^2}$$

$$=\frac{30+0}{2}\pm\sqrt{(\frac{30-0}{2})^2+25^2}$$

得

$$\sigma_1=44.15(\mathrm{MPa}),\sigma_3=-14.15(\mathrm{MPa}),\sigma_2=0(垂直纸平面方向)$$

利用莫尔强度理论校核其强度。根据式(8-42)有

$$\sigma_1-\frac{[\sigma_+]}{[\sigma_-]}\sigma_3=44.15-\frac{40}{160}\times(-14.15)=47.69(\mathrm{MPa})>[\sigma_+]$$

所以该构件的强度不够。

例 8-10　图 8-27 所示为一纯切应力状态的单元体。(1)试用第三和第四强度理论推导其强度条件;(2)与纯剪切应力状态的强度进行比较,找出许可切应力$[\tau]$和拉、压许可应力之间的关系。

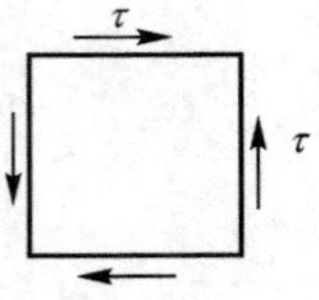

图 8-27

解　首先求出纯切应力状态单元体上的主应力。根据式(8-9)得

$$\sigma_{1,2}=\frac{\sigma_x+\sigma_y}{2}\pm\sqrt{(\frac{\sigma_x-\sigma_y}{2})^2+\tau_x^2}$$

$$=\frac{0+0}{2}\pm\sqrt{(\frac{0-0}{2})^2+(-\tau)^2}=\pm\tau$$

由于该纯切应力单元体与纸面垂直的方向也为主平面方向,而且主应力为零,根据三个主应力的排序,该主应力为中间主应力,而上式计算的第二主应力则退居为第三主应力,所以三个主应力分别为

$$\sigma_1=\tau,\sigma_2=0,\sigma_3=-\tau$$

按照第三强度理论的强度条件

$$\sigma_1-\sigma_3\leqslant[\sigma],\quad\tau-(-\tau)\leqslant[\sigma]$$

则有

$$\tau\leqslant\frac{1}{2}[\sigma]\tag{a}$$

按照第四强度理论的强度条件

$$\sqrt{\frac{1}{2}\left[(\sigma_1-\sigma_2)^2+(\sigma_2-\sigma_3)^2+(\sigma_3-\sigma_1)^2\right]}\leqslant[\sigma]$$

则有$\sqrt{\frac{1}{2}\{(\tau-0)^2+[0-(-\tau)]^2+(-\tau-\tau)^2\}}\leqslant[\sigma]$

$$\tau \leqslant \frac{1}{\sqrt{3}}[\sigma] \tag{b}$$

由第 2、3 章可知，纯切应力下的强度条件为

$$\tau \leqslant [\tau] \tag{c}$$

比较式（a）、（b）、（c），找出许可切应力 $[\tau]$ 和拉、压许可应力之间的关系。

比较式（a）和（c），得

$$[\tau] = \frac{1}{2}[\sigma] \tag{d}$$

比较式（b）和（c），得

$$[\tau] = \frac{1}{\sqrt{3}}[\sigma] \tag{e}$$

由式（d）、（e）的关系得

$$[\tau] = (\frac{1}{2} \sim \frac{1}{\sqrt{3}})[\sigma] \ 或 [\tau] = (0.5 \sim 0.577)[\sigma]$$

表明许可切应力 $[\tau]$ 也可以用许可拉、压应力 $[\sigma]$ 乘以（0.5～0.77）系数而给出。

例 8-11 图 8-28（a）所示为一焊接工字钢简支梁。已知钢梁的许可正应力 $[\sigma] = 170\text{MPa}$，尺寸与荷载见图示，试全面校核该梁的强度。

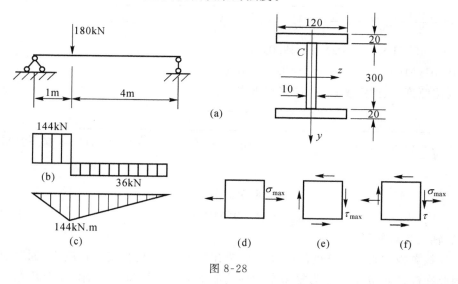

图 8-28

解 （1）画出简支梁的剪力和弯矩图。该梁的剪力图和弯矩图如图 8-27（b）、（c）所示，最大剪力和最大弯矩发生在集中荷载作用的截面左侧，其值分别为

$$Q_{\max} = 144\text{kN}, M_{\max} = 144\text{kN} \cdot \text{m}$$

（2）计算工字钢截面的几何特性。

工字钢截面对中性轴的两次面积矩 I_z

$$I_z = \frac{10 \times 10^{-3} \times (300 \times 10^{-3})^3}{12} + 2 \times [\frac{120 \times 10^{-3} \times (20 \times 10^{-3})^3}{12}] + 2 \times 160^2 \times 120 \times 20 \times 10^{-12}$$

$$= 146 \times 10^{-6}(\text{m}^4)$$

工字钢截面中性轴一侧截面对中性轴的一次面积矩 $S^*_{z,\max}$

$$S^*_{z,\max} = (120 \times 20 \times 160 + 150 \times 10 \times 75) \times 10^{-9} = 497 \times 10^{-6} (\text{m}^3)$$

工字钢一侧翼焊缝以外的截面对中性轴的一次面积矩 S^*_z

$$S^*_z = (120 \times 20 \times 160) \times 10^{-9} = 384 \times 10^{-6} (\text{m}^3)$$

（3）校核距中性轴最远的截面上下边缘各点正应力强度。

$$\sigma_{\max} = \frac{M_{\max} \cdot y}{I_z} = \frac{144 \times 10^3 \times 170 \times 10^{-3}}{146 \times 10^{-6}} = 167.67 \times 10^6 (\text{Pa}) = 167.67 (\text{MPa})$$

由于在距中性轴最远的截面上下边缘翼板上的各点，均为单向应力状态，如图 8-28(d)所示，无论按照哪一种强度理论，其相当应力均为

$$\sigma_r = \sigma_{\max} = 167.67 \text{MPa} < [\sigma]$$

截面上下边缘翼板上的各点的强度是足够的。

（4）校核中性轴上各点的切应力强度。由式(6-25)

$$\tau_{\max} = \frac{Q S^*_{z,\max}}{I_z d} = \frac{144 \times 10^3 \times 497 \times 10^{-6}}{146 \times 10^{-6} \times 10 \times 10^{-3}} = 49.01 \times 10^6 (\text{Pa}) = 49.01 (\text{MPa})$$

由于中性轴上各点的切应力相同，正应力均为零，所以这些点均为纯切应力状态，如图 8-28(e)所示，则主应力为

$$\sigma_{1,3} = \frac{\sigma_x + \sigma_y}{2} \pm \sqrt{\left(\frac{\sigma_x - \sigma_y}{2}\right)^2 + \tau_x^2} = \frac{0+0}{2} \pm \sqrt{\left(\frac{0-0}{2}\right)^2 + (49.01 \times 10^6)^2}$$

$$= \pm 49.01 \times 10^6 (\text{Pa}) = \pm 49.01 (\text{MPa})$$

得 $\sigma_1 = 49.01 (\text{MPa})$，$\sigma_2 = 0$，$\sigma_3 = -49.01 (\text{MPa})$

分别按照第三、四强度理论，计算相当应力：

$$\sigma_{r3} = \sigma_1 - \sigma_3 = 98.02 (\text{MPa})$$

$$\sigma_{r4} = \sqrt{\frac{1}{2} \left[(\sigma_1 - \sigma_2)^2 + (\sigma_2 - \sigma_3)^2 + (\sigma_3 - \sigma_1)^2\right]} = \sqrt{\frac{6}{2} \times 49.01^2} = 84.89 (\text{MPa})$$

由于有

$$\sigma_{r3} = 98.02 (\text{MPa}) < [\sigma]$$

$$\sigma_{r4} = 84.89 (\text{MPa}) < [\sigma]$$

所以中性轴上各点的强度足够。

（5）校核翼板和腹板焊缝处的强度。显然在焊缝 C 处既有较大正应力，同时也存在切应力，因此在焊缝 C 处上的点为复杂平面应力状态，如图 8-28(f)所示，需要用第三或第四强度理论进行校核。焊缝 C 处的正应力为

$$\sigma_{\max} = \frac{M_{\max} \cdot y}{I_z} = \frac{144 \times 10^3 \times 150 \times 10^{-3}}{146 \times 10^{-6}} = 147.95 \times 10^6 (\text{Pa}) = 147.95 (\text{MPa})$$

焊缝 C 处的切应力为

$$\tau_{\max} = \frac{Q S^*_z}{I_z d} = \frac{144 \times 10^3 \times 384 \times 10^{-6}}{146 \times 10^{-6} \times 10 \times 10^{-3}} = 37.87 \times 10^6 (\text{Pa}) = 37.87 (\text{MPa})$$

求出 C 点单元体的主应力。

$$\sigma_{1,3} = \frac{\sigma_x + \sigma_y}{2} \pm \sqrt{\left(\frac{\sigma_x - \sigma_y}{2}\right)^2 + \tau_x^2}$$

$$= \frac{147.95 \times 10^6 + 0}{2} \pm \sqrt{(\frac{147.95 \times 10^6 - 0}{2})^2 + (37.87 \times 10^6)^2}$$

则有 $\sigma_1 = 157.08(\text{MPa})$，$\sigma_2 = 0$，$\sigma_3 = -9.13(\text{MPa})$。

分别按照第三、四强度理论，计算相当应力：

$$\sigma_{r3} = \sigma_1 - \sigma_3 = 157.08 - (-9.13) = 166.21(\text{MPa})$$

$$\sigma_{r4} = \sqrt{\frac{1}{2}[(\sigma_1 - \sigma_2)^2 + (\sigma_2 - \sigma_3)^2 + (\sigma_3 - \sigma_1)^2]}$$

$$= \sqrt{\frac{1}{2}\{(157.08 - 0)^2 + [0 - (-9.13)]^2 + [(-9.13) - 157.08]^2\}} = 161.83(\text{MPa})$$

由于有

$$\sigma_{r3} = 166.21(\text{MPa}) < [\sigma]$$
$$\sigma_{r4} = 161.83(\text{MPa}) < [\sigma]$$

所以翼板和腹板焊缝 C 处的强度是足够的。

从上例可以看出，危险截面上下边缘处的弯曲正应力比翼板和腹板焊接处的弯曲正应力大许多，但是与翼板和腹板焊接处的相当应力已经非常接近，说明在 C 点处也可能首先达到危险相当应力。随着梁的跨度缩短，集中荷载距支座的靠近，其翼板和腹板焊缝 C 处的相当应力甚至会超过翼板上、下边缘处的弯曲正应力，成为截面上的危险点。在钢结构设计中，翼板和腹板焊缝 C 处的相当应力是必须要考虑的。从本例可以看出人们研究强度理论的必要性。

小　结

本章学习的主要内容：

(1) 点的应力状态的概念；主应力与主平面的概念；主切应力的概念。

(2) 利用解析法求主应力的大小、主平面和主切应力及其所在位置。

主应力　$\sigma_{1,2} = \frac{\sigma_x + \sigma_y}{2} \pm \sqrt{(\frac{\sigma_x - \sigma_y}{2})^2 + \tau_x^2}$

主平面　$\tan 2\alpha_0 = -\frac{2\tau_x}{\sigma_x - \sigma_y}$

主切应力　$\tau_{\max,\min} = \pm\sqrt{(\frac{\sigma_x - \sigma_y}{2})^2 + \tau_x^2}$

主切应力所在的平面　$\tan 2\alpha_\tau = -\frac{\sigma_x - \sigma_y}{2\tau_x}$

(3) 利用应力圆法求主应力的大小、主平面和主切应力及其所在位置。

应力圆方程　$(\sigma_a - \frac{\sigma_x - \sigma_y}{2})^2 + \tau_a^2 = (\frac{\sigma_x - \sigma_y}{2})^2 + \tau_x^2$

(4) 三向应力状态的计算。

(5) 平面应力状态和三向应力状态下的广义虎克定律。

平面应力状态下的广义虎克定律的表达式为

$$\varepsilon_x = \frac{1}{E}(\sigma_x - \mu\sigma_y)$$

$$\varepsilon_y = \frac{1}{E}(\sigma_y - \mu\sigma_x)$$

$$\gamma_{xy} = \frac{\tau_{xy}}{G}$$

三向应力状态下广义虎克定律的表达式为

$$\varepsilon_x = \frac{1}{E}[\sigma_x - \mu(\sigma_y + \sigma_z)]$$

$$\varepsilon_y = \frac{1}{E}[\sigma_y - \mu(\sigma_z + \sigma_x)]$$

$$\varepsilon_z = \frac{1}{E}[\sigma_z - \mu(\sigma_x + \sigma_y)]$$

$$\gamma_{xy} = \frac{\tau_{xy}}{G}, \gamma_{yz} = \frac{\tau_{yz}}{G}, \gamma_{zx} = \frac{\tau_{zx}}{G}$$

三向主应变下的广义虎克定律的表达式为

$$\varepsilon_1 = \frac{1}{E}[\sigma_1 - \mu(\sigma_2 + \sigma_3)]$$

$$\varepsilon_2 = \frac{1}{E}[\sigma_2 - \mu(\sigma_3 + \sigma_1)]$$

$$\varepsilon_3 = \frac{1}{E}[\sigma_3 - \mu(\sigma_1 + \sigma_2)]$$

(6)三向应力状态下的变形能的概念;体积变形比能、形状改变比能

体积改变比能 $V_\theta = \dfrac{1-2\mu}{6E} \cdot (\sigma_1 + \sigma_2 + \sigma_3)^2$

形状改变比能 $V_d = \dfrac{1+\mu}{6E}[(\sigma_1 - \sigma_2)^2 + (\sigma_2 - \sigma_3)^2 + (\sigma_3 - \sigma_1)^2]$

(7)主应力迹线的概念。

(8)四个经典强度理论:

$$\sigma_{r1} = \sigma_1$$

$$\sigma_{r2} = \sigma_1 - \mu(\sigma_2 + \sigma_3)$$

$$\sigma_{r3} = \sigma_1 - \sigma_3$$

$$\sigma_{r4} = \sqrt{\frac{1}{2}[(\sigma_1 - \sigma_2)^2 + (\sigma_2 - \sigma_3)^2 + (\sigma_3 - \sigma_1)^2]}$$

(9)莫尔强度理论:

$$\sigma_1 - \frac{[\sigma_+]}{[\sigma_-]}\sigma_3 \leqslant [\sigma]$$

(10)各强度理论的适用范围。

思 考 题

8-1   什么是点的应力状态? 如何研究点的应力状态?

8-2   什么叫主平面和主应力? 主应力与正应力有什么区别?

8-3   如何利用解析法求单元体上的主平面、主应力、最大切应力?

8-4　如何利用应力圆法确定单元体上的主应力、主平面、最大切应力？

8-5　最大切应力所在的平面与主平面之间的关系如何？

8-6　用解析法和应力圆法是怎么样确定二向应力状态的最大切应力的？

8-7　若构件内一点的某个方向上的线应变为零，那么该点处沿这个方向上的正应力为零；若沿某个方向上的正应力为零，则该点处在这个方向上的线应变为零。这种说法对吗？为什么？

8-8　三向应力状态下，三向主应变的广义虎克定律推导的全过程是怎么样的？

8-9　构件的变形能可以分解成哪几部分变形能？哪一部分的变形能是引起构件破坏的主要原因？

8-10　当有材料相同的两个单元体 A、B，已知 A 单元上的三个主应力为 $\sigma_1 = \sigma_2 = \sigma_3 = 200\mathrm{MPa}$，$B$ 单元上的三个主应力分别为 $\sigma_1 = 100\mathrm{MPa}$，$\sigma_2 = 200\mathrm{MPa}$，$\sigma_3 = 300\mathrm{MPa}$，问此两单元的体积改变有无差异？体积改变比能有无差异？形状改变比能有无差异？

8-11　两条主应力迹线的交叉处为什么相互垂直？

8-12　为什么说四个经典强度理论各有优缺点？莫尔强度理论的优点是什么？

8-13　为什么要学习强度理论？你是怎么理解的？

8-14　当已知某点的应力状态如思考题图 8-1 所示，若有 $\sigma \leqslant [\sigma]$，$\tau \leqslant [\tau]$，请问该点的应力肯定能满足强度条件吗？为什么？

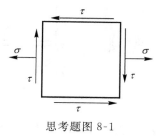

思考题图 8-1

习　题

8-1　已知单元体的应力状态如题 8-1 图所示，试用解析法求单元体的指定的斜方位时的四个侧面上的应力。

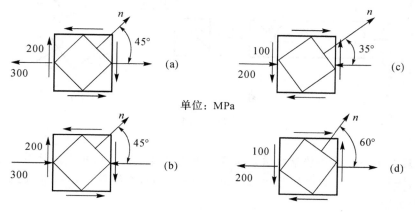

题 8-1 图

8-2　已知单元体的应力状态如题8-2图所示,试用解析法求:1)指定斜截面上的应力;2)主应力和主平面方向;3)用单元体表示主应力和主平面。

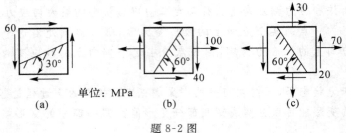

单位: MPa

(a)　　　　　(b)　　　　　(c)

题 8-2 图

8-3　用图解法求解题 8-2。

8-4　题 8-4 图所示为一薄圆筒受到扭转力矩 $T=0.6$ kN·m 和轴向拉力 $P=20$ kN 的作用。已知 $d=50$ mm,$h=2$ mm,试分别采用下述方法求 A 点处指定斜截面上的应力。1)用解析法;2)用应力圆法。

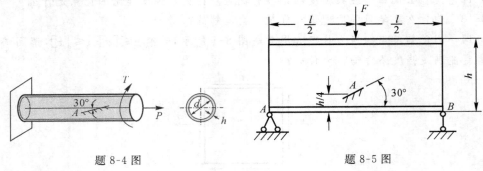

题 8-4 图　　　　　　　　　题 8-5 图

8-5　题 8-5 图所示为一简支梁,由 No.32a 工字钢组成。已知 $F=100$ kN,$l=5$ m,A 点所在的截面在集中力 F 的右侧,且无限接近力 F 作用的截面。试求:1)A 点在指定斜截面上的应力;2)A 点的主应力及主平面;3)用单元体表示主应力和主平面。

8-6　题 8-6 图所示为一受 F 作用的轴向拉伸构件。已知:角度为 $\alpha=60°$ 的斜面上 $\sigma_{60°}=2.5$ MPa,$\tau_{60°}=2.5\sqrt{3}$ MPa,试求 F 值。

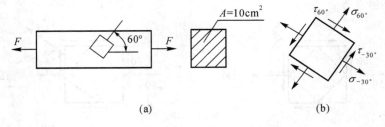

(a)　　　　　　　　　(b)

题 8-6 图

8-7　题 8-7 图示为两块钢板通过斜焊的方式对接而成。已知焊缝材料的许用应力 $[\sigma]=145$ MPa,$[\tau]=100$ MPa,板的宽 $b=200$ mm,$\delta=10$ mm,焊缝斜角 $\alpha=30°$,试求该焊缝所许可的最大拉力 $[F]$。

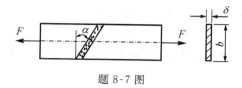

题 8-7 图

8-8 题 8-8 图所示为一矩形截面悬臂梁。已知 $F = 40\text{kN}, l = 50\text{mm}$，截面尺寸见图（单位为 mm），试求固定端截面上 $A、B$ 两点的最大切应力和作用面的方位。

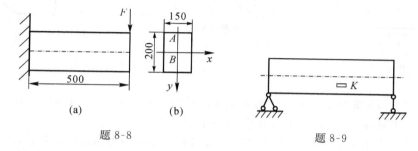

题 8-8   题 8-9

8-9 在做材料的应力与应变试验时，测得题 8-9 图所示梁上的 K 点处的应变 $\varepsilon_x = 0.5 \times 10^{-3}, \varepsilon_y = 1.65 \times 10^{-4}$。若梁的弹性模量 $E = 210\text{GPa}, \mu = 0.3$，试求 K 点处的应力。

8-10 单元体各面上的应力如题 8-10 图所示。试用应力圆求主应力和最大切应力。

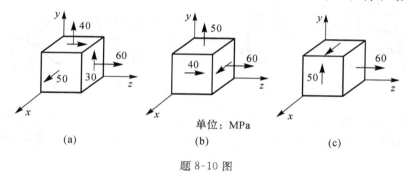

题 8-10 图

8-11 题 8-11 图为两个单元体。已知：$E = 200\text{GPa}, \mu = 0.3$，试 求：1）$\varepsilon_x、\varepsilon_y$ 和 ε_z；2）体应变 θ；3）比能 V_s；4）体积改变比能 V_θ 和形状改变比能 V_d。

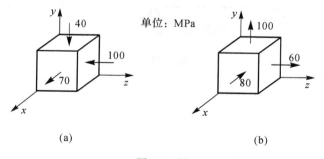

题 8-11 图

8-12　题 8-12 图所示为构件某点的应力状态图,已知弹性模量 E 和泊松比 μ,试求 x、y、z 方向的线应变 ε_x、ε_y、ε_z。

8-13　试对题 8-13 图所示的单元,按照第 1、2、3、4 强度理论写出相当应力值。设 $\mu=0.3$。

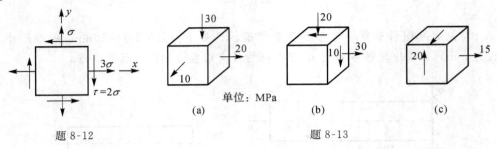

单位:MPa

(a)　　　　　(b)　　　　　(c)

题 8-12　　　　　　　　　　　　　　　题 8-13

8-14　题 8-14 图所示为一工字钢简支梁。已知 $F=200$kN,$q=10$kN/m,$a=0.2$m,$l=1.6$m,$[\sigma]=160$MPa,试选定工字钢型号,并进行主应力校核。

8-15　有一铸铁薄壁筒如题 8-15 图所示,筒的内径 $d=120$mm,壁厚 $t=5$mm,内压 $p=2$MPa,轴向压力 $F=40$kN,外力偶矩 $M_e=2$kN·m。材料的许用拉应力 $[\sigma_t]=40$MPa,许用压应力 $[\sigma_c]=160$MPa。试用第二强度理论和莫尔强度理论校核其强度。材料的泊松比取 $\mu=0.3$。

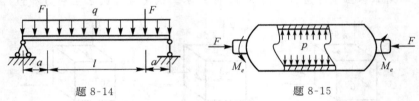

题 8-14　　　　　　　　　　　　　题 8-15

8-16　有一锅炉汽包如题 8-16 图所示。已知汽包自重 500kN(设沿轴向均匀分布),气体压强 $p=4$MPa,锅炉材料的许用应力 $[\sigma]=120$MPa,试按照第三、第四强度理论进行强度校核。

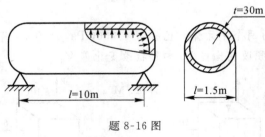

题 8-16 图

第9章 杆件组合变形时的强度计算

【学习导航】

杆件在外力作用下,同时发生两种或两种以上基本变形的组合,称为组合变形。由于在小变形和线弹性限制的条件下,杆件上各种荷载的作用彼此独立,互不影响,故组合变形可以采用叠加法来计算。本章讨论四种组合变形:斜弯曲、轴向拉伸或压缩与弯曲的组合、杆件的偏心拉伸或压缩、弯曲与扭转的组合。本章的内容实际上是前几章有关的理论和方法的综合应用。

【学习要点】

1. 组合变形的概念;

2. 斜弯曲;

3. 杆件的拉伸或压缩与弯曲组合变形;

4. 杆件的偏心拉伸或压缩,截面核心;

5. 杆件的弯曲与扭转组合变形。

9.1 杆件组合变形的概念与工程中的实例

前面几章中,分别研究了杆件的拉伸(压缩)、剪切、扭转和弯曲等四种基本变形。在工程实际中,杆件在外力作用下,会同时发生两种或两种以上的基本变形,这种变形情况称为**组合变形**(combined deformation)。在建筑结构中,很多构件是在组合变形状态下工作的。例如图 9-1(a)所示的水塔,图 9-1(b)所示的烟囱、图 9-1(c)所示的承重墙等建筑物,除风载荷引起的弯曲变形外,同时还有物体自重或从上部传下来的力又使它发生轴向压缩变形,即同时发生压缩与弯曲的组合变形。图 9-1(d)所示的三角形屋架上的檩条,在屋面载荷作用下将出两个平面内的弯曲组合成斜弯曲。图 9-1(e)所示的平台梁在扶梯梁载荷作用下发生弯曲与扭转组合变形。图 9-1(f)所示电动机的转轴和轮轴在皮带拉力或齿轮啮合力作用下也产生弯曲与扭转组合变形。

求解构件组合变形问题的方法是叠加法。如果构件的材料服从虎克定律且变形是微小的弹性变形,则此时力的独立作用原理是成立的,即每一组载荷引起的内力、应力和变形不受其他载荷的影响,因此可以应用叠加原理来解决组合变形问题。杆件在几个载荷同时作用下的效果,就等于每个载荷单独作用下所产生的效果的总和,这就是组合变形的**叠加原理**

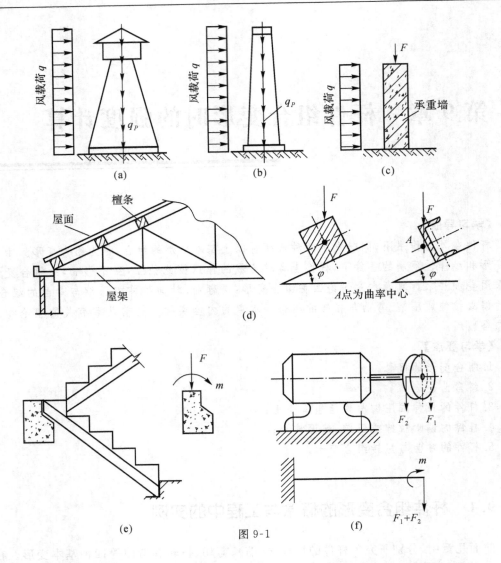

图 9-1

（superposition principle）。按照叠加原理，组合变形下强度计算的步骤归纳如下：

（1）外力分析。将载荷简化为符合基本变形外力作用条件的静力等效力系。

（2）内力分析，确定危险截面。分别作出各基本变形的内力图，确定构件危险截面位置及其内力分量。

（3）应力分析，确定危险点。根据基本变形下横截面上的应力变化规律，确定危险点位置及其应力分量，并按叠加原理画出危险点的应力状态。

（4）强度分析。根据危险点的应力状态，选取适当的强度理论建立强度条件，进行强度计算。

9.2　梁的斜弯曲

在本书第 5 章已详细地讨论了平面弯曲，平面弯曲是指梁上载荷作用于梁的纵向对称平面上,梁的轴线在纵向对称平面内被弯成一条光滑的平面曲线的情形。在建筑结构中,常采用矩形截面梁作为主要承重杆件,且有时还要考虑梁上载荷不位于梁的纵向对称平面的情形。如图 9-1(d)所示的三角形屋架上的檩条,檩条承受的垂直载荷 F 就不与截面对称轴重合,这时,梁变形后的轴线与外力不在同一纵向对称平面内,这种弯曲变形称为**斜弯曲**(oblique bending)。

为了说明斜弯曲的应力和变形计算,现以截面为矩形的悬臂梁为例。如图 9-2(a)所示的矩形截面悬臂梁,设作用于梁自由端的集中力 F 通过截面形心,但并不在梁的纵向对称平面内,而是与垂直对称轴成一夹角 $\varphi(\varphi\neq 90°)$,其坐标系的选取如图 9-2(a)所示。若将载荷 F 沿截面的形心主轴 y、z 轴分解为两个分量 F_y 和 F_z,则这两个载荷分量分别使梁在两个互相垂直的形心主惯性平面内发生平面弯曲。应用平面弯曲公式分别算出两个平面弯曲下的应力,叠加后便得到斜弯曲时的总应力。

1. 正应力计算

(1)外力分析

将载荷 F 沿形心主轴分解为两分力 F_y 和 F_z。

$$F_y = F\cos\varphi, \quad F_z = F\sin\varphi$$

(2)内力分析

如图 9-2(b)所示,F_y 和 F_z 在距固定端距离 x 的任一横截面 m-m 上产生的弯矩为

$$M_z = F_y(l-x) = F(l-x)\cos\varphi = M\cos\varphi$$
$$M_y = F_z(l-x) = F(l-x)\sin\varphi = M\sin\varphi$$

其中,$M = \sqrt{M_y^2 + M_z^2} = F(l-x)$ 为力 F 在 m-m 截面上的总弯矩,如图 9-2(c)所示。

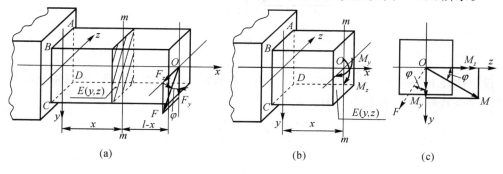

图 9-2

(3)应力分析

M_z 和 M_y 在 m-m 截面上任一点 E 处所引起的正应力为 σ' 和 σ'',则

$$\sigma' = -\frac{M_z}{I_z}y = -\frac{M\cos\varphi}{I_z}y$$

$$\sigma'' = -\frac{M_y}{I_y}z = -\frac{M\sin\varphi}{I_y}z$$

由叠加原理得 E 点的正应力为

$$\sigma = \sigma' + \sigma'' = -\frac{M_z}{I_z}y - \frac{M_y}{I_y}z = -M\left(\frac{\cos\varphi}{I_z}y + \frac{\sin\varphi}{I_y}z\right) \tag{9-1}$$

式中：I_y、I_z 为横截面面积关于中性轴 y、z 的截面惯性矩；y 和 z 为 E 点到 z 轴和 y 轴的距离。式(9-1)就是计算斜弯曲正应力的公式。

式(9-1)中，M_z、M_y、y、z 均以绝对值代入，而在应力表达式前加"$+$"、"$-$"号。σ' 和 σ'' 的正、负号则通过观察 E 点引起的正应力的性质——受拉或受压来确定。如图 9-2 所示，E 点的正应力均为压应力，所以取负号。

至于切应力，在一般情况下其数值都很小，切应力忽略不计。

2. 强度计算

(1)确定中性轴的位置

式(9-1)表示横截面上的正应力 σ 是点 E 的坐标的两个变量的线性函数，所以它的分布规律是一个平面，如图 9-3 所示。在此平面与横截面相交的直线上，各点处的正应力均等于零，因此，该直线即为中性轴。如同平面弯曲一样，梁在斜弯曲时，最大的拉应力和最大的压应力也发生在横截面上离中性轴最远点处，因此要进行强度计算首先要确定中性轴的位置。

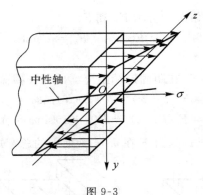

图 9-3

设中性轴上任一点的坐标为 (y_0, z_0)。由于中性轴上正应力等于零，所以将坐标代入式(9-1)，并令其等于零，得到中性轴方程

$$-M\left(\frac{\cos\varphi}{I_z}y_0 + \frac{\sin\varphi}{I_y}z_0\right) = 0$$

即

$$\frac{\cos\varphi}{I_z}y_0 + \frac{\sin\varphi}{I_y}z_0 = 0 \tag{9-2}$$

这就是中性轴方程，可见中性轴是通过横截面形心的一条直线。它与 z 轴之间的夹角为 α，如图 9-4 所示。

$$\tan\alpha = \frac{y_0}{z_0} = -\frac{I_z}{I_y}\cot\varphi \tag{9-3}$$

由式(9-3)可见，①当力 F 通过第二、四象限时，中性轴通过第一、三象限；当力 F 通过第一、三象限时，中性轴通过第二、四象限；②中性轴与力 F 作用线并不垂直。只有当 $I_z = I_y$ 时，即截面的两个形心主惯性矩相等时，中性轴才与力 F 作用线垂直。例如截面为正多边形或圆形的情形，此时不论力 F 的 φ 角等于多少，梁所发生的总是平面弯曲，所以工程上常用正方形或圆形截面梁就是根据这种情况而选择的。

中性轴把截面划分为拉应力和压应力两个区域,在截面的周边上作两条与中性轴平行的切线,如图 9-5 所示。切点 E_1 和 E_2 为距中性轴最远的点,也就是正应力最大的点,E_1 是最大拉应力,E_2 是最大压应力。将切点 E_1 和 E_2 的 y、z 坐标分别代入式(9-1),即可进行强度计算。

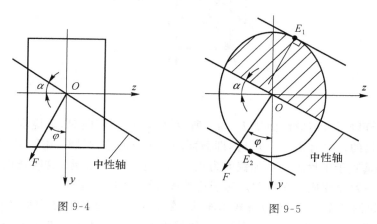

图 9-4　　　　　　　　　　　图 9-5

(2)正应力的强度计算

工程中常用的矩形、工字形、槽形等截面梁,其横截面具有双对称轴且具有棱角,则最大正应力点一定位于截面边缘的棱角上,所以不必确定中性轴的位置,由直接观察就可以得出危险点。在图 9-2 中,矩形截面梁固定端截面为危险截面,A 点和 C 点为危险点。A 点为最大拉应力点,C 点为最大压应力点,两点正应力的绝对值相等且危险点为单向应力状态。所以斜弯曲的正应力强度条件为

$$\sigma_{\max} = \frac{M_{z\max}}{I_z}y_{\max} + \frac{M_{y\max}}{I_y}z_{\max} = \frac{M_{z\max}}{W_z} + \frac{M_{y\max}}{W_y} \leqslant [\sigma] \qquad (9\text{-}4)$$

式中:$W_z = \dfrac{I_z}{y_{\max}}$,$W_y = \dfrac{I_y}{z_{\max}}$。

式(9-4)对于工字形和槽形截面梁也同样适用。

3. 挠度计算

梁在斜弯曲时的挠度计算也采用叠加法。例如,求图 9-2 所示悬臂梁自由端的挠度时,先分别求出 F_y 和 F_z 引起的挠度 f_y 和 f_z。如果把挠度 f_y 和 f_z 看成位移矢量,则按矢量和就可求得总挠度 f 的大小与方向,如图 9-6 所示。挠度 f_y 和 f_z 分别为

$$f_y = \frac{F_y l^3}{3EI_z} = \frac{(F\cos\varphi)l^3}{3EI_z}$$

$$f_z = \frac{F_z l^3}{3EI_y} = \frac{(F\sin\varphi)l^3}{3EI_y}$$

总挠度 f 为

$$f = \sqrt{f_y^2 + f_z^2} \qquad (9\text{-}5)$$

设总挠度 f 与 y 轴夹角为 β,则

$$\tan\beta = \frac{f_z}{f_y} = \frac{(F\sin\varphi)l^3}{3EI_y} \times \frac{3EI_z}{(F\cos\varphi)l^3} = \frac{I_z}{I_y}\tan\varphi \qquad (9\text{-}6)$$

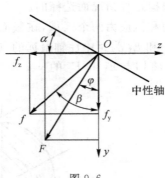

图 9-6

由式(9-6)可见,对矩形截面梁 $I_z \neq I_y$,所以 $\beta \neq \varphi$,即斜弯曲时,总挠度 f 的方向与力 F 的方向是不一致的。只有当 $I_z = I_y$ 时,即截面的两个形心主惯性矩相等,才有 $\beta = \varphi$,说明挠度 f 的方向仍垂直于中性轴。例如截面为正多边形或圆形的情形,这时挠度方向才和力 F 的作用线方向一致而变成平面弯曲。对于这类梁,就不存在斜弯曲了。

例 9-1 如图 9-7(a)所示为桥式吊车梁,在梁跨中处起吊重物 $P = 26\mathrm{kN}$。横截面为 20a 工字钢,材料的许用应力 $[\sigma] = 160\mathrm{MPa}$,梁跨度 $l = 3\mathrm{m}$。吊车行进时由于惯性或其他原因,使起吊重物的钢缆偏离纵向垂直对称面一个 φ 角。若 $\varphi = 5°$,试校核梁的强度。

解 (1)外力分析

工字形截面具有 y 和 z 两个对称轴,受力分析如图 9-7(b)所示。力 P 通过截面形心,但与 y 轴成 φ 角,故梁的变形为斜弯曲。将力 P 沿 y、z 轴分解,得

$$P_y = P\cos\varphi = 26 \times \cos5° = 25.90(\mathrm{kN})$$
$$P_z = P\sin\varphi = 26 \times \sin5° = 2.27(\mathrm{kN})$$

(2)内力分析,确定危险截面

此梁可以看成 P_y、P_z 作用下分别在 xy 及 xz 平面内产生平面弯曲变形,其分别作用时弯矩图如图 9-7(c)所示。在跨中截面 C 处,M_y、M_z 同时具有最大值。吊车梁是一个等截面梁,因此截面 C 是危险截面,其弯矩为

$$M_{z\max} = \frac{1}{4}P_y l = \frac{1}{4} \times 25.90 \times 3 = 19.43(\mathrm{kN \cdot m})$$

$$M_{y\max} = \frac{1}{4}P_z l = \frac{1}{4} \times 2.27 \times 3 = 1.70(\mathrm{kN \cdot m})$$

(3)应力分析,确定危险点

查附录 No.20a 工字钢的 $W_y = 31.5\mathrm{cm}^3$,$W_z = 237\mathrm{cm}^3$。由 $M_{y\max}$ 和 $M_{z\max}$ 所引起的在截面 C 上的正应力分布如图 9-7(d)所示,其中:

$$\sigma' = \frac{M_{y\max}}{W_y} = \frac{1.70 \times 10^3}{31.5 \times 10^{-6}} \times 10^{-6} = 54.0(\mathrm{MPa})$$

$$\sigma'' = \frac{M_{z\max}}{W_z} = \frac{19.43 \times 10^3}{237 \times 10^{-6}} \times 10^{-6} = 82.0(\mathrm{MPa})$$

由图 9-7(d)的应力分布可见,将斜弯曲所产生的正应力叠加后,压应力在 b 点最大,拉应力在 a 点最大,它们的绝对值相等。a、b 点为危险点。因此截面上最大正应力数值为

$$\sigma_{\max} = \sigma' + \sigma'' = 54.0 + 82.0 = 136.0(\mathrm{MPa})$$

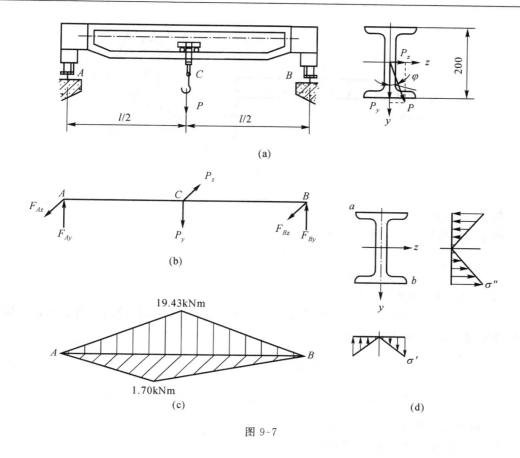

图 9-7

（4）强度校核

$$\sigma_{max} = 136.0 \text{MPa} < [\sigma] = 160 \text{MPa}$$

满足强度条件要求。

讨论：如果重物没有偏斜，即 $\varphi = 0°$，这时梁跨中最大弯矩为

$$M_{max} = \frac{1}{4} Pl = \frac{1}{4} \times 26 \times 3 = 19.5 (\text{kN} \cdot \text{m})$$

最大正应力为

$$\sigma_{max} = \frac{M_{max}}{W_z} = \frac{19.5 \times 10^3}{237 \times 10^{-6}} \times 10^{-6} = 82.3 (\text{MPa})$$

由此可见，虽然载荷偏斜仅 5°，但最大正应力增加了 $\frac{136.0 - 82.3}{82.3} = 65.2\%$。这是因为工字钢截面的抗弯截面系数 W_y 比 W_z 小得多，在 z 方向的分力 P_z 虽然较小，但它引起的应力很大。所以，在吊车梁工作时，应尽量避免载荷偏斜，必要时应加装水平桁架，以增大梁在 z 方向的抗弯刚度。

例 9-2　矩形截面木檩条跨长为 $l = 3$m，受集度为 $q = 800$N/m 的均布载荷作用，如图 9-8 所示。檩条材料为杉木，$[\sigma] = 12$MPa，$E = 10$GPa。设横截面的高宽比 $\frac{h}{b} = 1.5$。容许挠度为 $\frac{l}{200}$，试按强度条件选择其截面尺寸并作刚度校核。

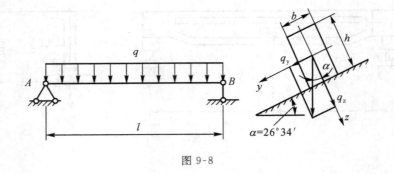

图 9-8

解　(1)外力分析

将 q 沿对称轴 y 和 z 分解成两个分量

$$q_y = q\sin\alpha = 800 \times \sin26°34' = 357.8(\text{N/m})$$

$$q_z = q\cos\alpha = 800 \times \cos26°34' = 715.5(\text{N/m})$$

(2)内力分析,确定危险截面

由 q_y、q_z 分别作用时相应的最大弯矩都在跨中截面处,M_y、M_z 同时具有最大值。因此跨中截面是危险截面,其弯矩为

$$M_{z\max} = \frac{1}{8}q_y l^2 = \frac{1}{8} \times 357.8 \times 3^2 = 402.5(\text{N} \cdot \text{m})$$

$$M_{y\max} = \frac{1}{8}q_z l^2 = \frac{1}{8} \times 715.5 \times 3^2 = 804.9(\text{N} \cdot \text{m})$$

(3)由强度条件选择其截面尺寸

由式(9-4)建立檩条的强度条件

$$\sigma_{\max} = \frac{M_{z\max}}{W_z} + \frac{M_{y\max}}{W_y} \leqslant [\sigma] \tag{1}$$

此式中包含有 W_y 和 W_z 两个未知量,先根据横截面的高宽比 $\dfrac{h}{b} = 1.5$ 求得 $\dfrac{W_y}{W_z}$ 的比值,即

$$\frac{W_y}{W_z} = \frac{\dfrac{bh^2}{6}}{\dfrac{hb^2}{6}} = \frac{h}{b} = 1.5$$

将它代入式(1)得

$$\sigma_{\max} = \frac{402.5}{W_z} + \frac{804.9}{1.5W_z} \leqslant 12 \times 10^6$$

$$W_z = 78.3 \times 10^{-6}(\text{m}^3)$$

则

$$W_z = \frac{1}{6}hb^2 = \frac{1}{6} \times 1.5b^3 = 78.3 \times 10^{-6}$$

解得　　　　　$b = 6.79 \times 10^{-2}(\text{m}) = 67.9(\text{mm})$,$h = 1.5 \times 67.9 = 102(\text{mm})$

选矩形截面尺寸:70mm×110mm。

(4)根据选定的截面作刚度校核

由第 7 章挠度计算可得 q_y 和 q_z 相应的挠度,其值分别为

$$f_y = \frac{5q_y l^4}{384EI_z}$$

$$f_z = \frac{5q_z l^4}{384EI_y} \tag{2}$$

$$I_y = \frac{bh^3}{12} = \frac{1}{12} \times 70 \times 110^3 = 776 \times 10^4 (\text{mm}^4) = 776 \times 10^{-8} (\text{m}^4)$$

$$I_z = \frac{hb^3}{12} = \frac{1}{12} \times 110 \times 70^3 = 314 \times 10^4 (\text{mm}^4) = 314 \times 10^{-8} (\text{m}^4)$$

将 I_y 和 I_z 代入式(2)得

$$f_y = \frac{5q_y l^4}{384EI_z} = \frac{5 \times 357.8 \times 3^4}{384 \times 10 \times 10^9 \times 314 \times 10^{-8}} = 1.202 \times 10^{-2} (\text{m}) = 12.02 (\text{mm})$$

$$f_z = \frac{5q_z l^4}{384EI_y} = \frac{5 \times 715.5 \times 3^4}{384 \times 10 \times 10^9 \times 776 \times 10^{-8}} = 0.972 \times 10^{-2} (\text{m}) = 9.72 (\text{mm})$$

跨中总挠度为

$$f_{\max} = \sqrt{f_y^2 + f_z^2} = \sqrt{12.02^2 + 9.72^2} = 15.46 (\text{mm})$$

容许挠度为

$$f_{容} = \frac{l}{200} = \frac{3}{200} = 0.015 (\text{m}) = 15 (\text{mm})$$

则

$$f_{\max} > f_{容}$$

刚度条件不能满足。

　　讨论：$f_{\max}$ 值超过容许挠度值 $\frac{15.46 - 15}{15} = 3\%$，可以适当增加截面尺寸，然后再作刚度校核。

9.3　杆件的拉伸或压缩与弯曲组合变形

　　如果杆件在受到轴向拉力或轴向压力的同时，在通过其轴线的纵向平面内还受到垂直于轴线的载荷，杆件将产生拉伸或压缩与弯曲的组合变形。例如图 9-1(a)的水塔、图 9-1(b)的烟囱，再如图 9-9 所示，道路旁的灯杆、指示牌立柱等无风载时也发生压缩与弯曲的组合变形。

　　如图 9-10(a)所示的矩形截面悬臂梁，作用于梁自由端的集中力 F 位于纵向对称平面 Oxy 内，并与 x 轴成一夹角 $\alpha(\alpha \neq 90°)$。先将载荷 F 分解为轴向力 $F_x = F\cos\alpha$ 和横向力 $F_y = F\sin\alpha$，力 F_x 使梁产生拉伸变形，力 F_y 使梁发生平面弯曲，该梁产生拉伸与弯曲的组合变形。梁的轴力图和弯矩图如图 9-10(b)、(c)所示。

图 9-9　道路指示牌立柱

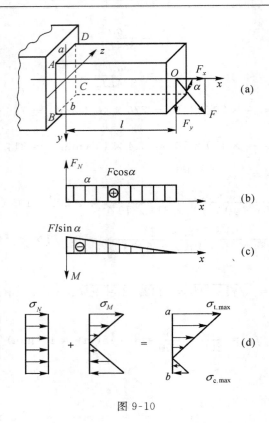

图 9-10

由图可见,危险截面在悬臂梁固定端,其固定端截面 $ABCD$ 上的应力分布如图 9-10 (d)所示。轴力 F_N 引起的正应力为 $\sigma_N = \dfrac{F_N}{A} = \dfrac{F\cos\alpha}{A}$,弯矩 M 引起的正应力 $\sigma_M = \dfrac{M}{W_z} = \dfrac{Fl\sin\alpha}{W_z}$。经叠加后不难看出,上、下边缘各点为危险点,图 9-10(a)中的 AD 边各点为最大拉应力,BC 边各点为最大压应力,且危险点 a、b 的应力状态为单向拉压状态。

综上所述,拉伸或压缩与弯曲的组合变形的强度条件为

$$\sigma_{t,max} = \frac{F_N}{A} + \frac{M}{W_z} \leqslant [\sigma_t]$$

$$\sigma_{c,max} = \left| \frac{F_N}{A} - \frac{M}{W_z} \right| \leqslant [\sigma_c]$$

（9-7）

式中:$\sigma_{t,max}$ 和 $\sigma_{c,max}$ 为危险点最大拉应力和最大压应力;F_N 和 M 为危险截面上的轴力和弯矩;$[\sigma_t]$ 和 $[\sigma_c]$ 为材料的许用拉应力和许用压应力。

注意:应用式(9-7)进行强度计算时,弯矩 M 取绝对值,而轴力 F_N 应根据拉正压负的规定取代数值。建议应用式(9-7)进行危险点的应力分析时,绘出应力分布草图,这样力学概念清楚,符号问题也清楚。

例 9-3 如图 9-11(a)所示,起重机的最大起吊重 $P=15\text{kN}$,材料为塑性材料,许用应力$[\sigma]=160\text{MPa}$,试为 AB 梁选择适当的工字钢型号。

解　(1)外力分析

AB 梁的受力简图如图 9-11(b)所示,由平衡条件 $\sum M_A = 0$ 得

$$F_{Cy} = \frac{3}{2}P = 22.5(\text{kN}), \text{则 } F_{Cx} = \frac{4}{3}F_{Cy} = 30(\text{kN})$$

AB 梁受到压缩和弯曲的组合变形。

(2)内力分析

作 AB 梁的轴力图和弯矩图,如图 9-11(c)、(d)所示,由图可知,在 C 点左侧截面上弯矩为极值,而轴力与其他截面相同,故为危险截面。

$$N = -F_{Cx} = -30(\text{kN})$$

$$M_{\max} = 15(\text{kN} \cdot \text{m})$$

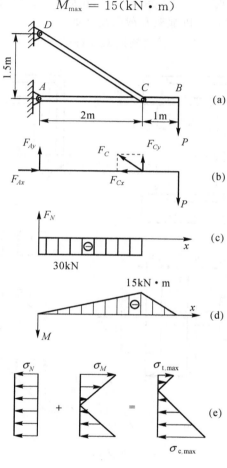

图 9-11

1. 按强度条件选择适当的工字钢型号

计算时暂不考虑轴力的影响,只按弯曲正应力强度条件确定工字钢的抗弯截面系数,有

$$W_z = \frac{|M|_{\max}}{[\sigma]} = \frac{15 \times 10^3}{160 \times 10^6} = 9.375 \times 10^{-5}(\text{m}^3) = 93.75(\text{cm}^3)$$

查附表工字钢型号,选取 $W_z = 102\text{cm}^3$ 的 No. 14 工字钢,$A = 21.5\text{cm}^2$,然后进行压缩和

弯曲组合变形强度校核。C 点左侧截面应力分布如图 9-10(e)所示,显而易见,在 C 截面下边缘的压应力最大。则

$$\sigma_{c,max} = \left| \frac{N}{A} - \frac{M}{W_z} \right| = \left| \frac{-30 \times 10^3}{21.5 \times 10^{-4}} - \frac{15 \times 10^3}{102 \times 10^{-6}} \right|$$
$$= 161 \times 10^6 (Pa) = 161 (MPa) > [\sigma] = 160 MPa$$

最大压应力略大于许用应力,在工程实际中,当构件的工作应力未超过许用应力的 5% 时,考虑到安全系数,仍认为构件是安全的。所以选取 No.14 工字钢。

注意:如果材料是塑性材料,只需求出应力的最大绝对值进行强度计算;如果材料是脆性材料(如铸铁),其许用拉应力和许用压应力不同,而且截面的部分区域受拉,部分区域受压,就应分别计算出最大拉应力和最大压应力,并分别进行强度计算。

例 9-4 材料为铸铁的压力机框架及截面尺寸如图 9-12(a)所示。$F = 12kN$,材料的许用应力 $[\sigma_t] = 30MPa$,$[\sigma_c] = 80MPa$,试校核框架立柱的强度。

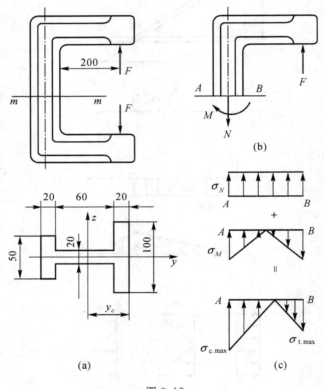

图 9-12

解 (1)内力分析

立柱上任一横截面 m-m 受轴力 N 和弯矩 M 的作用,产生拉伸和弯曲的组合变形,如图 9-12(b)所示。

立柱截面几何性质为

$$A = 50 \times 20 + 60 \times 20 + 100 \times 20 = 4200 (mm^2) = 4.2 \times 10^{-3} (m^2)$$

截面形心位置

$$y_c = \frac{\sum y_{ci} A_i}{\sum A_i} = \frac{50 \times 20 \times 90 + 20 \times 60 \times 50 + 100 \times 20 \times 10}{4200} = 40.5 \text{(mm)}$$

惯性矩

$$I_z = I_{z_1} + a_1^2 A_1 + I_{z_2} + a_2^2 A_2 + I_{z_3} + a_3^2 A_3$$

$$= \frac{50 \times 20^3}{12} + 50 \times 20 \times 49.5^2 + \frac{20 \times 60^3}{12} + 20 \times 60 \times 9.5^2 + \frac{100 \times 20^3}{12} + 100 \times 20 \times 30.5^2$$

$$= 4.88 \times 10^6 \text{(mm}^4\text{)} = 4.88 \times 10^{-6} \text{(m}^4\text{)}$$

则

$$N = 12 \times 10^3 \text{(N)}$$

$$M = F \times (200 + y_c) \times 10^{-3} = 12 \times 10^3 \times 240.5 \times 10^{-3} = 2886 \text{(N} \cdot \text{m)}$$

应力分布图如图 9-12(c)所示，轴力为拉应力呈均匀分布，截面 $m\text{-}m$ 上的弯曲正应力在弯曲平面内呈线性分布，两种应力均垂直于横截面，经叠加后应力也呈线性分布，左边线为最大压应力，右边线为最大拉应力。下面计算该截面左右边线 A、B 点处的抗弯截面系数。

$$W_A = \frac{I_z}{(100 - y_c) \times 10^{-3}} = \frac{4.88 \times 10^{-6}}{59.5 \times 10^{-3}} = 8.2 \times 10^{-5} \text{(m}^3\text{)}$$

$$W_B = \frac{I_z}{y_c \times 10^{-3}} = \frac{4.88 \times 10^{-6}}{40.5 \times 10^{-3}} = 12.05 \times 10^{-5} \text{(m}^3\text{)}$$

2. 强度校核

$$\sigma_{t,max} = \frac{N}{A} + \frac{M}{W_B} = \frac{12 \times 10^3}{4.2 \times 10^{-3}} + \frac{2886}{12.05 \times 10^{-5}} = 26.9 \times 10^6 \text{(Pa)}$$

$$= 26.9 \text{(MPa)} < [\sigma_t] = 30 \text{MPa}$$

$$\sigma_{c,max} = \left| \frac{N}{A} - \frac{M}{W_A} \right| = \left| \frac{12 \times 10^3}{4.2 \times 10^{-3}} - \frac{2886}{8.2 \times 10^{-5}} \right| = 32.3 \times 10^6 \text{(Pa)} < [\sigma_c] = 80 \text{MPa}$$

立柱强度足够。

9.4　杆件的偏心拉伸或压缩　截面核心

杆件受到平行于轴线但不与轴线重合的力作用时，引起的变形称为 **偏心拉伸或压缩**（eccentric tension or compression）。其变形特征是轴向拉伸或压缩与弯曲两种变形的组合。如图 9-13 所示的厂房车间立柱就是受到偏心压缩的实例。

9.4.1　偏心拉伸或压缩的计算

1. 应力计算

现以图 9-14(a)所示矩形截面杆为例，来说明偏心拉伸杆件的应力计算问题。设平行于杆轴线的拉力 F，其作用点 A 不在截面的任一形心主轴上，力 F 作用点 A 的坐

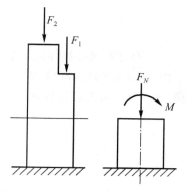

图 9-13

标为(y_F,z_F)。现将力 F 向截面形心 O 简化,其简化结果为:轴向拉力 F 和两个形心主惯性平面内的力偶矩 M_y 和 M_z。从而引起轴向拉伸和两个平面弯曲的组合,如图 9-14(b)所示。轴向力和两个弯矩分别为 $N=F$,$M_y=F \cdot z_F$,$M_z=F \cdot y_F$。取任意横截面 $m\text{-}m$ 上一点 B (y,z),轴向力和两个弯矩使 B 点引起的正应力分别为

$$\sigma'=\frac{N}{A}=\frac{F}{A}$$

$$\sigma''=\frac{M_y}{I_y}z=\frac{F \cdot z_F \cdot z}{I_y}$$

$$\sigma'''=\frac{M_z}{I_z}y=\frac{F \cdot y_F \cdot y}{I_z}$$

按叠加原理,上述三个正应力的代数和就是所求 B 点的正应力,即

$$\sigma=\sigma'+\sigma''+\sigma'''=\frac{F}{A}+\frac{M_y}{I_y}z+\frac{M_z}{I_z}y \qquad (9\text{-}8a)$$

或

$$\sigma=\sigma'+\sigma''+\sigma'''=\frac{F}{A}+\frac{F \cdot z_F \cdot z}{I_y}+\frac{F \cdot y_F \cdot y}{I_z} \qquad (9\text{-}8b)$$

式中:A 为横截面的面积;I_y 和 I_z 分别为横截面对 y 轴和 z 轴的形心主惯性矩。F 为拉力时取正,压力时取负;弯矩 M_y 和 M_z 的正负号这样规定:使截面上位于第一象限的各点产生拉应力者为正,产生压应力者为负。在图 9-14(b)中所示的 M_y 和 M_z 均为正。

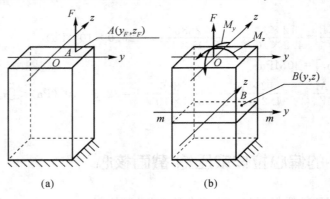

图 9-14

下面讨论偏心拉伸或压缩时的应力分布规律。图 9-15(a)为单纯受轴向拉力的应力分布图;图 9-15(b)为弯矩 M_y 作用下的应力分布图;图 9-15(c)为弯矩 M_z 作用下的应力分布图;图 9-15(d)为组合后的应力分布图,即式(9-8)所表达的情况。

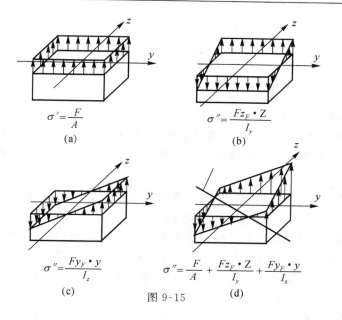

$$\sigma' = \frac{F}{A}$$

(a)

$$\sigma'' = \frac{Fz_F \cdot Z}{I_y}$$

(b)

$$\sigma'' = \frac{Fy_F \cdot y}{I_z}$$

(c)

$$\sigma'' = \frac{F}{A} + \frac{Fz_F \cdot Z}{I_y} + \frac{Fy_F \cdot y}{I_z}$$

(d)

图 9-15

2. 确定中性轴位置

利用惯性矩和惯性半径之间的关系：$I_y = A \cdot i_y^2$，$I_z = A \cdot i_z^2$，式（9-8b）可改为

$$\sigma = \frac{F}{A}\left(1 + \frac{z_F \cdot z}{i_y^2} + \frac{y_F \cdot y}{i_z^2}\right) \tag{9-9}$$

式（9-9）表明应力是 y 和 z 的一次函数，是一个平面方程。此平面与横截面的交线就是中性轴，中性轴为一条直线，其上应力等于零。设中性轴上任一点的坐标为 (y_0, z_0)，则将它们代入式（9-9）得到应力 σ 应等于零，即

$$\sigma_{y_0, z_0} = \frac{F}{A}\left(1 + \frac{z_F \cdot z_0}{i_y^2} + \frac{y_F \cdot y_0}{i_z^2}\right) = 0$$

由此得中性轴方程为

$$1 + \frac{z_F \cdot z_0}{i_y^2} + \frac{y_F \cdot y_0}{i_z^2} = 0 \tag{9-10}$$

式（9-10）表明：中性轴是一条不通过截面形心的直线，如图 9-16 所示。

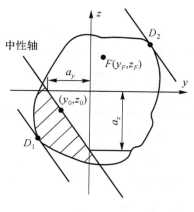

图 9-16

中性轴在 y 和 z 两轴上的截距为

$$\left.\begin{aligned} a_y &= -\frac{i_z^2}{y_F} \\ a_z &= -\frac{i_y^2}{z_F} \end{aligned}\right\} \tag{9-11}$$

综上所述,可得出中性轴的特性如下:

(1)若力 F 作用点的坐标 y_F、z_F 均为正号时,则中性轴的两个截距 a_y、a_z 都为负,即中性轴不会通过力作用点所在的象限内。或者说,中性轴与外力 F 的作用点必处于截面形心的两侧。

(2)偏心拉力或压力 F 越接近形心,中性轴离形心越远,甚至移到截面之外。当中性轴与截面相切或在截面外时,截面上将只出现拉应力或压应力。

(3)中性轴若通过截面,必将截面分为受压和受拉两部分区域。作两条与中性轴平行的直线并与横截面的周边相切,两切点 D_1、D_2 就是离中性轴最远的点,也就是危险点的位置。其中一个是最大拉应力作用点,一个是最大压应力作用点。图 9-16 所示中阴影部分表示为受压区域,两切点 D_1、D_2 为危险点。

工程中常用的矩形、工字形、槽形等截面梁,最大正应力点一定位于截面边缘的棱角上,且属于单向应力状态,所以不必确定中性轴的位置,可由直接观察得出危险点。

3. 强度计算

把危险点的坐标代入式(9-8a)得强度条件为

$$\begin{matrix} \sigma_{t,max} \\ \sigma_{c,max} \end{matrix} = \left| \frac{F}{A} \pm \frac{M_y}{I_y}z \pm \frac{M_z}{I_z}y \right| \leqslant \begin{matrix} [\sigma_t] \\ [\sigma_c] \end{matrix} \tag{9-12}$$

即

$$\begin{matrix} \sigma_{t,max} \\ \sigma_{c,max} \end{matrix} = \left| \frac{F}{A} \pm \frac{M_y}{W_y} \pm \frac{M_z}{W_z} \right| \leqslant \begin{matrix} [\sigma_t] \\ [\sigma_c] \end{matrix} \tag{9-13}$$

式中:$\sigma_{t,max}$ 和 $\sigma_{c,max}$ 为危险点最大拉应力和最大压应力;$[\sigma_t]$ 和 $[\sigma_c]$ 为材料的许用拉应力和许用压应力。

例 9-5 如图 9-17 所示,开有内槽的柱受外力 F 的作用,F 通过未开槽时截面的形心。已知 $F=100$kN,截面尺寸如图所示,材料为 Q235 钢,$[\sigma]=160$MPa。试作截面Ⅰ-Ⅰ的应力分布图,并校核该柱的强度。

解 (1)形心计算

由于截面Ⅰ-Ⅰ开有槽口,为求弯曲正应力的分布规律,必须计算形心,确定中性轴位置。取坐标系 Oyz' 如图 9-17(a)所示,由形心公式可得

$$y_C = \frac{60 \times 15 \times 30 + 20 \times 15 \times 110}{60 \times 15 + 20 \times 15} = 50(\text{mm})$$

由此可确定中性轴的位置(过形心 C),取坐标系 Cyz,并得出偏心

$$y_F = 60 - 50 = 10(\text{mm})$$

惯性矩 I_z 为

$$I_z = \frac{15 \times 60^3}{12} + 15 \times 60 \times (30-10)^2 + \frac{15 \times 20^3}{12} + 15 \times 20 \times (10+40+10)^2$$

$$= 1.720 \times 10^6 (\text{mm}^4) = 1.720 \times 10^{-6} (\text{m}^4)$$

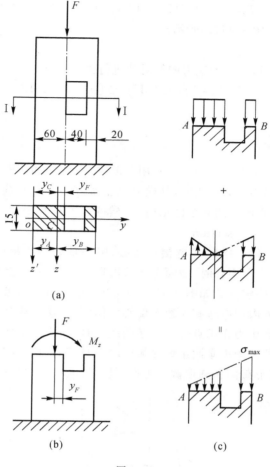

图 9-17

（2）内力分析

沿截面Ⅰ-Ⅰ将柱截开并将截面上的内力平移到形心 C，可得作用在 C 点的轴力 F_N 和弯矩 M_z，如图 9-17(b)所示。显然有槽口的一段为偏心压缩变形。

$$F_N = F$$
$$M_z = F \cdot y_F$$

（3）应力分析

截面Ⅰ-Ⅰ上的弯曲正应力在弯曲平面内呈线性分布，而压缩应力为均匀分布，两种应力均垂直于横截面，经叠加后应力也呈线性分布。下面计算截面Ⅰ-Ⅰ左右边线 A、B 点处的应力。

$$\sigma_A = -\frac{F_N}{A} + \frac{M_z y_A}{I_z} = -\frac{100 \times 10^3}{(60 \times 15 + 20 \times 15) \times 10^{-6}} + \frac{100 \times 10^3 \times 10 \times 50 \times 10^{-6}}{1.720 \times 10^{-6}}$$

$$= -83.3 \times 10^6 + 29.1 \times 10^6 = -54.2 \times 10^6 (\text{Pa}) = -54.2 (\text{MPa})$$

$$\sigma_B = -\frac{F_N}{A} - \frac{M_z y_B}{I_z} = -\frac{100 \times 10^3}{(60 \times 15 + 20 \times 15) \times 10^{-6}} - \frac{100 \times 10^3 \times 10 \times 70 \times 10^{-6}}{1.720 \times 10^{-6}}$$

$$= -83.3 \times 10^6 - 40.7 \times 10^6 = -124 \times 10^6 (\text{Pa}) = -124(\text{MPa})$$

截面Ⅰ-Ⅰ应力分布图如图 9-17(c)所示。

(4)强度校核

因为材料为塑性材料,取最大应力的绝对值进行强度校核。

$$\sigma_{\max} = |\sigma_B| = 124\text{MPa} < [\sigma] = 160\text{MPa}$$

该柱满足强度要求。

9.4.2 截面核心

在土建工程中,用作承压构件的材料常用混凝土、石砌体和砖等,其抗拉强度远低于抗压强度,这类构件在受偏心压力作用时,其横截面上最好不出现拉应力,以免裂开。当偏心压力作用点位于截面形心周围的某个区域内时,横截面上只有压应力,而没有拉应力,这个区域就是**截面核心**(core of a section)。

由中性轴特性可知:偏心压力 F 越接近形心,中性轴离形心越远,甚至移到截面之外。当中性轴与截面相切或在截面外时,截面上将只出现压应力,而不出现拉应力。截面核心边界就是利用这一特点来确定的。如图 9-18 所示,以截面上外边界点的切线作为中性轴,绕截面边界转一圈时,截面内相应地有无数个偏心力作用点,这无数个点连成的轨迹为一条包围形心的封闭曲线,即当压力作用点位于这条曲线上时,相应的中性轴与截面的外边界点刚好相切,当压力作用点位于图中画阴影线区域内时,中性轴就移到截面外面,这时,截面上只产生压应力。下面以矩形截面和圆形截面为例,具体说明核心边界的确定方法。

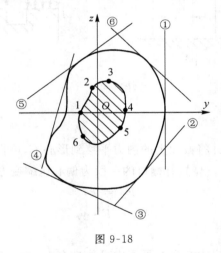

图 9-18

例 9-6 如图 9-19 所示一直径为 d 的圆截面,求作截面核心。

解 由于截面对于圆心 O 是全对称的,所以核心边界对于圆心 O 也是全对称的,核心边界是一个以 O 为圆心的圆。在截面右边上任取一点1,过该点作切线①作为中性轴,然后求相应于此中性轴的压力作用点的位置。

中性轴①的截距为

$$a_y = \frac{d}{2}, a_z = \infty$$

惯性半径为

$$i_y^2 = i_z^2 = \frac{I_y}{A} = \frac{I_z}{A} = \frac{\pi d^4}{64} \Big/ \frac{\pi d^2}{4} = \frac{d^2}{16}$$

将上述数据代入式(9-11)得

$$a_y = -\frac{i_z^2}{y_F} = \frac{d}{2}, \quad y_F = -\frac{\dfrac{d^2}{16}}{\dfrac{d}{2}} = -\frac{d}{8}$$

$$a_z = -\frac{i_y^2}{z_F} = \infty, \quad z_F = -\frac{\dfrac{d^2}{16}}{\infty} = 0$$

即相应于中性轴①的压力作用点的坐标为$(-\dfrac{d}{8}, 0)$,如图点 $1'$。从而可知,作为核心边界的圆,其直径等于$\dfrac{d}{4}$。如图 9-19 上的阴影区所示。

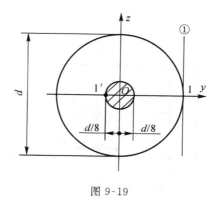

图 9-19

例 9-7　如图 9-20 所示边长为 b 和 h 的矩形截面,该截面的形心主惯性轴为 y、z,求作截面核心。

解　先作与矩形四边重合的 4 条中性轴①、②、③、④。中性轴①的截距为

$$a_y = \frac{b}{2}, a_z = \infty$$

惯性半径为

$$i_y^2 = \frac{I_y}{A} = \frac{h^2}{12}, i_z^2 = \frac{I_z}{A} = \frac{b^2}{12}$$

将上述数据代入式(9-11)得

$$y_{F1} = -\frac{i_z^2}{a_y} = -\frac{\dfrac{b^2}{12}}{\dfrac{b}{2}} = -\frac{b}{6}$$

$$z_{F1} = -\frac{i_y^2}{a_z} = -\frac{\dfrac{h^2}{12}}{\infty} = 0$$

即相应于中性轴①的压力作用点的坐标为$(-\dfrac{b}{6}, 0)$,如图 9-20 中点 1。

对中性轴②的截距为

$$a_y = \infty, a_z = -\frac{h}{2}$$

代入式(9-11)得

$$y_{F2} = -\frac{i_z^2}{a_y} = -\frac{\dfrac{b^2}{12}}{\infty} = 0$$

$$z_{F2} = -\frac{i_y^2}{a_z} = -\frac{\dfrac{h^2}{12}}{-\dfrac{h}{2}} = \frac{h}{6}$$

即相应于中性轴②的压力作用点的坐标为$(0, \frac{h}{6})$,如图点 2。

同理,可得相应于中性轴③和④的压力作用点的坐标为$(\frac{b}{6}, 0)$和$(0, -\frac{h}{6})$,如图 9-20 上的点 3 和点 4 位置。

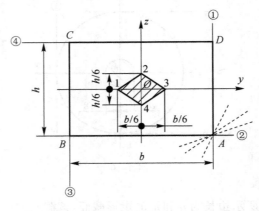

图 9-20

至于由点 1 到点 2,压力作用点的移动规律如何,可以从中性轴①开始,绕截面角点 A 作一系列中性轴,用图 9-20 中的虚线来表示,一直转到中性轴②,求出这些中性轴所对应的压力作用点的位置,就可得到压力作用点从点 1 到点 2 的移动轨迹。

角点 A 的坐标是过点 A 所有中性轴的公共点,它的坐标$(\frac{b}{2}, -\frac{h}{2})$为常数,相当于方程中的 y_0, z_0。根据式(9-10),则中性轴方程改写为

$$1 + \frac{z_0}{i_y^2} z_F + \frac{y_0}{i_z^2} y_F = 0$$

该式表明压力作用点(y_F, z_F)轨迹也是一条直线。由此证明,截面上从点 1 到点 2 的轨迹是一条直线。同理可知,压力作用点由点 2 到点 3,点 3 到点 4,点 4 到点 1 的轨迹都是直线。最后得到一个菱形,如图 9-20 所示的阴影部分。所以当矩形截面杆承受偏心压力时,欲使截面上只产生压应力,则压力作用点必在上述菱形范围内,其对角线的长度为截面边长的三分之一。

其他形状截面的截面核心可通过工程手册查得。

9.5　杆件的弯曲与扭转组合变形

工程中的传动轴,大多处于弯曲与扭转组合变形状态;房屋的雨篷梁,厂房的吊车梁受偏心的吊车轮压作用等也是处于弯曲与扭转组合变形状态。现以图 9-21(a)所示的圆截面杆为例,讨论弯曲与扭转组合变形的应力分布。

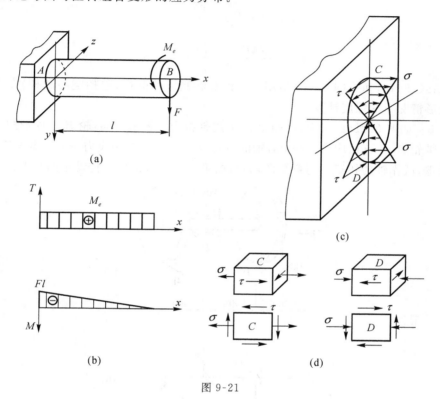

图 9-21

作出弯曲与扭转组合变形的圆截面杆扭矩图和弯矩图,如图 9-21(b)所示。由图知,危险截面为固定端 A 截面,其内力值为

$$T = M_e, \quad M = Fl$$

作出危险截面的切应力和正应力分布图,如图 9-21(c)所示,C、D 为截面的危险点,其应力值分别为

$$\sigma = \frac{M}{W_z}, \tau = \frac{T}{W_n}$$

危险点的单元体处于复杂应力状态,如图 9-21(d)所示,其主应力为

$$\begin{matrix} \sigma_1 \\ \sigma_3 \end{matrix} = \frac{\sigma}{2} \pm \sqrt{\left(\frac{\sigma}{2}\right)^2 + \tau^2}$$

$$\sigma_2 = 0$$

一般圆杆由塑性材料制成,故建立第三或第四强度理论进行计算。主应力代入强度条件得

$$\sigma_{r3} = \sqrt{\sigma^2 + 4\tau^2} \leqslant [\sigma] \tag{9-14}$$

$$\sigma_{r4} = \sqrt{\sigma^2 + 3\tau^2} \leqslant [\sigma] \tag{9-15}$$

式(9-14)和式(9-15)也适用于其他形状截面的强度计算。

将 σ、τ 的表达式代入上式,并利用圆杆 $W_n = 2W_z$,可得圆杆在弯曲和扭转组合变形时强度条件的另一种表达式。即

$$\sigma_{r3} = \frac{\sqrt{M^2 + T^2}}{W_z} \leqslant [\sigma] \tag{9-16}$$

$$\sigma_{r4} = \frac{\sqrt{M^2 + 0.75T^2}}{W_z} \leqslant [\sigma] \tag{9-17}$$

注意:式(9-16)和式(9-17)只适用于塑性材料制成的圆杆(包括空心圆杆)在弯曲和扭转组合变形情况下的强度计算。

例 9-8　如图 9-22(a)所示,已知轮 A 上皮带拉力为铅垂方向,轮 B 上皮带拉力为水平方向。皮带轮 A、B 直径均为 500mm,轴的直径 $d = 66$mm,许用应力$[\sigma] = 160$MPa,不计轮和轴的自重,试作轴的扭矩图与弯矩图,并根据第三强度理论校核传动轴的强度。

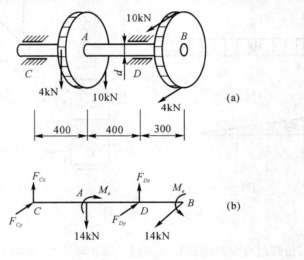

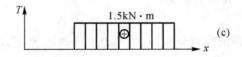

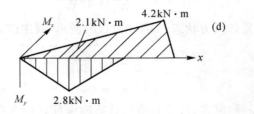

图 9-22

解　(1)外力分析

将皮带轮 A、B 作用的外力向轴线简化,结果如图 9-22(b)所示。铅垂方向的力使轴在铅垂方向发生平面弯曲,水平方向的力使轴在水平方向发生平面弯曲,附加外力偶矩为

$$M_e = (10 - 4) \times \frac{500}{2} \times 10^{-3} = 1.5 (\text{kN} \cdot \text{m})$$

此外力偶矩使轴产生扭转变形,所以该传动轴发生两个互相垂直平面内的弯曲与扭转组合变形。

由 $\sum M_{Dy} = 0$,得 $F_{Cz} \times 800 - 14 \times 400 = 0$,$F_{Cz} = 7(\text{kN})$

(2)内力分析

作出传动轴的扭矩图和弯矩图,如图 9-22(c)和(d)所示。

$$T = M_e = 1.5 \text{kN} \cdot \text{m}$$
$$M_A = \sqrt{M_{Ay}^2 + M_{Az}^2} = \sqrt{2.8^2 + 2.1^2} = 3.5 (\text{kN} \cdot \text{m})$$
$$M_D = M_{Dy} = 4.2 \text{kN} \cdot \text{m}$$

由此可得,D 截面为危险截面。

(3)强度校核

$$\sigma_{r3} = \frac{\sqrt{M^2 + T^2}}{W_z} = \frac{\sqrt{M_D^2 + T^2}}{\frac{\pi d^3}{32}} = \frac{32 \times \sqrt{4.2^2 + 1.5^2} \times 10^3}{\pi \times 66^3 \times 10^{-9}}$$

$$= 132 \times 10^6 (\text{Pa}) = 132 (\text{MPa}) < [\sigma]$$

强度足够。

小　结

本章内容主要是由各种基本变形的应力公式及在叠加原理下进行组合变形杆件的应力计算。

1. 用叠加法对组合变形杆件的强度计算的步骤是:

(1) 对杆件进行外力分析,确定杆件基本变形的组合形式。

(2) 内力分析,分别作出各基本变形的内力图,确定危险截面。

(3) 根据基本变形下横截面上的应力变化规律,确定危险点位置及其应力分量,并按叠加原理得出危险点的应力状态。

(4) 选择适当的强度理论进行计算。

2. 斜弯曲的强度条件为

$$\sigma_{\max} = \frac{M_{z\max}}{W_z} + \frac{M_{y\max}}{W_y} \leqslant [\sigma]$$

3. 拉伸或压缩与弯曲的组合变形强度条件为

$$\sigma_{t,\max} = \frac{F_N}{A} + \frac{M}{W_z} \leqslant [\sigma_t]$$

$$\sigma_{c,\max} = \left| \frac{F_N}{A} - \frac{M}{W_z} \right| \leqslant [\sigma_c]$$

式中:$\sigma_{t,\max}$ 和 $\sigma_{c,\max}$ 为危险点最大拉应力和最大压应力;F_N 和 M 为危险截面上的轴力和弯

矩；$[\sigma_t]$和$[\sigma_c]$为材料的许用拉应力和许用压应力。

4.偏心拉伸或压缩的强度条件为

$$\begin{array}{c}\sigma_{t,max}\\\sigma_{c,max}\end{array}=|\ \frac{F}{A}\pm\frac{M_y}{W_y}\pm\frac{M_z}{W_z}\ |\leqslant\begin{array}{c}[\sigma_t]\\{}[\sigma_c]\end{array}$$

当偏心压力作用点位于截面形心周围的某个区域内时，横截面上只有压应力，而没有拉应力，这个区域就是截面核心。土建工程上就是利用截面核心的原理避开横截面拉应力的。

5.弯曲与扭转组合变形的第三、第四强度理论条件为

$$\sigma_{r3}=\sqrt{\sigma^2+4\tau^2}\leqslant[\sigma]$$

$$\sigma_{r4}=\sqrt{\sigma^2+3\tau^2}\leqslant[\sigma]$$

圆截面杆在弯曲和扭转组合变形时强度条件的另一种表达式为

$$\sigma_{r3}=\frac{\sqrt{M^2+T^2}}{W_z}\leqslant[\sigma]$$

$$\sigma_{r4}=\frac{\sqrt{M^2+0.75T^2}}{W_z}\leqslant[\sigma]$$

思 考 题

9-1　试判断图 9-23(a)中曲杆 $ABCD$ 上 AB、BC、CD 杆和图 9-22(b)中 AB、CD 杆各产生何种变形？

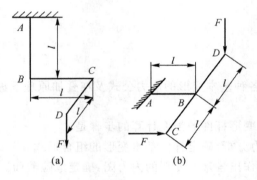

(a)　　　　　　　　(b)

图 9-23

9-2　悬臂梁的横截面形状分别如图 9-24 所示。若作用于自由端的载荷 F 垂直于梁的轴线，其作用方向如图中虚线所示。试问各梁将发生什么变形？

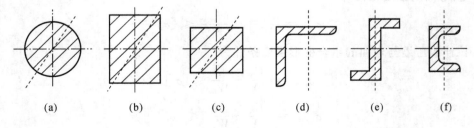

(a)　　　(b)　　　(c)　　　(d)　　　(e)　　　(f)

图 9-24

9-3　在斜弯曲中,横截面上危险点的最大正应力、截面挠度分别等于两相互垂直平面内的弯曲引起的正应力、挠度的叠加。这一"叠加"是几何和还是代数和,试分别加以说明。

9-4　在拉伸或压缩与弯曲的组合变形中,如何计算最大正应力?怎样进行强度计算?

9-5　偏心拉伸和压缩杆件横截面上的中性轴与外力作用点分别处于_____的相对两侧。

9-6　斜弯曲、拉伸或压缩与弯曲组合变形的危险点都处于_____应力状态;弯曲与扭转组合变形的危险点都处于_____应力状态。

9-7　对弯曲与扭转组合变形杆件进行强度计算时,应用了强度理论,而在拉伸或压缩与弯曲的组合变形强度计算时不使用强度理论,为什么?

习　题

9-1　题 9-1 图所示斜梁 AB 在跨中 C 承受铅垂载荷 $F=3\text{kN}$,已知梁的尺寸如图所示,梁自重不计。求梁内最大拉应力和最大压应力。

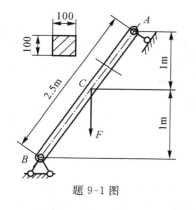

题 9-1 图

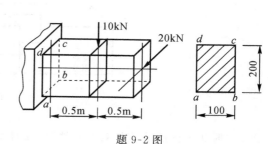

题 9-2 图

9-2　试判断题 9-2 图所示梁的最大拉应力和最大压应力位置,并求其值。已知梁的尺寸如图所示。

9-3　题 9-3 图所示矩形截面木制简支梁 AB,在跨度中点 C 承受与垂直方向成 $\varphi=15°$ 的集中力 $F=10\text{kN}$,已知木材的弹性模量 $E=10\text{GPa}$,试确定:

(1)截面上中性轴的位置;(2)危险截面上的最大正应力;

(3)C 点总挠度的大小和方向。

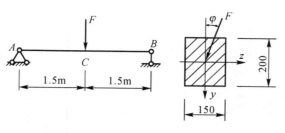

题 9-3 图

9-4　题 9-4 图所示简支工字钢梁,集中力 $F=10\text{kN}$,作用于跨中,通过截面形心并与 y

轴夹角 $\varphi=20°$,已知许用应力$[\sigma]=160$MPa,试选择工字钢的型号。（取 $W_z/W_y=1$）

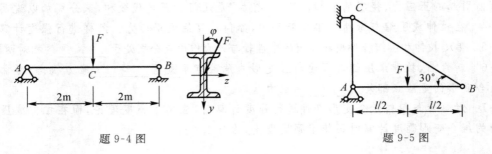

题 9-4 图　　　　　　　　　　　　　题 9-5 图

9-5　题 9-5 图所示桁架,杆 AB 为一根 No.18 号工字钢,其长 $l=2.6$m,作用力 $F=$ 25kN。已知材料$[\sigma]=160$MPa,试校核 AB 杆的强度。

9-6　题 9-6 图所示具有切槽的方形截面拉杆,受力 $F=10$kN 作用,试求切槽处截面上的最大正应力。它与无切槽处的应力之比是多少? 若在对称位置开设一个同样的切槽,使杆件处于轴向拉伸状态,则切槽截面的应力是多少?

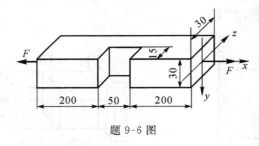

题 9-6 图

9-7　题 9-7 图所示矩形截面悬臂梁,在自由端受集中力 $F_1=36$kN 和 $F_2=30$kN 的作用。若已知材料的$[\sigma_t]=20$MPa,$[\sigma_c]=60$MPa,试校核梁的强度。若水平纵向力 F_1 改为压力,情况又会有什么变化?

9-8　题 9-8 图所示的矩形截面立柱,其中 F_1 的作用线与杆轴线重合,F_2 作用在 y 轴上。已知 $F_1=F_2=80$kN,$b=240$,$h=300$。若要求柱的横截面上只出现压应力,求 F_2 的偏心距 y_F。

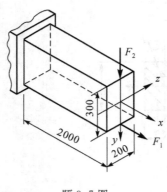　　　　　　　　　　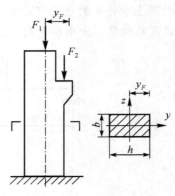

题 9-7 图　　　　　　　　　　　　　题 9-8 图

9-9　题 9-9 图所示两座水坝的截面分别为矩形和三角形,水深均为 h,混凝土密度 $\rho=$ 22kN/m³。试求坝底截面上不出现拉应力时 b 各等于多少?

9-10　求题 9-10 图所示三角形截面的截面核心。

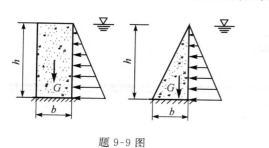

题 9-9 图

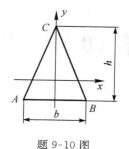

题 9-10 图

9-11　曲拐受力题 9-11 图所示,已知 AB 段是实心圆杆,直径 $d=20\text{mm}$,$l=300\text{mm}$。臂长 $a=200\text{mm}$,材料的许用应力 $[\sigma]=120\text{MPa}$。试按第三强度理论校核 AB 段的强度。

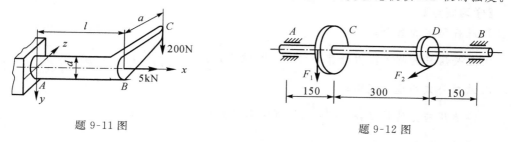

题 9-11 图　　　　　　　　　　　　　　　题 9-12 图

9-12　题 9-12 图示传动轴,齿轮 C 上作用一铅垂切向力 $F_1=5\text{kN}$,齿轮 D 上作用水平切向力 $F_2=10\text{kN}$,齿轮 C 的直径 $d_1=300\text{mm}$,齿轮 D 的直径 $d_2=150\text{mm}$,已知轴的许用应力 $[\sigma]=80\text{MPa}$。试按第四强度理论选择该传动轴的直径。

第 10 章　压杆稳定

【学习导航】

本章主要建立压杆稳定平衡与不稳定平衡、临界压力等基本概念,并介绍各种支承形式细长压杆的临界压力计算的欧拉公式。

【学习要点】

1. 压杆稳定的概念;

2. 细长压杆的临界压力计算公式——欧拉公式:$F_{cr} = \dfrac{\pi^2 EI}{(\mu l)^2}$;

3. 欧拉公式的适用范围;

4. 临界压应力的计算:$\sigma_{cr} = \dfrac{\pi^2 E}{\lambda^2}$,绘制临界应力总图:$\sigma_{cr}$-$\lambda$ 图;

5. 压杆稳定计算及提高压杆稳定的措施;

6. 简述其他弹性稳定问题。

10.1　压杆稳定的概念

细长的受压直杆,当轴向压力超过一定限度时,就可能出现突然弯曲,丧失保持原有的直线形状平衡的能力,即处于失稳状态。归结起来,我们把理想压杆受压力后分为三种平衡状态:

(1)稳定平衡状态。当轴向压力 F 小于某一临界值 F_{cr} 时,杆在直线状态下保持平衡。如果外界给予微小横向干扰力会使杆变弯,但横向干扰力消除后,杆仍能恢复至原有直线平衡状态。如图 10-1(a)、(b)所示,这种状态称为稳定平衡状态。

(2)不稳定平衡状态。当轴向压力 F 大于某一临界值 F_{cr} 时,杆也能在直线状态下平衡。但外界给予微小横向干扰力使杆变弯,消除干扰力后,杆不能恢复至原有直线平衡状态,如图 10-1(c)、(d)所示,这种状态称为不稳定平衡状态。

(3)随遇平衡状态。当轴向压力 F 等于临界值 F_{cr} 时,杆处于稳定平衡与稳定不平衡状态之间的临界平衡状态。如不加以干扰,压杆保持直线平衡,稍加干扰,可能在干扰给予的微弯状态下保持平衡,也可能不平衡,它是在稳定与不稳定平衡之间的界限。因此又称临界平衡状态。这种状态称为随遇平衡状态。

综上所述，当 $F < F_{cr}$ 时，压杆处于稳定平衡状态；当 $F = F_{cr}$ 时，压杆处于随遇或临界平衡状态；当 $F > F_{cr}$ 时，压杆处于不稳定平衡状态。

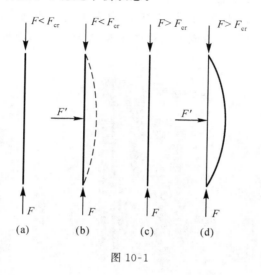

图 10-1

以上 F_{cr} 为临界力，它是压杆处于临界平衡状态时所承受的轴向压力，即**临界压力**。这是本章研究的关键。

对于压杆稳定问题的讨论，上述是基于理想压杆，即压杆要质量保证，材料均匀；杆要等直，不得有气孔、折叠裂缝；加载要绝对中心受压，不能偏心受压等。但在工程实际中，由于有环境的影响、人为的因素、材料的质量和杆的误差等原因，虽然杆满足理想稳定的要求，也会受到干扰而丧失稳定，最终导致压杆失稳。压杆失稳问题是突然发生的，破坏性极大，对工程往往造成意想不到的损失。下面两个案例就是由于压杆的失稳而造成工程灾难和事故的情景。

魁比克大桥的倒塌。1907 年 8 月 29 日，享有盛誉的美国桥梁学家库柏（Theodore Cooper）在圣劳伦斯河上建造的魁比克大桥（Quebec Bridge）（图 10-2）发生稳定性破坏（图 10-3），造成 85 位工人死亡，成为 20 世纪十大工程惨剧之一。事故调查分析结果表明，它是桥下弦压杆的稳定性不足所造成的。

图 10-2

图 10-3

脚手架的倒塌。脚手架是土木工程施工中的临时设施,如图 10-4 所示。它可用于堆放材料、支撑模板和作为工人安全操作的平台。实际工程中由于脚手架失稳造成的工程事故举不胜举。例如,2000 年 10 月 25 日上午 10 时南京电视台演播中心由于脚手架失稳造成屋顶模板倒塌,如图 10-5 所示,造成工人死亡 6 人,受伤 34 人,造成巨大经济损失。

图 10-4

图 10-5

所以在考虑压杆稳定时,要有一定的安全储备,要有足够工作安全因数,以确保工程的安全。

10.2　铰支细长压杆的欧拉公式

对于理想压杆,当压力等于临界力时,压杆处于临界平衡状态。因此,临界力 F_{cr} 就是使压杆在微弯状态下保持平衡的最小压力 F 值。现在以两端为铰支的细长压杆为例,导出计算临界力的公式。

如图 10-6 所示,两端铰支的细长压杆,长为 l,在压力 F 作用下微弯,距原点 x 处的挠度为 y,弯矩 $M=Fy$,由第 7 章式(7-6)的挠曲线近似微分方程可得

$$EI \frac{\mathrm{d}^2 y}{\mathrm{d}x^2} = -M$$

$$EI \frac{\mathrm{d}^2 y}{\mathrm{d}x^2} = -Fy \qquad (a)$$

$$令\ k^2 = \frac{F}{EI} \qquad (b)$$

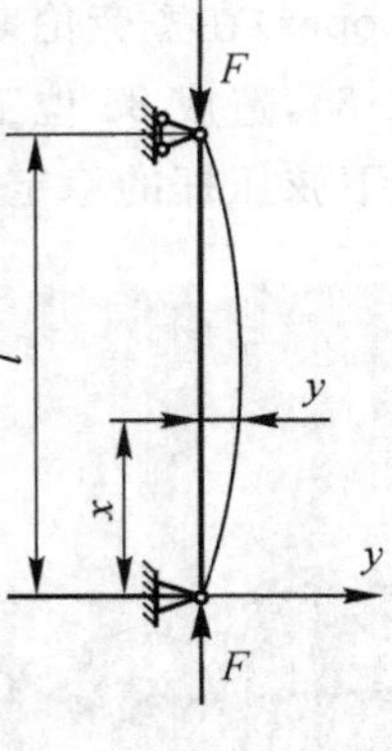

则式(a)变为

$$\frac{\mathrm{d}^2 y}{\mathrm{d}x^2} + k^2 y = 0 \qquad (c)$$

图 10-6

式(c)的通解为

$$y = C_1 \sin kx + C_2 \cos kx \qquad \text{(d)}$$

(d)式中，C_1、C_2 为待定常数，其与杆的边界条件有关。此杆的边界条件为 $x=0,y=0;x=l,y=0$。将边界条件代入(d)式得

$$C_2 = 0, \quad C_1 \sin kl = 0$$

如 $C_1=0$，则整个杆的挠度都为 0，不符实际，故只能 $\sin kl=0$，即 $kl=n\pi(n=0,1,2\cdots)$，$k=\dfrac{n\pi}{l}$，代入式(b)得 $\left(\dfrac{n\pi}{l}\right)^2=\dfrac{F}{EI}$，所以 $F=\dfrac{n^2\pi^2 EI}{l^2}$，若 $n=0$，则 $F=0$，不符题意，只有取 $n=1$ 时，压力 F 才是保持压杆微弯状态下平衡的最小临界压力值，故两端铰支细长压杆的临界力计算公式为

$$F_{cr} = \frac{\pi^2 EI}{l^2} \qquad \text{(10-1)}$$

式(10-1)称为两端铰支细长压杆的**欧拉公式**(Euler formula)。式中 EI 为压杆的最小抗弯刚度，压杆总是首先在它横截面的最小惯性矩 I 的纵向平面内失稳。

10.3　几种不同约束条件的欧拉公式

上节讨论了两端铰支受压细长杆的临界力欧拉公式，其他约束条件下，中心受压细长直杆的欧拉公式也可类似用挠曲线方程求通解的方法具体推导出。在材料处于弹性阶段时，各种不同的约束条件下，中心受压细长直杆的临界压力欧拉公式可以写成为通式

$$F_{cr} = \frac{\pi^2 EI}{(\mu l)^2} \qquad \text{(10-2)}$$

式中：μ 为长度系数，μl 称为压杆的相当长度，其值由杆两端的支撑情况而定，见表 10-1。

显然，F_{cr} 与 I 成正比，F_{cr} 与长度 l 的平方成反比；对绕不同轴，I 值不同的截面，计算 F_{cr} 时，应取最小 I 值来计算临界压力。

值得说明的是：欧拉公式是在式(7-6)的挠曲线微分方程下推导出来的，而挠曲线微分方程的前提是材料服从虎克定律。因此，欧拉公式是在材料弹性范围内推导出来的。

表 10-1　四种常见支撑情况下等截面细长压杆的长度系数

支承情况	一端固定一端自由	两端铰支	一端固定一端铰支	两端固定
图例				
长度系数	2	1	0.7	0.5

例 10-1　如图 10-7 所示,细长压杆的两端为球形铰支,弹性模量 $E=200\text{GPa}$,试用欧拉公式分别计算圆形截面杆和矩形截面杆的临界压力 F_{cr}。已知:(1)圆形截面的 $d=25\text{mm}$,$l=1.0\text{m}$;(2)矩形截面 $h=2b=40\text{mm}$,$l=1.0\text{m}$。

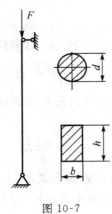

图 10-7

解　由于两端为球形铰支,所以 $\mu=1$,由式(10-1)欧拉公式 $F_{cr}=\dfrac{\pi^2 EI}{l^2}$ 求出临界压力 F_{cr}。

(1)当截面为圆形截面时,根据圆形截面 $I=\dfrac{\pi D^4}{64}$,则有

$$F_{cr}=\frac{\pi^2 EI}{l^2}=\frac{\pi^3 Ed^4}{64l^2}=\frac{\pi^2\times 200\times 10^9\times(25\times 10^{-3})^4\times 10^{-3}}{64\times 1^2}=37.8(\text{kN})$$

(2)当截面为矩形截面时,根据矩形截面 $I_1=\dfrac{bh^3}{12}$,$I_2=\dfrac{hb^3}{12}$,显然 $I_2<I_1$,由临界压力公式应采用 I_2,所以

$$F_{cr}=\frac{\pi^2 EI}{l^2}=\frac{\pi^2 Ehb^3}{12l^2}=\frac{\pi^2\times 200\times 10^9\times 40\times 10^{-3}\times(20\times 10^{-3})^3\times 10^{-3}}{12\times 1^2}=52.6(\text{kN})$$

10.4　临界应力　欧拉公式的适用范围

前面欧拉公式是理想压杆弹性极限内推导出的临界力计算公式。本节将讨论欧拉公式的应力表达形式和适用范围。

10.4.1　临界应力的欧拉公式

在临界压力的作用下,细长压杆仍在直线形状下维持平衡状态,其压杆横截面上的正应力值称为**临界应力**(critical stress),用 σ_{cr} 表示,它是用临界压力 F_{cr} 除于压杆横截面面积 A 来计算。

$$\sigma_{cr}=\frac{F_{cr}}{A}=\frac{\pi^2 EI}{(\mu l)^2 A}=\frac{\pi^2 E}{(\mu l)^2}\cdot\frac{I}{A}$$

令 $i^2=\dfrac{I}{A}$,即 $i=\sqrt{\dfrac{I}{A}}$

i 称为压杆横截面的最小**惯性半径**(radius of gyration)。

则 $\sigma_{cr} = \dfrac{\pi^2 E}{\left(\dfrac{\mu l}{i}\right)^2}$

引入　　　　　　　　　　　　　　$\lambda = \dfrac{\mu l}{i}$　　　　　　　　　　　　　　　(10-3)

所以,欧拉公式表达成压杆临界应力的形式为

$$\sigma_{cr} = \frac{\pi^2 E}{\lambda^2} \tag{10-4}$$

式(10-4)中,λ 称为压杆的长细比(或称柔度)(slenderness ratio)。λ 是一个无量纲的参数,它综合反映压杆长度、截面形状及尺寸,杆体两端支承情况等因素对临界力的影响。λ 值越大,表示压杆细而长,两端约束性能差,临界应力小,压杆容易失稳。λ 值越小,表示压杆粗而短,两端约束性能强,临界应力大,压杆不容易失稳。

10.4.2　欧拉公式的适用范围　临界应力总图

1. 欧拉公式的适用范围

由于欧拉公式是杆件材料弹性条件下得出的,因此它只能适用于应力小于或等于比例极限 σ_p 的情况,所以有

$$\sigma_{cr} = \frac{\pi^2 E}{\lambda^2} \leqslant \sigma_p$$

即 $\lambda \geqslant \pi \sqrt{\dfrac{E}{\sigma_p}}$

令 $\lambda_p = \pi \sqrt{\dfrac{E}{\sigma_p}}$,它是当 σ_{cr} 等于比例极限 σ_p 时的长细比。由此则有

$$\lambda \geqslant \lambda_p = \pi \sqrt{\frac{E}{\sigma_p}} \tag{10-5}$$

工程中把 $\lambda \geqslant \lambda_p$ 的压杆称为细长杆或大柔度杆,这类压杆适用欧拉公式计算临界力或临界应力。

但是,在实际工程上常用的压杆,其柔度 λ 往往小于 λ_p,压杆的柔度越小,稳定性越好,越不易失稳。当 λ 小到一定程度(λ_0)时,此压杆就不会失稳,而只会发生强度破坏,这时压杆的承载能力由杆件的抗压强度决定,对于 $\lambda \leqslant \lambda_0$ 的压杆称为短粗杆或小柔度杆。把材料的强度破坏极限应力 σ_u 作为小柔度杆的临界应力 σ_{cr},对于塑性材料的短粗杆,临界应力为 $\sigma_u = \sigma_s$;对于脆性材料的短粗杆,临界应力为 $\sigma_u = \sigma_b$。

2. 经验公式

当 $\lambda_0 < \lambda < \lambda_p$ 的压杆称为中长杆或中柔度杆,这类压杆不适用欧拉公式计算,但压杆仍然也会发生失稳,只不过是在弹塑性范围内的失稳,其临界力或临界应力一般用经验公式计算。

对于中长杆,即 $\lambda_0 < \lambda < \lambda_p$ 的压杆,计算临界力或临界应力,工程上一般采用由实验确定的经验公式,我国采用较多的是直线公式和抛物线公式。

（1）直线公式

$$\sigma_{cr} = a - b\lambda \tag{10-6}$$

式(10-6)中，λ 为压杆的长细比，a、b 为常数，与材料有关，查手册可得。如 Q235A 钢：$a=$ 304MPa，$b=1.12$MPa。

（2）抛物线公式

在钢结构中，常使用如下公式：

$$\sigma_{cr} = \sigma_s[1 - \alpha(\frac{\lambda}{\lambda_c})^2] \tag{10-7a}$$

$$F_{cr} = \sigma_s A[1 - \alpha(\frac{\lambda}{\lambda_c})^2] = \sigma_{cr} A \tag{10-7b}$$

在抛物线公式中，习惯上把前面所用柔度界限值 λ_p 用 λ_c 来表示，根据实验测试结果，把比例极限 σ_p 取为屈服点 σ_s 的 0.57 倍，即 $\sigma_p = 0.57\sigma_s$，此时则有

$$\lambda_c = \pi\sqrt{\frac{E}{0.57\sigma_s}} \tag{10-7c}$$

λ_c 是细长杆与非细长杆柔度的分界值，非细长杆 $\lambda \leqslant \lambda_c$。

σ_s 为材料的屈服点；A 为压杆的横截面积；α 为常数，与材料有关，查手册可得。如 Q235A 钢 $\alpha=0.43$，因为其 $\sigma_p=200$MPa，$E=200$GPa，$\sigma_s=235$MPa，所以 $\lambda_c=123$，$\lambda_p=100$。

按照上述思路，压杆又可分成三类：

第一类为细长杆，$\lambda > \lambda_p$，用欧拉公式计算临界应力 σ_{cr}；

第二类为中长杆，$\lambda_0 < \lambda < \lambda_p$，用上述直线公式或抛物线经验公式计算临界应力 σ_{cr}；

第三类为短粗杆，$\lambda < \lambda_0$，临界压应力 σ_{cr} 等于材料的强度破坏极限应力 σ_u。对塑性材料 $\sigma_{cr}=\sigma_s$；对脆性材料 $\sigma_{cr}=\sigma_b$。

3. 临界应力总图

综合细长杆、中长杆和短粗杆的临界应力的计算，其压杆的临界应力随柔度 λ 的增大而减小，用临界应力 σ_{cr} 和长细比 λ 的函数关系用曲线表示，所作出的曲线图称为**临界应力总图**(figures of critical stresses)。对于塑性材料压杆的临界应力总图，如图 10-8 所示。

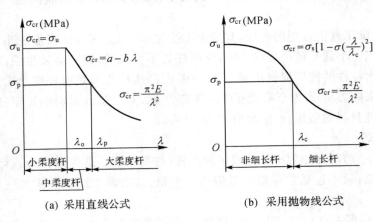

(a) 采用直线公式　　　　(b) 采用抛物线公式

图 10-8

例 10-2　一矩形截面的直杆，材料为 Q235A 钢，长 $l=940$mm，矩形截面 $h=60$mm，b

=25mm，两端以销轴联接，如图 10-9 所示，试求该直杆的临界应力。

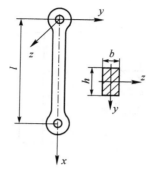

图 10-9

解 （1）计算压杆柔度 λ

取坐标轴如图 10-9 所示。从约束情况看，在 xy 平面内，两端为铰支，所以长度系数 $\mu=1$；在 xz 平面内，两端为固定端，所以长度系数 $\mu=0.5$。

在 xy 平面内，$I_z=\dfrac{bh^3}{12}$，$i_z=\sqrt{\dfrac{I_z}{A}}=\sqrt{\dfrac{bh^3}{12bh}}=\dfrac{h}{\sqrt{12}}=\dfrac{60}{2\sqrt{3}}=10\sqrt{3}\,(\mathrm{mm})$

所以 $\lambda_z=\dfrac{\mu l}{i_z}=\dfrac{1\times940}{10\sqrt{3}}=54.27$

在 xz 平面内，$I_y=\dfrac{hb^3}{12}$，$i_y=\sqrt{\dfrac{I_y}{A}}=\sqrt{\dfrac{hb^3}{12bh}}=\dfrac{b}{\sqrt{12}}=\dfrac{25}{2\sqrt{3}}\,(\mathrm{mm})$

所以 $\lambda_y=\dfrac{\mu l}{i_z}=\dfrac{0.5\times940}{\dfrac{25}{2\sqrt{3}}}=65.13$

取 $\lambda=\lambda_y=65.13$

（2）确定压杆为何杆

因为 Q235A 钢 $a=304\mathrm{MPa}$，$b=1.12$，$\lambda_p=100$，$\lambda_0=\dfrac{a-\sigma_s}{b}=\dfrac{304-235}{1.12}=61.6$，则 $\lambda_0<\lambda<\lambda_p$。所以此压杆属中柔度杆。

（3）计算临界应力 σ_{cr}

此压杆是中柔度杆，应采用经验公式计算。首先用直线公式计算

$\sigma_{cr}=a-b\lambda=304-1.12\times65.13=231(\mathrm{MPa})$

因为 Q235A 钢，$\alpha=0.43$，$\lambda_c=123$，$\sigma_s=235\mathrm{MPa}$。

再用抛物线公式计算

$\sigma_{cr}=\sigma_s\left[1-\alpha\left(\dfrac{\lambda}{\lambda_c}\right)^2\right]=235\left[1-0.43\times\left(\dfrac{65.13}{123}\right)^2\right]=207(\mathrm{MPa})$

比较取 $\sigma_{cr}=207\mathrm{MPa}$

例 10-3 一中心受压的木柱，柱长及截面尺寸如图 10-10 所示，当柱在最大刚度平面内弯曲时，两端铰支，中性轴为 y 轴，如图 10-10(a)所示；当柱在最小刚度平面内弯曲时，两端固定，中性轴为 z 轴，如图 10-10(b)所示。已知：$h=160\mathrm{mm}$，$b=90\mathrm{mm}$，$l=6\mathrm{m}$，木材的弹

性模量 $E=10\text{GPa}$，$\lambda_p=110$。试求木柱的临界力和临界应力。

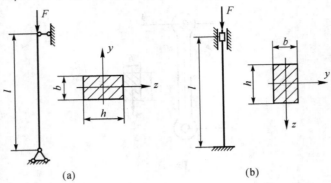

图 10-10

解　由于木柱在最小与最大刚度平面内弯曲时的支承情况不同，所以需要分别计算木柱在两个平面内的临界应力，比较大小从而确定在哪个平面内首先失稳。

(1)计算最大刚度平面内的临界力和临界应力

如图 10-10(a)所示，在此平面内，木柱的支承为两端铰支，故长度系数 $\mu=1$，长细比为

$$i_y=\sqrt{\frac{I_y}{A}}=\sqrt{\frac{bh^3}{12bh}}=\frac{h}{\sqrt{12}}=\frac{160}{2\sqrt{3}}\text{(mm)}$$

$$\lambda_y=\frac{\mu l}{i_y}=\frac{1\times6\times10^3}{\dfrac{160}{2\sqrt{3}}}=129.90$$

则 $\lambda_y>\lambda_p=110$

故木柱为细长压杆，可以用欧拉公式计算临界力和临界应力。

临界应力为

$$\sigma_{cr}=\frac{\pi^2E}{\lambda_y^2}=\frac{3.14^2\times10\times10^9}{129.90^2}=5.84\times10^6\text{(Pa)}=5.84\text{(MPa)}$$

临界力为

$$F_{cr}=A\cdot\sigma_{cr}=160\times90\times5.84=84.10\times10^3\text{(N)}=84.10\text{(kN)}$$

(2)计算最小刚度平面的临界力和临界应力

如图 10-10(b)所示，在此平面内，木柱的支承为两端固定，故长度系数 $\mu=0.5$，长细比为

$$i_z=\sqrt{\frac{I_z}{A}}=\sqrt{\frac{hb^3}{12bh}}=\frac{b}{\sqrt{12}}=\frac{90}{2\sqrt{3}}\text{(mm)}$$

$$\lambda_z=\frac{\mu l}{i_z}=\frac{\mu l}{\dfrac{b}{\sqrt{12}}}=\frac{0.5\times6\times10^3}{\dfrac{90}{2\sqrt{3}}}=115.47$$

则 $\lambda_z>\lambda_p=110$

所以可以用欧拉公式计算临界力和临界应力。

临界应力为

$$\sigma_{cr} = \frac{\pi^2 E}{\lambda_z^2} = \frac{3.14^2 \times 10 \times 10^9}{115.47^2} = 7.39 \times 10^6 (Pa) = 7.39(MPa)$$

临界力为

$$F_{cr} = A \cdot \sigma_{cr} = 160 \times 90 \times 7.39 = 106.42 \times 10^3 (N) = 106.42(kN)$$

（3）讨论

比较计算结果可知，第一种情况的临界力小，所以木柱将在最大刚度平面内先失稳，木柱最终的临界压力和临界应力应分别为

$$\sigma_{cr} = 5.84 MPa$$
$$F_{cr} = 84.10 kN$$

这个例子说明，当最小刚度平面和最大刚度平面内支承情况不同时，压杆不一定是在最小刚度平面内先失稳。不能只从刚度来判断，还应考虑支座的约束，因此，必须经过计算后才能确定在哪个方向失稳。

10.5　压杆稳定条件与稳定的实用计算

为保证压杆能安全正常地使用，防止因失稳而失效的现象发生，必须对压杆建立相应的稳定条件，并进行稳定性的计算，校核压杆的稳定性。

10.5.1　压杆稳定条件

要使压杆在使用过程中不失稳，不仅要求工作应力 σ 不大于临界应力 σ_{cr}，还需要有稳定安全储备，下面介绍两种方法的稳定条件。

1. 用安全系数衡量压杆的稳定条件

压杆的临界应力与工作应力之比，即压杆的工作安全因数 n 不小于规定的稳定安全因数 n_w：

$$n = \frac{\sigma_{cr}}{\sigma} \geqslant n_w, \quad 即 \ \sigma \leqslant \frac{\sigma_{cr}}{n_w} = [\sigma_{cr}] \tag{10-8}$$

或

$$n = \frac{F_{cr}}{F} \geqslant n_w, \quad 即 \ F \leqslant \frac{F_{cr}}{n_w} = [F_{cr}] \tag{10-9}$$

在式（10-8）和（10-9）中，$[\sigma_{cr}]$、$[F_{cr}]$ 称为稳定许可压应力和稳定许可压力，它不仅与压杆的材料有关，而且还与压杆长度、约束和截面的大小形状的变化有关。由于影响压杆稳定性的因素较多，一般规定的稳定安全因数 n_w 比强度安全因数要高。

2. 用折减系数法表示稳定条件

在实际工程稳定性计算中，通常将变化的稳定许可应力 $[\sigma_{cr}]$ 用不变的强度许用应力 $[\sigma]$ 来表示稳定条件。设

$$\varphi = \frac{[\sigma_{cr}]}{[\sigma]}$$

φ 称为折减系数，$\varphi < 1$，它是一个随柔度 λ 的增大而减少的量。几种常见材料的 φ 系数见表 10-2。

表 10-2　几种常用材料受压杆的值

λ 值	Q235 钢	16 锰钢	铸铁	木材	混凝土
0	1.000	1.000	1.00	1.0000	1.00
20	0.981	0.973	0.91	0.932	0.96
40	0.927	0.895	0.69	0.822	0.83
60	0.842	0.776	0.44	0.658	0.70
70	0.789	0.705	0.34	0.575	0.63
80	0.731	0.627	0.26	0.460	0.57
90	0.669	0.546	0.20	0.371	0.46
100	0.604	0.462	0.16	0.300	
110	0.536	0.384		0.248	
120	0.466	0.325		0.209	
130	0.401	0.279		0.178	
140	0.349	0.242		0.153	
150	0.306	0.213		0.134	
160	0.272	0.188		0.117	
170	0.243	0.168		0.102	
180	0.218	0.151		0.093	
190	0.197	0.136		0.083	
200	0.180	0.124		0.075	

则稳定条件公式可表示为

$$\sigma = \frac{F}{A} \leqslant \varphi[\sigma] \tag{10-10}$$

即 $F \leqslant \varphi[\sigma]A$ 或 $\dfrac{F}{\varphi A} \leqslant [\sigma]$

此式对压杆进行稳定性计算,不需要去判断 λ 值为多少时采用什么公式进行计算,只需根据 λ 值直接从表 10-2 中查出 φ 值就可进行计算。上式是实用计算公式。该种方法称为折减系数法。

10.5.2　压杆稳定的实用计算

压杆稳定的条件,用安全因数表示的公式有式(10-8)和式(10-9),用折减系数法表示的有式(10-10)。实际计算中,我们可根据已知条件,在这三公式中选用计算,不过在工程中更多地使用折减系数法。压杆稳定条件可进行稳定性校核、稳定截面尺寸的选择和许可载荷的确定。

用式(10-10)选择截面时,按下列步骤进行计算。

(1)先假设一 φ_1 值,(常取 $\varphi_1 = 0.5 \sim 0.6$),定出截面尺寸。

(2)根据计算,查表得相应的 φ'_1 值,若与 φ_1 接近,则可校核计算。

(3)若 φ'_1 与 φ_1 相差大,可再假设 $\varphi_2 = \dfrac{\varphi_1 + \varphi'_1}{2}$,重复前面步骤,直至 φ_n 与 φ'_n 接近为止。

例 10-4　一圆截面压杆,两端铰支,长度 $l = 2\text{m}$,直径 $D = 40\text{mm}$,材料为 Q235A,$E = 206\text{GPa}$,最大轴向压力 $F = 16.8\text{kN}$,规定的稳定安全因数 $n_w = 3.5$,试校核其稳定性。

解　此题 n_w 和 F_{max} 已知,所以可采用公式(10-9)直接判断。

（1）判断此杆是何类杆

$$i = \sqrt{\frac{I}{A}} = \sqrt{\frac{\frac{\pi d^4}{64}}{\frac{\pi d^2}{4}}} = \frac{d}{4} = \frac{40}{4} = 10 (\text{mm})$$

$$\lambda = \frac{\mu l}{i} = \frac{1 \times 2000}{10} = 200$$

因为 Q235A 的 $\lambda_\text{p} \approx 100$，现 $\lambda > \lambda_\text{p}$，属细长杆，可用欧拉公式计算临界力。

（2）计算临界力 F_cr

$$F_\text{cr} = \frac{\pi^2 EI}{(\mu l)^2} = \frac{\pi^2 \times 206 \times 10^9 \times \frac{\pi (40 \times 10^{-3})^4}{64}}{(1 \times 2)^2} = 63.9 \times 10^3 (\text{N}) = 63.9 (\text{kN})$$

（3）安全因数 n

$$n = \frac{F_\text{cr}}{F} = \frac{63.9}{16.8} = 3.8 > n_\text{w} = 3.5$$

故此杆在最大轴向压力作用下稳定。

例 10-5 一根钢管支柱，长 $l = 2.5\text{m}$，外径 $D = 102\text{mm}$，内径 $d = 86\text{mm}$，材料许用应力 $[\sigma] = 160\text{MPa}$，两端铰支，承受轴向压力 $F = 250\text{kN}$，试校核该支柱的稳定性。

解 采用折减系数法校核稳定性。

（1）计算 λ

$$i = \sqrt{\frac{I}{A}} = \sqrt{\frac{\frac{\pi}{64}(D^4 - d^4)}{\frac{\pi}{4}(D^2 - d^2)}} = \sqrt{\frac{D^2 + d^2}{16}} = \frac{1}{4}\sqrt{102^2 + 86^2} = 33.4 (\text{mm})$$

两端铰支，$\mu = 1$

$$\lambda = \frac{\mu l}{i} = \frac{1 \times 2.5 \times 10^3}{33.4} = 75$$

（2）查表确定 φ

查表 10-2 知：$\lambda_1 = 70$ 时，$\varphi_1 = 0.789$；$\lambda_2 = 80$ 时，$\varphi_2 = 0.731$。

根据线性插入法求 φ 值，由 $\dfrac{\varphi - \varphi_1}{\varphi_2 - \varphi_1} = \dfrac{\lambda - \lambda_1}{\lambda_2 - \lambda_1}$ 得

$$\varphi = \frac{\lambda - \lambda_1}{\lambda_2 - \lambda_1} \times (\varphi_2 - \varphi_1) + \varphi_1 = \frac{75 - 70}{80 - 70} \times (0.731 - 0.789) + 0.789 = 0.760$$

（3）校核稳定性

$$\sigma = \frac{F}{A} = \frac{250 \times 10^3}{\frac{\pi}{4}(102^2 - 86^2) \times 10^{-6}} = \frac{250 \times 10^3}{2361 \times 10^{-6}} = 105.89 \times 10^6 (\text{Pa}) = 105.89 (\text{MPa})$$

$$\varphi[\sigma] = 0.76 \times 160 = 121.60 (\text{MPa})$$

$$\sigma < \varphi[\sigma]$$

所以此钢管支柱受压稳定性好。

例 10-6 一木柱高 $l = 3.2\text{m}$，截面为圆形，一端固定、一端铰支（$\mu = 0.7$），承受轴向压力 $F = 100\text{kN}$，木材的许用应力 $[\sigma] = 10\text{MPa}$。试选择截面直径 d。

解　(1)首先设 $\varphi_1 = 0.5$，则由

$$\sigma = \frac{F}{A_1} = \frac{F}{\frac{\pi}{4}d_1{}^2} \leqslant \varphi_1[\sigma]$$

得

$$d_1 \geqslant \sqrt{\frac{4F}{\pi\varphi_1[\sigma]}} = \sqrt{\frac{4 \times 100 \times 10^3}{3.14 \times 0.5 \times 10}} = 159.62(\text{mm})$$

取 $d_1 = 160\text{mm}$

(2)计算 φ'_1

因为 $i_1 = \frac{d_1}{4} = \frac{160}{4} = 40(\text{mm})$

则 $\lambda_1 = \frac{\mu l}{i_1} = \frac{0.7 \times 3.2 \times 10^3}{40} = 56$

查表 10-2 得：

$\lambda_1 = 40$ 时，$\varphi_1 = 0.822$

$\lambda_2 = 60$ 时，$\varphi_2 = 0.658$

根据线性插入法求 $\lambda_1 = 56$ 时的 φ'_1 值：

$$\varphi'_1 = \frac{56 - 40}{60 - 40} \times (0.658 - 0.822) + 0.822 = 0.691$$

与 $\varphi_1 = 0.5$ 相差大，应重新计算。

(3)设 $\varphi_2 = \frac{\varphi_1 + \varphi'_1}{2} = \frac{0.5 + 0.691}{2} = 0.596$

则

$$d_2 \geqslant \sqrt{\frac{4F}{\pi\varphi_2[\sigma]}} = \sqrt{\frac{4 \times 100 \times 10^3}{3.14 \times 0.596 \times 10 \times 10^6}} = 0.1462(\text{m}) = 146.2(\text{mm})$$

取 $d_2 = 150\text{mm}$

(4)计算 φ'_2

由 $i_2 = \frac{d_2}{4} = \frac{150}{4} = 37.5(\text{mm})$

则

$$\lambda_2 = \frac{\mu l}{i_2} = \frac{0.7 \times 3.2 \times 10^3}{37.5} = 59.73$$

查表 10-2 得：

$\lambda_1 = 40$ 时，$\varphi_1 = 0.822$

$\lambda_2 = 60$ 时，$\varphi_2 = 0.658$

根据线性插入法求 $\lambda_2 = 59.73$ 时的 φ'_2 值。

$$\varphi'_2 = \frac{59.73 - 40}{60 - 40} \times (0.658 - 0.822) + 0.822 = 0.660$$

可以认为 $\varphi'_2 \approx \varphi_2$

（5）校核该柱的稳定性

$$\sigma = \frac{F}{A\varphi'_2} = \frac{100 \times 10^3}{\frac{\pi}{4} \times 150^2 \times 10^{-6} \times 0.660} = 8.58 \times 10^6 (\text{Pa}) = 8.58\text{MPa} \leqslant [\sigma] = 10\text{MPa}$$

符合稳定条件，所以最终所选直径为 $d = 150\text{mm}$。

10.5.3　提高压杆稳定措施

压杆临界力的大小，反映压杆稳定性的高低，因此，提高压杆稳定性的关键在于提高压杆的临界压力或临界应力。从临界应力的计算公式可知，临界应力与材料的弹性模量、横截面尺寸和形状、压杆的长度、杆的端部约束等情况有关。下面就根据这些因素来考虑提高压杆稳定性的措施。

1. 选择合理的截面形状

临界应力 σ_{cr} 随 λ 的减小而增大，而 λ 又与惯性半径 i 成反比，要提高压杆的稳定性，就要设法提高截面的惯性半径 i。由于 $i = \sqrt{\dfrac{I}{A}}$，所以在不增加面积 A 的情况下，应尽量增大截面的惯性矩 I，这就要求尽可能地将材料放在离截面形心较远的位置。如将实心截面改成空心截面（图 10-11(a)、(b)）、采用惯性矩 I 较大的组合截面（图 10-11(c)），这样就可达到增大惯性半径的目的。

当压杆两端在各个方向具有相同的支承情况时，失稳将发生在最小刚度平面内。为了充分发挥压杆的承载能力，应使截面在各个方向的惯性半径相同或相接近，以保证压杆在各个方向的稳定性基本相同，避免在最小刚度平面内发生失稳。例如圆形、圆环、正多边形就能满足这个要求。当采用型钢组合的截面，应尽可能使组合后的 $I_z = I_y$。

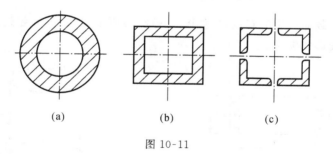

(a)　　　　　(b)　　　　　(c)

图 10-11

若压杆的两个弯曲平面支承情况不同，则应采用两个方向惯性矩不同的截面与相应的支承情况对应。例如采用矩形、工字形截面。在具体确定截面尺寸时，抗弯刚度大的方向对应约束弱的方向，抗弯刚度小的方向对应约束强的方向，尽可能使两个方向的柔度相等或接近，使两个方向的稳定性大体相同。

2. 改善支承情况，加强杆端约束

长度系数 μ 和支承情况有关，由表 10-1 可知，杆端约束越强，μ 值越小，相应的临界力愈大。反之，μ 值越大，临界力越小。因此增强杆端约束，可以使压杆的稳定性得到相应的提高。

3. 适当布置支承,减小压杆的长度

减小压杆的长度是降低压杆柔度、提高压杆稳定性的有效方法之一。在条件允许的情况下,应尽量使压杆的长度减小,或在压杆中间增加支座。

4. 选择适当的材料

对于细长杆(大柔度杆),由欧拉公式可知,临界应力 σ_{cr} 与材料的弹性模量 E 成正比。采用 E 值大的材料,压杆的稳定性大。由于钢材的 E 值比其他材料的 E 值大,因此大柔度杆多用钢材制造。但是普通碳素钢与合金钢的 E 值相差不大,临界应力又与材料的强度指标无关,所以选用价格较高的高强度合金钢作为细长杆,显然是不经济的。所以,细长杆宜采用普通钢制造。

*10.6　其他弹性稳定问题概述

在载荷作用下的任何弹性体都要发生变形,同时也发生相应的位移,不论何种类型的构件,其稳定性概念是相同的,即有稳定、失稳和临界三个状态。前面讨论了压杆的稳定问题,其实其他类型的构件,如板、壳、拱、梁等也存在稳定问题。稳定与否取决于载荷的大小,构件的截面形状、尺寸及支承的分布情况等。

承受轴向压力的矩形薄板,如图 10-12(a)所示,当其失稳后,板面将成为曲面。这时,其内力不仅有轴向压力,还有弯矩。

承受轴向压力的圆筒薄壁,如图 10-12(b)所示,如 l 较小,当 p 力超过其临界力时,筒壳将出项如图中虚线所示的"局部失稳"。

自由端上受力的矩形截面悬臂梁,如图 10-12(c)所示,从强度角度来看,其截面的高宽比 $\dfrac{h}{b}$ 愈大愈有利。从稳定性角度看,高宽比太大时容易失稳。

承受竖向均布载荷作用的双铰拱,如图 10-12(d)所示,当载荷 q 超过其临界载荷时,双铰拱将以图中虚线形式失稳。

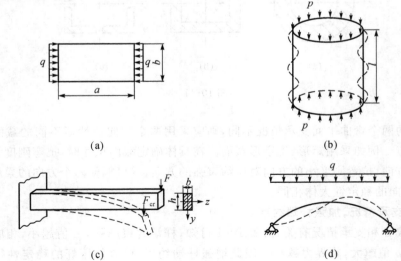

图 10-12

上述的稳定问题较复杂,特别是板、壳问题,有专门的板壳理论去研究。

小　结

本章简述了压杆稳定的概念,导出了计算细长压杆临界力和临界应力的欧拉公式,并叙述了欧拉公式的适用范围;介绍了非细长杆,特别是中长杆临界应力的两个经验计算公式;讨论了压杆稳定性的计算,稳定性的条件;通过计算,对压杆进行稳定性的校核,确定压杆的截面尺寸和许可载荷;提出了提高压杆稳定性的措施。

1.压杆稳定的概念

理想压杆受压后三种平衡状态:

(1)稳定平衡状态 $F < F_{cr}$;

(2)不稳定平衡状态 $F > F_{cr}$;

(3)随遇或临界平衡状态 $F = F_{cr}$。

2.不同约束条件的欧拉公式

临界压力 $F_{cr} = \dfrac{\pi^2 EI}{(\mu l)^2}$

临界压应力 $\sigma_{cr} = \dfrac{F_{cr}}{A} = \dfrac{\pi^2 E}{\lambda^2}$

这里 $\lambda = \dfrac{\mu l}{i}$, $i = \sqrt{\dfrac{I}{A}}$

3.欧拉公式的适用范围

(1)适用于压杆应力小于或等于比例极限 σ_p 的情况下的细长杆。

$$\lambda \geqslant \lambda_p \quad \lambda_p = \pi \sqrt{\frac{E}{\sigma_p}}$$

$$\sigma_{cr} = \frac{\pi^2 E}{\lambda^2} \leqslant \sigma_p$$

(2)对于 $\lambda_0 < \lambda < \lambda_p$ 的中长杆,欧拉公式不再适用,计算临界压力或临界应力采用经验公式,常采用抛物线公式和直线公式。

抛物线公式:

$$\sigma_{cr} = \sigma_s \left[1 - \alpha \left(\frac{\lambda}{\lambda_c} \right)^2 \right]$$

$F_{cr} = \sigma_s A \left[1 - \alpha \left(\dfrac{\lambda}{\lambda_c} \right)^2 \right]$, 式中 $\lambda_c = \pi \sqrt{\dfrac{E}{0.57 \sigma_s}}$

直线公式:

$$\sigma_{cr} = a - b \lambda^2$$

(3)临界应力总图,它是 λ-σ_{cr} 的曲线函数图。

4.压杆稳定的条件和计算

用安全因数来衡量压杆稳定的条件:

$$n = \frac{\sigma_{cr}}{\sigma} \geqslant n_w \text{ 或 } n = \frac{F_{cr}}{F} \geqslant n_w$$

用折减系数来表示压杆稳定的条件：

$$\sigma = \frac{F}{A} \leqslant \varphi[\sigma]$$

根据已知条件选择以上公式对压杆进行稳定性校核,截面尺寸或许可载荷的确定。

5.提高压杆稳定的措施

(1)选择合理的截面形状;

(2)改善支承情况,加强杆端约束;

(3)适当布置支承,减小压杆的长度;

(4)选择适当材料。

6.简述其他弹性问题

思 考 题

10-1　一圆形直柱的直径增加一倍时,临界力的数值变化如何? 直柱的长度增加一倍时,临界力的数值又如何变化?

10-2　两端为球形铰支的细长杆,当截面是圆形、正方形、长方形、工字形时,失稳弯曲时中性轴对应的轴分别是哪根轴?

10-3　压杆的材料、截面面积、长度相同,作为细长杆使用时,截面为实心圆、空心圆、正方形、长方形,问哪种截面较合理?

10-4　压杆长细比λ与哪些因素有关? 它表示压杆的什么特征?

10-5　一根压杆的临界压力与作用力(载荷)的大小有关吗?

10-6　选择压杆的合力截面形状有哪些原则?

习 题

10-1　两端为铰支的压杆,当横截面如题 10-1 图所示各种不同形状时,试问压杆会在哪个平面内失稳? (即失去稳定时压杆的截面绕哪一根形心轴转动)

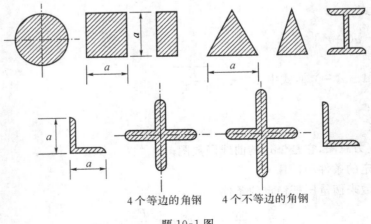

4个等边的角钢　　4个不等边的角钢

题 10-1 图

10-2　两端铰支压杆,材料为 Q235 钢,具有题 10-2 图所示四种截面形状,截面面积均为 $4.0 \times 10^3 \text{mm}^2$,试比较它们的临界力。其中 $d_2 = 0.7 d_1$。

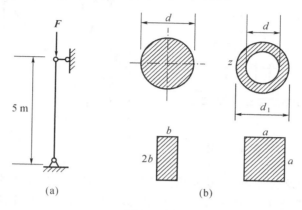

题 10-2 图

10-3　截面为圆形、半径为 d 的两端固定的压杆和截面为正方形边长为 d 两端铰支的压杆。若两杆都是细长杆且材料及柔度均相同。求两压杆的柔度之比以及临界力之比。

10-4　截面为 $160\text{mm} \times 240\text{mm}$ 的矩形木柱,长 $l = 6\text{m}$,两端铰支。若材料的许可应力 $[\sigma] = 10\text{MPa}$,问承受轴向压力 $P = 60\text{kN}$ 时,柱是否安全?

10-5　在题 10-5 图所示铰接体系 ABC 中,AB 和 BC 皆为细长压杆,且截面相同,材料一样。若因在 ABC 平面内失稳而破坏,并规定 $0 < \theta < \pi/2$,试确定 F 为最大值时的 θ 角。

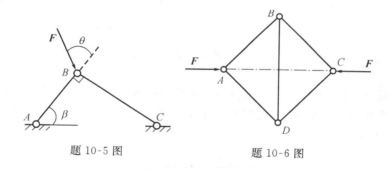

题 10-5 图　　　　　　题 10-6 图

10-6　题 10-6 图所示正方形桁架结构由五根圆钢杆组成,各杆直径均为 $d = 40\text{mm}$,正方形边长为 $a = 1\text{m}$,材料均为 Q235 钢,$[\sigma] = 160\text{MPa}$,连接处均为铰接。试求:

(1)结构的许可载荷 $[F]$;

(2)若 F 力的方向与(1)中相反,问许可载荷是否改变,若有改变,应为多少?

10-7　压杆由两根等边角钢 L40×12 组成,如题 10-7 图所示。杆长 $l = 2.4\text{m}$,两端铰支。承受轴向压力 $F = 800\text{kN}$,$[\sigma] = 160\text{MPa}$,铆打孔直径 $d = 23\text{mm}$,试对压杆作稳定和强度校核。

10-8　题 10-8 图所示桁架,在节点 C 承受载荷 $F = 100\text{kN}$ 作用。两杆均为圆截面杆,材料为低碳钢 Q275,许可压应力 $[\sigma] = 180\text{MPa}$,试确定两杆的杆径。

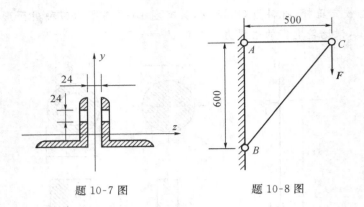

题 10-7 图　　　　　题 10-8 图

10-9　结构尺寸及受力如题 10-9 图所示。梁 ABC 为 22b 工字钢，$[\sigma]=160$MPa；柱 BD 为圆截面木材，直径 $d=160$mm，$[\sigma]=10$MPa，两端铰支。试作梁的强度校核。

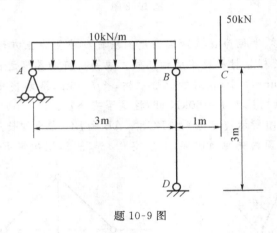

题 10-9 图

10-10　题 10-10 图所示为三角支架，压杆 BC 采用 No. 16 工字钢，长 2m，材料为 Q235A，许用应力 $[\sigma]=160$MPa，支架结点作用一竖向力 F，试根据 BC 杆的稳定条件确定三角架的许可载荷。

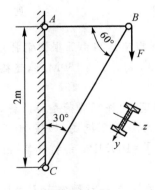

题 10-10 图

* 第 11 章　能 量 法

【学习导航】

本章介绍能量法的基本原理与基本分析方法,包括外力功与内力能的一般表达式,功能互等定理、卡式定理等。主要讨论利用能量法解决变形体在外因作用下的位移计算问题,即利用卡氏第二定理的相关原理和方法计算杆或杆系的位移问题。

【学习要点】

1. 在弹性体的变形过程中,一方面,载荷在相应的位移上做功,称其为外力功(external work);弹性体将由于变形(这里设弹性体处于完全弹性阶段,只产生弹性变形)而储存能量,称其为应变能(strain energy)。

2. 拉压杆的应变能:$U = \int_l \dfrac{N^2(x)l}{2EA} \mathrm{d}x$;

扭转杆的应变能:$U = \int_l \dfrac{T^2(x)l}{2GI_\mathrm{p}} \mathrm{d}x$;

弯曲梁的应变能:$U = \int_l \dfrac{M^2(x)}{2EI} \mathrm{d}x$;

组合变形下的应变能:$U = \int_l \dfrac{N^2(x)}{2EA} \mathrm{d}x + \int_l \dfrac{T^2(x)}{2GI_\mathrm{p}} \mathrm{d}x + \int_l \dfrac{M^2(x)}{2EI} \mathrm{d}x$。

3. 卡氏(Castigliano)第二定理:$\Delta_i = \dfrac{\partial U}{\partial F_i}$

它表明线弹性结构的应变能对作用在结构上的某个荷载的偏导数,就等于该荷载作用点沿该荷载作用方向的位移 Δ_i。

11.1　能量法的基本概念

能量法(energy method)是一种重要的计算方法,该方法不受构件材料、形状以及变形类型的限制。其既可解静定问题,也可解超静定问题;既适用于线弹性结构,也适用于非线性弹性结构,许多大型结构的力学计算都用能量法。在后续课程如结构力学、弹性力学课程中,也常用能量法计算应力、应变或位移,能量法还是计算力学的重要基础之一。

保持平衡状态的弹性体在载荷作用下都要发生变形,载荷作用点会随之产生相应的位移。因此,在弹性体的变形过程中,一方面,载荷在相应的位移上做功,称其为外力功,用符

号 W 表示；另一方面，弹性体将由于变形（这里设弹性体处于完全弹性阶段，只产生弹性变形）而储存能量，称其为应变能，用符号 U 表示。当外力消除时，应变能将释放做功，弹性体的变形得以恢复。

根据能量守恒原理，当所加的荷载为静荷载，且忽略变形过程中产生的声能和热能等其他能量损耗时，则可认为外力做的功全部转化为储存在弹性体内的应变能，即

$$W = U \tag{11-1}$$

通常将式（11-1）表达的原理称为功能原理。根据这一原理求解变形体的内力、应力、变形以及结构的位移和有关未知力的方法，统称为能量法。

11.2　外力功的计算

设作用在于弹性体上的外力为 $F_1, F_2, F_3, \cdots, F_i, \cdots, F_n$，弹性体在约束下只有变形引起的位移，而无刚性位移，并设 $\delta_1, \delta_2, \delta_3, \cdots, \delta_i, \cdots, \delta_n$ 表示外力 F_i 的作用点沿该外力方向的位移。这里的外力 F_i 和位移 δ_i 泛指广义力和广义位移，代表力或力偶和相应的线位移或角位移。根据弹性体的应变能只决定于外力和位移的最终值，与加载次序无关这一性质（若有关，则按不同次序加载，弹性体内储存的能量将发生变化，这与能量守恒原理矛盾），在计算应变能时，可选择各外力等比例加载方式，将各力 F_i 从零起按相同的比例逐渐增加，同时达到最终值。对线弹性体，在小变形的条件下，弹性位移与外力的关系是线性的，各位移 δ_i 也同时与外力按相同的比例增加到最终值。引进一个在 $0\sim1$ 之间变化的参数 β，对外力的中间值 βP_i 必有与之对应的位移 $\beta\delta_i$。图 11-1 给出了线弹性体的 F_i-δ_i 关系曲线。在加载过程中，如给 β 一个增量 $\mathrm{d}\beta$，则外力和位移分别有相应的增量 $F_i\mathrm{d}\beta$ 和 $\delta_i\mathrm{d}\beta$。这时，外力在位移增量上做的功为

$$\mathrm{d}W = \sum \left(\beta F_i \delta_i \mathrm{d}\beta + \frac{1}{2} F_i \mathrm{d}\beta \delta_i \mathrm{d}\beta\right) \tag{11-2}$$

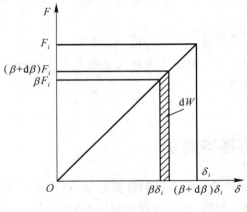

图 11-1

即为图 11-1 中的阴影部分面积。略去二阶微量的影响，上式可简化成

$$\mathrm{d}W = \sum (F_i \delta_i) \beta \mathrm{d}\beta \tag{11-3}$$

积分上式可得到外力功为

$$W = \sum (F_i \delta_i) \int_0^1 \beta \mathrm{d}\beta = \sum \frac{1}{2} F_i \delta_i \qquad (11\text{-}4)$$

11.3 外力功和应变能的一般表达式

11.3.1 拉压杆的应变能

图 11-2 所示的受拉直杆,长度为 l,轴力为 N 的直杆,将轴力看作外力,则外力功为

$$W = \frac{1}{2} N\Delta \qquad (11\text{-}5)$$

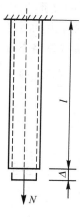

图 11-2

根据式(11-1)可知,受拉杆的弹性应变能为

$$U = W = \frac{1}{2} N\Delta$$

$\Delta = \dfrac{Nl}{EA}$,上式可写成

$$U = \frac{N^2 l}{2EA} \qquad (11\text{-}6)$$

这便是该杆中的应变能。

若轴力沿杆轴线变化,杆中应变能为

$$U = \int_l \frac{N^2(x)l}{2EA} \mathrm{d}x \qquad (11\text{-}7)$$

11.3.2 圆杆扭转时的应变能

长度为 l,扭转刚度为 GI_p 的圆轴,扭矩 T 所做的功为

$$W = \frac{1}{2} T \cdot \varphi$$

相距 l 的两横截面相对转角为

$$\varphi = \frac{Tl}{GI_p}$$

所以圆杆内的应变能为

$$U = W = \frac{T^2 l}{2GI_p} \tag{11-8}$$

若扭矩沿轴线变化时,杆中应变能为

$$U = \int_l \frac{T^2(x)l}{2GI_p} \mathrm{d}x \tag{11-9}$$

11.3.3 弯曲梁的应变能

从横力弯曲梁上取一微梁段,梁段的变形及其上内力如图 11-3 所示。将梁段上弯矩 $M(x)$,剪力 $Q(x)$ 看作外力,则微梁段的外力功等于 $M(x)$ 所做的功和 $Q(x)$ 所做的外力功之和。由于剪力 $Q(x)$ 的外力功较小,通常忽略不计,所以微梁段的应变能为

$$\mathrm{d}U = \frac{1}{2}M(x) \cdot \mathrm{d}\theta = \frac{1}{2}M(x) \cdot \frac{M(x)}{EI}\mathrm{d}x = \frac{M^2(x)}{2EI}\mathrm{d}x \tag{11-10}$$

(由第六章可知 $\theta = \dfrac{M(x)}{EI}\mathrm{d}x$)

整个梁的应变能为

$$U = \int_l \frac{M^2(x)}{2EI}\mathrm{d}x \tag{11-11}$$

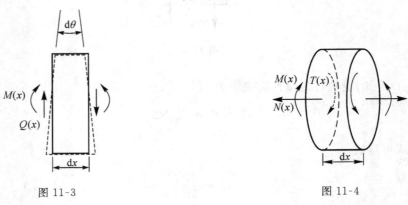

图 11-3　　　　　　　　　　　　　图 11-4

11.3.4 组合变形时杆件的应变能

在组合变形的情况下,如图 11-4 所示杆件的横截面可能同时受轴力、扭矩和弯矩的共同作用(忽略剪力的影响)。在计算这种杆件的应变能时,将上述各内力看作微杆段所受的外力,$N(x)$、$T(x)$、$M(x)$ 分别引起微杆段轴向变形、扭转变形、截面转角,忽略剪力引起的变形,则微段的变形能为

$$\mathrm{d}U = \mathrm{d}W = \frac{1}{2}N(x) \cdot \mathrm{d}\delta + \frac{1}{2}T(x) \cdot \mathrm{d}\varphi + \frac{1}{2}M(x) \cdot \mathrm{d}\theta$$

$$= \frac{N^2(x)}{2EA}\mathrm{d}x + \frac{T^2(x)}{2GI_p}\mathrm{d}x + \frac{M^2(x)}{2EI}\mathrm{d}x \tag{11-12}$$

整个杆件的变形能则为

$$U = \int_l \frac{N^2(x)}{2EA}\mathrm{d}x + \int_l \frac{T^2(x)}{2GI_p}\mathrm{d}x + \int_l \frac{M^2(x)}{2EI}\mathrm{d}x \tag{11-13}$$

例 11-1 图 11-5(a)为一拉杆。已知杆的拉压刚度为 EI,试比较下列情况下杆的应变能:(1)仅考虑杆的自重 G;(2)不考虑自重,而在下端作用一个力 F;(3)考虑杆的自重 G,同时在杆下端作用一力 F。

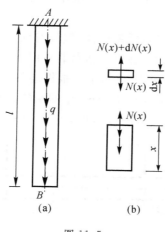

图 11-5

解 (1)仅考虑重力作用时,轴力沿杆轴线线性变化。

单位长度上重量为 $q = \dfrac{G}{l}$(如图 11-5(a)所示),于是杆的 x 截面上的轴力(如图 11-5(b)所示)为

$$N(x) = q \cdot x = \frac{G}{l} \cdot x$$

杆的应变能为

$$U^{(1)} = \int_0^l \frac{N(x)^2}{2EA}\mathrm{d}x = \frac{1}{2EA}\int_0^l \frac{G^2}{l^2}x^2\mathrm{d}x = \frac{G^2 l}{6EA}$$

(2)杆的轴力沿轴线为一常量,即 $N(x) = F$。所以杆的应变能为

$$U^{(2)} = \frac{F^2 l}{2EA}$$

(3)杆的 x 截面上的轴力为前两种情况下轴力的叠加,即

$$N(x) = \frac{G}{l} \cdot x + F$$

于是应变能为

$$U^{(3)} = \int_0^l \frac{N(x)^2}{2EA}\mathrm{d}x = \int_0^l \frac{\left(\frac{Gx}{l}+F\right)^2}{2EA}\mathrm{d}x = \frac{G^2 l}{6EA} + \frac{G \cdot Fl}{2EA} + \frac{F^2 l}{2EA} \neq U^{(1)} + U^{(2)}$$

上式表明,第三种情况下,杆的轴力可以通过第一、第二种情况下的轴力叠加得到,而应变能则不能通过叠加得到。一般情况下,引起构件同一种变形形式的多个荷载,构件的相应内力可以通过这几个荷载各自的内力叠加得到,而构件的应变能却不能由上述各个荷载单

独引起的应能叠加得到。

11.4　卡氏第二定理

　　本节将讨论结构位移分析的一个重要定理——卡氏定理。卡氏定理可以通过不同的方法证明,以下将利用弹性体应变能与荷载加载次序的无关性,即应变能仅仅取决于荷载终值的性质加以推导证明。

　　为了简化问题,以两端简支梁表示弹性体,假设有任意一组荷载 $F_1, F_2, F_3, \cdots, F_i, \cdots, F_n$ 作用于结构,如图 11-6(a)所示。在这一组荷载作用下,外力 $F_1, F_2, F_3, \cdots, F_i, \cdots, F_n$ 对应的广义位移分别为 $\Delta_1, \Delta_2, \Delta_3, \cdots, \Delta_i, \cdots, \Delta_n$。根据能量原理,外力做功等于梁的应变能。设梁的应变能 U 为外力 $F_1, F_2, F_3, \cdots, F_i, \cdots, F_n$ 的函数。有

$$U = f(F_1, F_2, F_3, \cdots, F_i, \cdots, F_n)$$

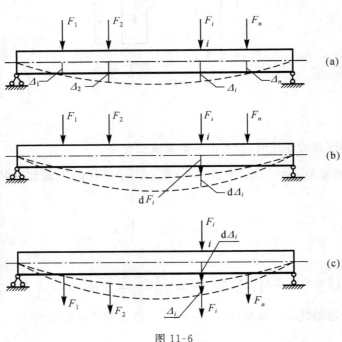

图 11-6

　　如果任意一个外力 F_i 有增量 $\mathrm{d}F_i$,则应变能也有对应的增量。应变能增量可以表示为

$$U + \mathrm{d}U = U + \frac{\partial U}{\partial F_i} \cdot \mathrm{d}F_i \tag{11-14}$$

　　由于弹性体的应变能与外力的加载次序是无关的,因此可以将上述两组荷载的作用次序颠倒。首先在弹性体上作用第一组 F_i 的增量 $\mathrm{d}F_i$,然后再作用第二组外力 $F_1, F_2, F_3, \cdots, F_i, \cdots, F_n$。由于弹性体满足虎克定理和小变形条件,因此两组外力引起的变形是很小的,而且相互独立互不影响。

　　当作用第一组增量 $\mathrm{d}F_i$ 时,$\mathrm{d}F_i$ 作用点沿力作用方向的位移为 $\mathrm{d}\Delta_i$,如图 11-6(b)所示,外力功为 $\frac{1}{2}\mathrm{d}F_i\mathrm{d}\Delta_i$。作用第二组荷载 $F_1, F_2, F_3, \cdots, F_i, \cdots, F_n$ 时,尽管弹性体已经有 $\mathrm{d}F_i$

作用，但是弹性体在外力作用下的广义位移 $\Delta_1,\Delta_2,\Delta_3,\cdots,\Delta_i,\cdots,\Delta_n$ 并不会因为 $\mathrm{d}F_i$ 的作用而发生变化。因此第二组荷载 $F_1,F_2,F_3,\cdots,F_i,\cdots,F_n$ 产生的应变能仍然为 U。只是 $\mathrm{d}F_i$ 在第二组荷载作用时在位移 Δ_i 上做功，如图 11-6(c)所示，因此，梁的应变能由 3 个部分组成，有

$$\frac{1}{2}\mathrm{d}F_i\mathrm{d}\Delta_i + U + \mathrm{d}F_i \cdot \Delta_i \tag{11-15}$$

根据应变能与载荷加载次序的无关性，由式(11-14)和式(11-15)，有

$$U + \frac{\partial U}{\partial F_i}\mathrm{d}F_i = \frac{1}{2}\mathrm{d}F_i\mathrm{d}\Delta_i + U + \Delta_i\mathrm{d}F_i$$

略去高阶小量，可得

$$\Delta_i = \frac{\partial U}{\partial F_i} \tag{11-16}$$

公式(11-16)说明，应变能对于任意一个外力 F_i 的偏导数等于 F_i 作用点沿 F_i 方向的位移。公式(11-16)通常称为卡氏第二定理。它表明：线弹性结构的应变能对作用在结构上的某个荷载的偏导数，就等于该荷载作用点沿该荷载作用方向的位移 Δ_i。

将公式(11-12)表示的弹性体应变能代入公式(11-16)，则

$$\Delta_i = \frac{\partial U}{\partial F_i} = \frac{\partial}{\partial F_i}\Big[\int_l \frac{N^2(x)}{2EA}\mathrm{d}x + \int_l \frac{T^2(x)}{2GI_\mathrm{p}}\mathrm{d}x + \int_l \frac{M^2(x)}{2EI}\mathrm{d}x\Big] \tag{11-17}$$

由于上式是对杆件轴线坐标 x 的积分，而偏导数是对广义力 F_i 的运算，因此可以先求出偏导数然后积分。这样位移计算公式可以写作

$$\Delta_i = \frac{\partial U}{\partial F_i} = \int \frac{N(x)}{EA} \cdot \frac{\partial N(x)}{\partial F_i}\mathrm{d}x + \int \frac{M(x)}{EI} \cdot \frac{\partial M(x)}{\partial F_i}\mathrm{d}x + \int \frac{T(x)}{GI_\mathrm{p}} \cdot \frac{\partial T(x)}{\partial F_i}\mathrm{d}x$$

$$\tag{11-18}$$

对受扭圆轴

$$\Delta_i = \int_l \frac{T(x)}{GI_\mathrm{p}} \cdot \frac{\partial T(x)}{\partial F_i}\mathrm{d}x \tag{11-19}$$

对弯曲梁（忽略剪力的影响）

$$\Delta_i = \int_l \frac{M(x)}{EI} \cdot \frac{\partial M(x)}{\partial F_i}\mathrm{d}x \tag{11-20}$$

对于拉压杆

$$\Delta_i = \int_l \frac{N(x)}{EA} \cdot \frac{\partial N(x)}{\partial F_i}\mathrm{d}x \tag{11-21}$$

对桁架结构（各杆均为等截面时）

$$\Delta_i = \sum_{j=1}^{n} \frac{N_j(x)}{E_jA_j} \cdot \frac{\partial N_j(x)}{\partial F_i} \tag{11-22}$$

按卡氏定理计算所得的位移为正，表示该位移与荷载同向，反之，二者反向，与坐标系无关。

卡氏第二定理被广泛用于计算结构的位移以及求解超静定问题。

例 11-2　已知梁（图 11-7 所示）的弯曲刚度 EI 和支座 B 的弹簧常量 k（引起单位变形所需的力），试求 C 点的挠度。

解　C 处有挠度方向上的作用力，采用卡氏定理较方便。但注意，要用整个系统（包括

梁和弹簧)的应变能计算。

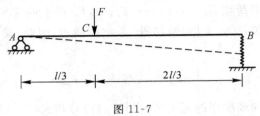

图 11-7

(1)计算约束反力

$$F_{Ay} = \frac{2F}{3}, F_{By} = \frac{F}{3}$$

(2)写出梁的弯矩方程

AC 段，以 A 为 x 轴坐标原点：$M(x) = F_{Ay}x = \frac{2F}{3}x$

BC 段，以 B 为 x 轴坐标原点：$M(x) = F_{By}x = \frac{F}{3}x$

(3)计算应变能
梁的应变能为

$$U^1 = \int_l \frac{M^2(x)}{2EI} \mathrm{d}x = \frac{1}{2EI} \left[\int_0^{\frac{l}{3}} (\frac{2}{3}Fx)^2 \mathrm{d}x + \int_0^{\frac{2l}{3}} (\frac{1}{3}Fx)^2 \mathrm{d}x \right] = \frac{2F^2 l^3}{243EI}$$

弹簧应变能等于外力对弹簧做的功，作用在弹簧上的力为 F_{By}，弹簧的变形为

$$\Delta = \frac{F_{By}}{k} = \frac{F}{3k}$$

所以弹簧的应变能为

$$U^2 = \frac{1}{2}F_{By} \cdot \Delta = \frac{F^2}{18k}$$

总应变能

$$U = U^1 + U^2 = \frac{2F^2 l^3}{243EI} + \frac{F^2}{18k}$$

(4)计算 C 点的挠度
由卡氏定理得

$$\Delta_C = \frac{\partial U}{\partial F} = \frac{4Fl^3}{243EI} + \frac{F}{9k}$$

例 11-3　抗弯刚度均为 EI 的静定组合梁 ABC，在 AB 段上受均布荷载 q 作用(图 11-8(a)所示)。梁材料为线弹性体，不计剪切应变对梁变形的影响。试用卡氏第二定理求梁中间铰 B 两侧截面的相对转角。

解　为计算中间铰 B 两侧截面的相对转角，在中间铰两侧虚设一对外力偶(图 11-8(b))。组合梁在均布荷载和虚设外力偶的共同作用下，由平衡条件，可得到梁固定端 A 和活动铰支座 C 处的支座反力。其中 A 处的反力偶为 $2m_B + \frac{ql^2}{2}$(逆时针)，反力为 $ql + \frac{m_B}{l}$ ($\uparrow$)；C 处的反力为 $\frac{m_B}{l}$($\downarrow$)。

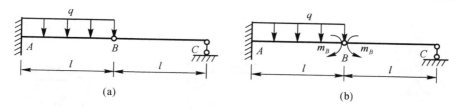

图 11-8

两段梁在任意 x 横截面上的弯矩分别为

AB 梁

$$M(x) = (ql + \frac{m_B}{l})x - (2m_B + \frac{ql^2}{2}) - \frac{qx^2}{2} \quad (0 < x < l)$$

BC 梁

$$M(x) = -\frac{m_B}{l}x \quad (0 \leqslant x < l)$$

由卡氏第二定理得中间铰 B 两侧截面的相对转角为

$$\Delta\theta_B = \frac{\partial U}{\partial m_B}\Big|_{m_B=0} = \sum \int_l 2M(x)\Big|_{m_B=0} \cdot \frac{\partial M(x)}{\partial m_B}\Big|_{m_B=0} \cdot \frac{1}{2EI}\mathrm{d}x$$

$$= \frac{1}{EI}\int_0^l (qlx - \frac{ql^2}{2} - \frac{qx^2}{2})(\frac{x}{l} - 2)\mathrm{d}x = \frac{7ql^3}{24EI}$$

相对转角 $\Delta\theta_B$ 的转向与图 11-8(b) 中虚设外力偶 m_B 的转向一致。

注意：当欲计算没有外力作用截面处的位移时，可先设想在该点沿欲求位移的方向作用一假设的力 F'（广义力），写出包括所有力（含 F'）作用下的变形能，并对所假设的 F' 求偏导数，然后令 $F' = 0$，即为所求。若计算结果为正，表示位移与 F' 方向相同；否则相反。

11.5 确定压杆临界载荷的能量法

对于受力情况比较复杂的钢压杆，可以采用能量法求解。由前文的学习可知，在临界载荷作用下，压杆处于临界状态，即由平衡转化为不平衡状态，也就是压杆处于由直线形式转入微弯形式的过程中。当压杆始终处于平衡状态时，轴向压力在轴向位移上所做之功 ΔW 等于压杆因弯曲变形所增加的应变能 ΔU_ε。

$$\Delta W = \Delta U_\varepsilon \tag{11-23}$$

当压杆由直线平衡形式转入微弯平衡形式的过程中，增加的应变能为

$$\Delta U_\varepsilon = \int_l \frac{M^2(x)}{2EI}\mathrm{d}x \tag{11-24}$$

若设压杆的挠曲轴方程为

$$\omega = \omega(x)$$

则增加的应变能，也可以写为

$$\Delta U_\varepsilon = \frac{1}{2}\int_l EI\omega''^2 \mathrm{d}x \tag{11-25}$$

而外加载荷 F_{cr} 所做的功则为

$$\Delta W = F_{cr}\lambda \tag{11-26a}$$

式中，λ 为压杆滑动支座处的轴向位移，该位移由弯曲变形引起（如图 11-9(a) 所示）。

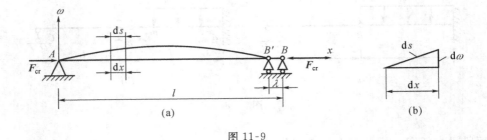

图 11-9

如图 11-9 所示，轴向位移 λ 等于挠曲轴的总弧长 $\overset{\frown}{AB'}$ 与其投影 $\overline{AB'}$ 之差，即

$$\lambda = \overset{\frown}{AB'} - \overline{AB'} = \int_l (\mathrm{d}s - \mathrm{d}x) \tag{11-26b}$$

由图 11-9(b)可知

$$\mathrm{d}s = \sqrt{(\mathrm{d}x)^2 + (\mathrm{d}\omega)^2} = \sqrt{1 + \omega'^2}\,\mathrm{d}x \approx (1 + \frac{1}{2}\omega'^2)\,\mathrm{d}x$$

代入式(11-26b)，得

$$\lambda = \frac{1}{2}\int_l \omega'^2\,\mathrm{d}x \tag{11-27}$$

因此，外加载荷 F_{cr} 所做的功可以表示为

$$\Delta W = \frac{F_{cr}}{2}\int_l \omega'^2\,\mathrm{d}x$$

将上式与式(11-25)代入式(11-23)，可得压杆的临界载荷 F_{cr} 为

$$F_{cr} = \frac{\int_l EI\omega''^2\,\mathrm{d}x}{\int_l \omega'^2\,\mathrm{d}x} \tag{11-28}$$

式(11-28)为细长杆临界载荷的一般公式，它适用于等截面杆，也适用于变截面杆。当挠曲线方程 $\omega(x)$ 确定后，由(11-28)即可求出压杆的临界载荷。但一般情况下，挠曲轴方程均未知。因此，通常根据压杆的位移边界条件，假设一适当的挠曲方程进行求解。只要挠曲方程选择适当，就可以得到精度足够的解。

例 11-4　图 11-9 为两端铰支细长压杆，承受轴向载荷 F 作用。设各截面的弯曲刚度均为 EI，试用能量法确定其临界临界值 F_{cr}。

解　设压杆挠曲轴方程为

$$\omega = a\sin\frac{\pi x}{l} \tag{11-29}$$

式中，a 代表压杆中点的挠度；且 $\omega(0)=0$，$\omega(l)=0$。因此，挠曲方程满足位移边界条件。

将式(11-29)代入式(11-28)，可得临界载荷：

$$F_{cr} = \frac{\int_0^l EI(-\frac{\pi^2 a}{l^2}\sin\frac{\pi x}{l})^2\,\mathrm{d}x}{\int_0^l (\frac{\pi a}{l}\cos\frac{\pi x}{l})^2\,\mathrm{d}x} = \frac{\pi^2 EI}{l^2}$$

所得解与精确解相同。

小　结

1. 能量法是依据功能原理计算弹性体任一点或任一截面位移的一种普遍方法。

2. 在静荷载作用下,外力所做之功等于弹性体的变形能。

3. 卡氏定理是计算结构位移的重要定理,计算时应注意:公式中的应变能是整个弹性体 (或整个结构)在外力作用下所产生的应变能,而不是其中某一杆件的应变能;当应变能对某 一外力求导时,应将此外力视为变量。

4. 当欲计算没有外力作用截面处的位移时,可先设想在该点沿欲求位移的方向作用一 假设的力 F'(广义力),写出包括所有力(含 F')作用下的变形能,并对所假设的 F' 求偏导 数,然后令 $F'=0$,即为所求。若计算结果为正,表示位移与 F' 方向相同,否则相反。

思 考 题

11-1　如何通过外力及相应位移计算外力功? 如何通过内力计算杆件的弹性应变能?

11-2　杆件的弹性应变能与外力功之间存在着怎样的关系?

11-3　为什么求梁的内力或变形可采用叠加原理,而求梁的弹性应变能不能采用叠加 原理?

11-4　如何理解应变能不可简单叠加? 在计算杆件组合变形时,为什么变形能却是各 基本应变能的叠加?

11-5　在应用卡氏定理时,如果需求的位移无与其相应的广义力,则应如何求解?

习　题

11-1　试分别计算题 11-1 图所示各梁的变形能。

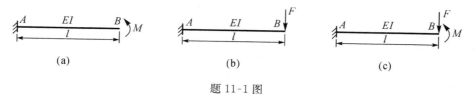

题 11-1 图

11-2　题 11-2 图所示外伸梁,已知抗弯刚度 EI 为常数,试求 C 截面的竖向位移 δ_{cy}。

(提示:梁上作用有两种荷载 F 和 M,先分段算出梁在该荷载作用下的弯矩方程,再根 据卡氏定理将弯矩方程对 F 求偏导数。在积分之前,可将 $M=Fl$ 代入计算,其结果即为 所求。)

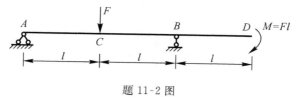

题 11-2 图

11-3　试用卡氏第二定理计算题 11-3 图示结构 C 点的竖向位移 δ_{cy} 和横向位移 δ_{cx}。
（提示：在 C 点虚设水平力）

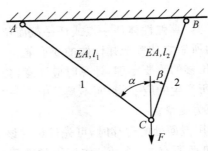

题 11-3 图

11-4　试用功能原理计算如题 11-3 图所示结构 C 点的竖向位移 δ_{cy}。

11-5　试用卡氏定理求题 11-5 所示跨中 C 截面竖向位移 δ_{cy}，EI＝常数。

（提示：不能对具体的荷载求偏导数，应用荷载及梁长的数值用代数表示，在求出各段弯矩方程和相应的偏导数后，利用公式计算出最后结果，再将荷载和跨度的数值代入，即为所求。）

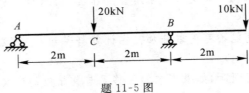

题 11-5 图

*第 12 章　有关材料力学性能的其他问题简介

【学习导航】

本章简单介绍影响材料力学性能的几个其他主要因素：(1)温度；(2)蠕变；(3)冲击载荷作用；(4)交变应力作用下的疲劳现象，并对材料疲劳破坏与疲劳极限作了分析。

12.1　温度对材料力学性能的影响

影响材料力学性能的因素较多，例如载荷、温度、时间、外部环境等，在解决工程实际问题时，要根据实际，分别给予解决。

温度对材料力学性能的影响较大。在常温下，钢的塑性指标随温度降低而减小，当达到液态温度时，就完全失去了塑性而转化为脆性材料，反之，随温度的增加，塑性指标显著增大。在高温下，超过一定温度固态材料将变成为液态或半固化材料；反之，在超低温下，液态或半固态材料将变成为固态材料。衡量材料的力学性能的强度指标，屈服极限 σ_s 和强度极限 σ_b 也是随温度的降低而增大，随温度的增高而减小。弹性模量 E 也随温度增高而降低，泊松比 μ 随温度上升而升高。例如，作为衡量材料抗冲击能力指标的冲击韧度 α_k 是随温度降低而减小(α_k 的含义在 12.3 节中阐述)，低碳钢的 α_k 随着温度的降低，在某一温度区内，α_k 骤然下降，材料变脆，我们称之为冷脆现象，这一温度区的温度称为转变温度，一般根据经验而规定对材料转变温度的要求。我国北方是高寒地区，桥梁的构件就规定了在 $-40\,℃$ 低温下桥梁的冲击韧度值，以防止桥梁在严寒季节发生脆断。图 12-1 所示表示冲击韧度值随温度变化的情况。我国南北方温度相差较大，对结构中材料力学性能的影响不一样。因此，在设计中，要根据不同环境、地域等规定设计规范。

温度的变化对金属材料所构成的构件产生热胀冷缩现象，在超静定结构中，由于杆件的伸缩受到部分或全部约束，温度变化将会引起内力，即产生温度应力。它可用静力学平衡方程、变形协调方程、物理方程求解。当温度变化时，温度应力也相应变化，为避免过高的温度应力，应采取一些措施，如将桥梁板块间留有空隙，在蒸气管道中常设有伸缩节等，前面第 2 章中已有阐述。

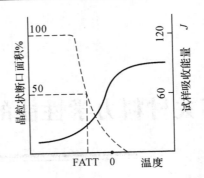

图 12-1　冲击韧度随温度变化的情况

12.2　温度和时间对材料力学性能的影响

在工程实际中,温度、时间对构件有较大的影响。大量实验表明,材料在超过一定温度的高温环境下,构件在名义应力作用下,塑性变形将随时间的增长而不断发展,这一现象称为**蠕变**(creep),蠕变引起构件的实际应力随着时间不断增加,当实际应力达到材料的极限应力时,构件发生断裂。如汽轮机叶片长期在高温蒸气下工作,就会产生蠕变而发生过大的塑性变形。当构件发生蠕变时,若保持其总变形不变的条件下,则构件中的应力会随着蠕变的发展而逐渐减少,这种现象称为应力松弛。

通过金属材料拉伸试验可知,试样在某一恒定高温下,长期受恒定载荷作用时,蠕变变形随时间的发展而发生的蠕变可分为四个阶段,如图 12-2 所示。

(1)不稳定阶段(AB 曲线)。在蠕变开始的 AB 段内,蠕变变形增加较快,应变速率逐渐降低,但不稳定。

(2)稳定阶段(BC 段)。在这阶段,蠕变速率基本上是常数。

(3)加速阶段(CD 段)。在这阶段,蠕变速率又逐渐增大。

(4)破坏阶段(DE 段)。在这阶段,蠕变速率骤然增加,试样出现"颈缩",经较短时间试样断裂。

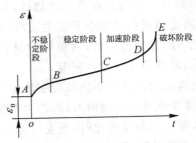

图 12-2　拉伸试样在恒定高温作用下的蠕变变形曲线

从大量试验和实践中知:
(1)构件的工作温度越高,蠕变速率就越大;

（2）蠕变变形与应力水平有关，如冷拔预应力钢丝、铜丝时，即使在常温下，也可以看到明显的蠕变现象。

（3）当构件发生蠕变时，若保持应变不变，则发生应力松弛，即构件中的应力随蠕变的发展逐渐减小。工程上常用的混凝土材料在常温下也会发生蠕变和松弛。

12.3　冲击载荷作用下的力学性能

构件在冲击载荷的作用下，应变速率非常高，冲击载荷很快将很大的冲击能量积蓄在构件里，使冲击区内的能量高度集中，表现出很高的应力集中和应变集中。工程上一般用冲击韧度来衡量材料抵抗冲击能力的指标。所谓冲击韧度 α_k（impact toughness）是材料被冲击破坏处每单位断口面积冲击力所做的功，即

$$\alpha_k = \frac{W}{A} \tag{12-1}$$

式中：W 为试样试验测得的冲击功；A 为试样的切槽截面的净面积；单位为 J/m^2。

α_k 是通过标准切槽试样在冲击试验机上试验得出，α_k 值越大，该材料抵抗冲击的能力越强，一般来说，塑性材料的抗冲击能力远高于脆性材料。

冲击载荷是经常遇到的，例如金属冲压加工、落锤打桩、锻打加工、车轴的突然制动等等，不管何种冲击，冲击载荷是动载荷，为方便计算，冲击时构件产生的应力和应变计算，常用动荷因数 K_d。不同构件、不同冲击形式，K_d 不同。静变形 δ_j 愈大，动荷因数就愈小，所以增大静变形 δ_j 是减小冲击的主要措施。例如，图 12-3 所示的冲击打桩过程的动荷因数的计算式为

$$K_d = 1 + \sqrt{1 + \frac{2h}{\delta_j}} \tag{12-2}$$

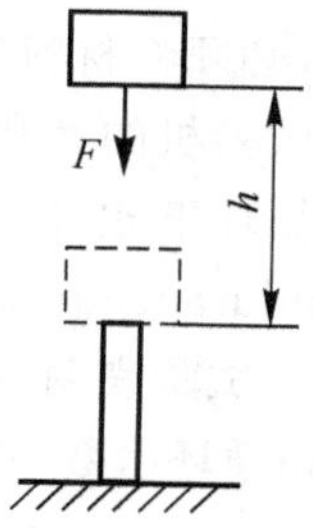

图 12-3　冲击打桩

K_d 是根据动能定理计算出来的，在冲击载荷作用下，其冲击时的动载荷 F_d、动变形 δ_d 和动应力 σ_d 可用以下静变形 δ_j、静载荷 F 和静应力 σ_j 来计算。

$$\left.\begin{array}{l} \delta_d = K_d\delta_j \\ F_d = K_dF_j \\ \sigma_d = K_d\sigma_j \end{array}\right\} \tag{12-3}$$

在冲击载荷作用下，其强度条件为

$$\sigma_d = K_d\sigma_j \leqslant [\sigma] \tag{12-4}$$

冲击载荷对构件影响较大，有时可利用，有时要防止。

*12.4　材料的疲劳破坏与疲劳极限

12.4.1　疲劳破坏

在工程中，有的构件应力随时间而作交替变化，如齿轮轴，当齿轮与另一齿轮接触时受

力,不接触时不受力,力随着时间作周期性变化,使齿轮受**交变应力**(alternative stress)的作用。大量的工程实践证明,金属材料构件若长期受交变应力的作用,即使在最大工作应力低于材料的屈服极限也可能发生突然断裂,这种破坏称为**疲劳破坏**(fatigue failure)。

在交变应力下工作的构件,其破坏形式与静载荷下的破坏截然不同,它有以下特点:

(1)破坏时的最大应力值远低于材料的强度极限,甚至低于屈服极限。

(2)即使构件材料的塑性很好,在破坏前也无明显的塑性变形,而是突然发生脆性断裂。

(3)断面一般明显地分为两个区域,一是光滑区,一是粗糙区,如图 12-4 所示。

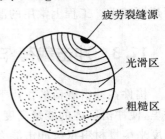

图 12-4　疲劳破坏断口示意图

在交变应力作用下构件的疲劳破坏,实质上就是裂纹的发生、发展和构件最后断裂的全部过程。

12.4.2　疲劳极限

材料在交变应力作用下发生的破坏的性质和静载荷作用下不同,不能用一般的强度指标,必须将材料制成一定的试样在疲劳试验机上进行试验,一直转到试样断裂为止。此时,从试验机的计数器上计下的循环次数 N 称为**疲劳寿命**(fatigue life)。将材料在"无限次"应力循环下也不会发生疲劳破坏的最大应力称为**疲劳极限**(fatigue limit)或**持久极限**(endurance limit),用 σ_r 表示。

试验表明,材料是否发生疲劳破坏,不仅与绝对值最大的应力有关,而且还与循环特性 r 和循环次数 N 有关。循环特性 r 由式(12-5)计算。

$$\left.\begin{aligned}
\text{当}\ |\ \sigma_{\min}\ | \leqslant |\ \sigma_{\max}\ |,\ r = \frac{\sigma_{\min}}{\sigma_{\max}} \\
\text{当}\ |\ \sigma_{\min}\ | > |\ \sigma_{\max}\ |,\ r = \frac{\sigma_{\max}}{\sigma_{\min}}
\end{aligned}\right\} \tag{12-5}$$

对脉动循环 $r=0$,静应力 $r=1$,对称循环 $r=-1$,非对称循环 $-1<r<1$。

图 12-5 是材料试样在疲劳试验机上作对称循环得出的 σ-N 曲线图。曲线上开始成水平线的那点的循环次数 N_0 称为循环基数,一般钢材的 N_0 在 $2\times10^6 \sim 1\times10^7$ 次。

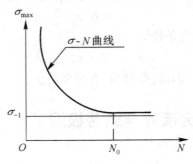

图 12-5　σ-N 曲线图

钢材在对称循环下的疲劳极限 σ_{-1} 与其在静载荷作用下的强度极限 σ_b 之间有下列近似关系：

弯曲：$\sigma_{-1} = 0.4\sigma_b$

拉压：$\sigma_{-1} = 0.28\sigma_b$

扭转：$\tau_{-1} = 0.22\sigma_b$

12.4.3 影响疲劳极限的因素

根据材料的疲劳极限才能确定构件的疲劳极限，所以有必要讨论影响疲劳极限的因素。影响疲劳极限的因素很多，在对称循环应力作用下，主要因素有以下三点。

1. 应力集中的影响

构件外形发生改变的地方，如阶梯轴、开槽、孔凿处容易应力集中。它对疲劳极限的影响，一般用有效应力集中因数 K_σ 表示其降低程度。

$$K_\sigma = \frac{光滑试件疲劳极限}{同尺寸但有应力集中试件的疲劳极限} \tag{12-6}$$

K_σ 是一个大于 1 的因数。

2. 构件尺寸的影响

试验表明，构件的疲劳极限随其尺寸的增大而降低，降低程度用尺寸系数 ε 表示。

$$\varepsilon = \frac{大直径光滑试样疲劳极限}{光滑小试验疲劳极限} \tag{12-7}$$

ε 是一个小于 1 的系数。

3. 构件表面状态的影响

构件表面加工的质量即表面粗糙度对疲劳极限也有一定影响，表面粗糙度低的构件疲劳极限高，反之，疲劳极限就低。这是由于粗糙的表面加工伤痕较多，容易引起应力集中，而应力集中区正是形成裂纹的主要原因。构件表面状态的影响主要用表面状态系数或表面质量系数 β 来表示的。

$$\beta = \frac{其他表面加工情况试件的疲劳极限}{表面磨光时试件的疲劳极限} \tag{12-8}$$

以上 K_σ、ε、β 都有手册可查。

根据上述分析，在弯曲对称循环下构件的疲劳极限应为

$$\sigma_{-1}^0 = \frac{\sigma_{-1}\varepsilon\beta}{K_\sigma} \tag{12-9}$$

在扭转对称循环下构件的疲劳极限应为

$$\tau_{-1}^0 = \frac{\tau_{-1}\varepsilon\beta}{k_\tau} \tag{12-10}$$

12.4.4 提高疲劳强度的主要措施

1. 对称循环下构件的疲劳极限强度条件是

$$弯曲（或拉压）\sigma_{max} \leqslant [\sigma_{-1}^0] = \frac{\sigma_{-1}^0}{n} \tag{12-11}$$

$$扭转 \quad \tau_{max} \leqslant [\tau_{-1}^0] = \frac{\tau_{-1}^0}{n} \qquad (12\text{-}12)$$

n 为对于疲劳破坏规定的安全因数。

2. 提高疲劳强度的主要措施

(1)减小应力集中的影响;

(2)提高表面质量;

(3)提高构件表层强度。

小 结

本章简单介绍了蠕变与松弛、冲击韧度和交变应力作用下疲劳现象对材料力学性能的影响。

1. 蠕变与松弛。构件超过一定温度下,塑性变形将随着时间的增长而不断发展,产生蠕变现象,蠕变变形 ε 随时间而发展时,可分为不稳定阶段、稳定阶段、加速阶段和破坏阶段四个阶段。当构件发生蠕变时,若保持其总长不变的条件下,构件中的应力会随着蠕变的发展而逐渐减少,这种现象称为应力松弛。

2. 冲击韧度。工程上衡量材料抵抗冲击能力的指标是冲击韧度 α_k($\alpha_k = \frac{W}{A}$),α_k 越大,表示该材料抵抗冲击的能力越强。

构件受冲击时产生的应力和应变具体计算时,采用动荷因数 K_d,动应力、应变与静应力、应变的关系是:

$$\left. \begin{array}{r} \delta_d = K_d \delta_j \\ F_d = K_d F_j \\ \sigma_d = K_d \sigma_j \end{array} \right\}$$

它的强度条件是 $\sigma_d \leqslant [\sigma]$。

3. 疲劳破坏与疲劳极限。

(1)疲劳破坏是指金属材料构件在长期交变应力作用下,当最大工作应力低于材料的屈服极限时,也会发生突然断裂的破坏现象。疲劳破坏的断面形状一般有三个特点,即有裂纹源区、光滑区、粗糙区。

(2)疲劳极限是指材料在"无限次"应力循环下,也不会发生疲劳破坏的最大应力,用 σ_r 或 τ_r 表示。

(3)影响疲劳极限的主要因素是应力集中、构件尺寸和构件表面状态。

(4)提高疲劳强度的主要措施有减小应力集中、提高表面质量和表层强度。

思 考 题

12-1 温度对材料的屈服极限 σ_s、强度极限 σ_b、弹性模量 E、泊松系数比 μ 及冲击韧度 α_k 的影响如何?

12-2 什么是蠕变变形和应力松弛?

12-3　冲击韧度是何意义？如何来的？

12-4　冲击作用下的动应力、应变与静应力、应变的关系是什么？

12-5　什么叫疲劳破坏和疲劳极限？

12-6　影响疲劳极限的主要因素是什么？如何来提高疲劳强度？

附　录　型钢表

表1　热轧等边角钢(GB 9787—88)

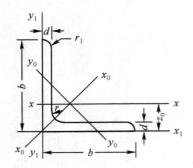

符号意义：

b——边宽度；　　　　　　I——惯性矩；

d——边厚度；　　　　　　i——惯性半径；

r——内圆弧半径；　　　　W——弯曲截面系数；

r_1——边端内圆弧半径；　z_0——重心坐标；

角钢号数	尺寸(mm)			截面面积 (cm^2)	理论重量 (kg/m)	外表面积 (m^2/m)	参考数值											
							$x-x$			x_0-x_0			y_0-y_0			x_1-x_1	z_0
	b	d	r				I_x (cm^4)	i_x (cm)	W_x (cm^3)	I_{x0} (cm^4)	i_{x0} (cm)	W_{x0} (cm^3)	I_{y0} (cm^4)	i_{y0} (cm)	W_{y0} (cm^3)	I_{x1} (cm^4)	(cm)
2	20	3	3.5	1.132	0.889	0.078	0.40	0.59	0.29	0.63	0.75	0.45	0.17	0.39	0.20	0.81	0.60
	20	4	3.5	1.459	1.145	0.077	0.50	0.58	0.36	0.78	0.73	0.55	0.22	0.38	0.24	1.09	0.64
2.5	25	3	3.5	1.432	1.124	0.098	0.82	0.76	0.46	1.29	0.95	0.73	0.34	0.49	0.33	1.57	0.73
	25	4	3.5	1.859	1.459	0.097	1.03	0.74	0.59	1.62	0.93	0.92	0.43	0.48	0.40	2.11	0.76
3.0	30	3	4.5	1.749	1.373	0.117	1.46	0.91	0.68	2.31	1.15	1.09	0.61	0.59	0.51	2.71	0.85
	30	4	4.5	2.276	1.786	0.117	1.84	0.90	0.87	2.92	1.13	1.37	0.77	0.58	0.62	3.63	0.89
3.6	36	3	4.5	2.109	1.656	0.141	2.58	1.11	0.99	4.09	1.39	1.61	1.07	0.71	0.76	4.68	1.00
	36	4	4.5	2.756	2.163	0.141	3.29	1.09	1.28	5.22	1.38	2.05	1.37	0.70	0.93	6.25	1.04
	36	5	4.5	3.382	2.654	0.141	3.95	1.08	1.56	6.24	1.36	2.45	1.65	0.70	1.09	7.84	1.07
4.0	40	3	5	2.359	1.852	0.157	3.59	1.23	1.23	5.69	1.55	2.01	1.49	0.79	0.96	6.41	1.09
	40	4	5	3.086	2.422	0.157	4.60	1.22	1.60	7.29	1.54	2.58	1.91	0.79	1.19	8.56	1.13
	40	5	5	3.791	2.976	0.156	5.53	1.21	1.96	8.76	1.52	3.01	2.30	0.78	1.39	10.74	1.17
4.5	45	3	5	2.659	2.088	0.177	5.17	1.40	1.58	8.20	1.76	2.58	2.14	0.90	1.24	9.12	1.22
	45	4	5	3.486	2.736	0.177	6.65	1.38	2.05	10.56	1.74	3.32	2.75	0.89	1.54	12.18	1.26
	45	5	5	4.292	3.369	0.176	8.04	1.37	2.51	12.74	1.72	4.00	3.33	0.88	1.81	15.25	1.30
	45	6	5	5.076	3.985	0.176	9.33	1.36	2.95	14.76	1.70	4.64	3.89	0.88	2.06	18.36	1.33

续表

角钢号数	尺　寸(mm)			截面面积(cm²)	理论重量(kg/m)	外表面积(m²/m)	参考数值											
							$x-x$			x_0-x_0			y_0-y_0			x_1-x_1	z_0
	b	d	r				I_x(cm⁴)	i_x(cm)	W_x(cm³)	I_{x0}(cm⁴)	i_{x0}(cm)	W_{x0}(cm³)	I_{y0}(cm⁴)	i_{y0}(cm)	W_{y0}(cm³)	I_{x1}(cm⁴)	z_0(cm)
5	50	3	5.5	2.971	2.332	0.197	7.18	1.55	1.96	11.37	1.96	3.22	2.98	1.00	1.57	12.50	1.34
	50	4	5.5	3.897	3.059	0.197	9.26	1.54	2.56	14.70	1.94	4.16	3.82	0.99	1.96	16.69	1.38
	50	5	5.5	4.803	3.770	0.196	11.21	1.53	3.13	17.79	1.92	5.03	4.64	0.98	2.31	20.90	1.42
	50	6	5.5	5.688	4.465	0.196	13.05	1.51	3.68	20.68	1.91	5.85	5.42	0.98	2.63	25.14	1.46
5.6	56	3	6	3.343	2.624	0.221	10.19	1.75	2.48	16.14	2.20	4.08	4.24	1.13	2.02	17.56	1.48
	56	4	6	4.390	3.446	0.220	13.18	1.73	3.24	20.92	2.18	5.28	5.46	1.11	2.52	23.43	1.53
	56	5	6	5.415	4.251	0.220	16.02	1.72	3.97	25.42	2.17	6.42	6.61	1.10	2.98	29.33	1.57
	56	8	7	8.367	6.568	0.219	23.63	1.68	6.03	37.37	2.11	9.44	9.89	1.09	4.16	47.24	1.68
6.3	63	4	7	4.978	3.907	0.248	19.03	1.96	4.13	30.17	2.46	6.78	7.89	1.26	3.29	33.35	1.70
	63	5	7	6.143	4.822	0.248	23.17	1.94	5.08	36.77	2.45	8.25	9.57	1.25	3.90	41.73	1.74
	63	6	7	7.288	5.721	0.247	27.12	1.93	6.00	43.03	2.43	9.66	11.20	1.24	4.46	50.14	1.78
	63	8	7	9.515	7.469	0.247	34.46	1.90	7.75	54.56	2.40	12.25	14.33	1.23	5.47	67.11	1.85
	63	10	7	11.657	9.151	0.246	41.09	1.88	9.39	64.85	2.36	14.56	17.33	1.22	6.36	84.31	1.93
7	70	4	8	5.570	4.372	0.275	26.39	2.18	5.14	41.80	2.74	8.44	10.99	1.40	4.17	45.74	1.86
	70	5	8	6.875	5.397	0.275	32.21	2.16	6.32	51.08	2.73	10.32	13.34	1.39	4.95	57.21	1.91
	70	6	8	8.160	6.406	0.275	37.77	2.15	7.48	59.93	2.71	12.11	15.61	1.38	5.67	68.73	1.95
	70	7	8	9.424	7.398	0.275	43.09	2.14	8.59	68.35	2.69	13.81	17.82	1.38	6.34	80.29	1.99
	70	8	8	10.667	8.373	0.274	48.17	2.12	9.68	76.37	2.68	15.43	19.98	1.37	6.98	91.92	2.03
7.5	75	5	9	7.367	5.818	0.295	39.97	2.33	7.32	63.30	2.92	11.94	16.63	1.50	5.77	70.56	2.04
	75	6	9	8.797	6.905	0.294	46.95	2.31	8.64	74.38	2.90	14.02	19.51	1.49	6.67	84.55	2.07
	75	7	9	10.160	7.976	0.294	53.57	2.30	9.93	84.96	2.89	16.02	22.18	1.48	7.44	98.71	2.11
	75	8	9	11.503	9.030	0.294	59.96	2.28	11.20	95.07	2.88	17.93	24.86	1.47	8.19	112.97	2.15
	75	10	9	14.126	11.089	0.293	71.98	2.26	13.64	113.92	2.84	21.48	30.05	1.46	9.56	141.71	2.22
8	80	5	9	7.912	6.211	0.315	48.79	2.48	8.34	77.33	3.13	13.67	20.25	1.60	6.66	85.36	2.15
	80	6	9	9.397	7.376	0.314	57.35	2.47	9.87	90.98	3.11	16.08	23.72	1.59	7.65	102.50	2.19
	80	7	9	10.860	8.525	0.314	65.58	2.46	11.37	104.07	3.10	18.40	27.09	1.58	8.58	119.70	2.23
	80	8	9	12.303	9.658	0.314	73.49	2.44	12.83	116.60	3.08	20.61	30.39	1.57	9.46	136.97	2.27
	80	10	9	15.126	11.874	0.313	88.43	2.42	15.64	140.09	3.04	24.76	36.77	1.56	11.08	171.74	2.35
9	90	6	10	10.637	8.350	0.354	82.77	2.79	12.61	131.26	3.51	20.63	34.28	1.80	9.95	145.87	2.44
	90	7	10	12.301	9.656	0.354	94.83	2.78	14.54	150.47	3.50	23.64	39.18	1.78	11.19	170.30	2.48
	90	8	10	13.944	10.946	0.353	106.47	2.76	16.42	168.97	3.48	26.55	43.97	1.78	12.35	194.80	2.52
	90	10	10	17.167	13.476	0.353	128.58	2.74	20.07	203.90	3.45	32.04	53.26	1.76	14.52	244.07	2.59
	90	12	10	20.306	15.940	0.352	149.22	2.71	23.57	236.21	3.41	37.12	62.22	1.75	16.49	293.77	2.67

续表

角钢号数	尺寸(mm)			截面面积	理论重量	外表面积	参考数值										
							$x-x$			x_0-x_0			y_0-y_0			x_1-x_1	z_0
	b	d	r	(cm²)	(kg/m)	(m²/m)	I_x (cm⁴)	i_x (cm)	W_x (cm³)	I_{x0} (cm⁴)	i_{x0} (cm)	W_{x0} (cm³)	I_{y0} (cm⁴)	i_{y0} (cm)	W_{y0} (cm³)	I_{x1} (cm⁴)	(cm)
10	100	6	12	11.932	9.366	0.393	114.95	3.01	15.68	181.98	3.90	25.74	47.92	2.00	12.69	200.07	2.67
	100	7	12	13.796	10.830	0.393	131.86	3.09	18.10	208.97	3.89	29.55	54.74	1.99	14.26	233.54	2.71
	100	8	12	15.638	12.276	0.393	148.24	3.08	20.47	235.07	3.88	33.24	61.41	1.98	15.75	267.09	2.76
	100	10	12	19.261	15.120	0.392	179.51	3.05	25.06	284.68	3.84	40.26	74.35	1.96	18.54	334.48	2.84
	100	12	12	22.800	17.898	0.391	208.90	3.03	29.48	330.95	3.81	46.80	86.84	1.95	21.08	402.34	2.91
	100	14	12	26.256	20.611	0.391	236.53	3.00	33.73	374.06	3.77	52.90	99.00	1.94	23.44	470.75	2.99
	100	16	12	29.627	23.257	0.390	262.53	2.98	37.82	414.16	3.74	58.57	110.89	1.93	25.63	539.80	3.06
11	110	7	12	15.196	11.928	0.433	177.16	3.41	22.05	280.94	4.30	36.12	73.38	2.20	17.51	310.64	2.96
	110	8	12	17.238	13.532	0.433	199.46	3.40	24.95	316.49	4.28	40.69	82.42	2.19	19.39	355.21	3.01
	110	10	12	21.261	16.690	0.432	242.19	3.38	30.60	384.39	4.25	49.42	99.98	2.17	22.91	444.65	3.09
	110	12	12	25.200	19.782	0.431	282.55	3.35	36.05	448.17	4.22	57.62	116.93	2.15	26.15	534.6	3.16
	110	14	12	29.056	22.809	0.431	320.71	3.32	41.31	508.10	4.18	65.31	133.40	2.14	29.14	625.16	3.24
12.5	125	8	14	19.750	15.504	0.492	297.03	3.88	32.52	470.89	4.88	53.38	123.16	2.50	25.86	521.01	3.37
	125	10	14	24.373	19.133	0.491	361.67	3.85	39.97	573.89	4.85	64.93	149.46	2.48	30.62	651.93	3.45
	125	12	14	28.912	22.696	0.491	423.16	3.83	41.17	671.44	4.82	75.96	174.88	2.46	35.03	783.42	3.53
	125	14	14	33.367	26.193	0.490	481.65	3.80	54.16	763.73	4.78	86.41	199.57	2.45	39.13	915.61	3.61
14	140	10	14	27.373	21.488	0.551	514.65	4.34	50.58	817.27	5.46	82.56	212.04	2.78	39.20	915.11	3.82
	140	12	14	32.512	25.522	0.551	603.68	4.31	59.80	958.79	5.43	96.85	248.57	2.77	45.02	1099.28	3.90
	140	14	14	37.567	29.490	0.550	688.81	4.28	68.75	1093.56	5.40	110.47	284.06	2.75	50.45	1284.22	3.98
	140	16	14	42.539	33.393	0.549	770.24	4.26	77.46	1221.81	5.36	123.42	318.67	2.74	55.55	1470.07	4.06
16	160	10	16	31.502	24.729	0.630	779.53	4.98	66.70	1237.30	6.27	109.36	321.76	3.20	52.76	1365.33	4.31
	160	12	16	37.441	29.391	0.630	916.58	4.95	78.98	1455.68	6.24	128.67	377.49	3.18	60.74	1639.57	4.39
	160	14	16	43.296	33.987	0.629	1048.36	4.92	90.95	1665.02	6.20	147.17	431.70	3.16	68.24	1914.68	4.47
	160	16	16	49.067	38.518	0.629	1175.08	4.89	102.63	1865.57	6.17	164.89	484.59	3.14	75.31	2190.82	4.55
18	180	12	16	42.241	33.159	0.710	1321.35	5.59	100.82	2100.10	7.05	165.00	542.61	3.58	78.41	2332.80	4.89
	180	14	16	48.896	38.388	0.709	1514.48	5.56	116.25	2407.42	7.02	189.14	625.53	3.56	88.38	2723.48	4.97
	180	16	16	55.467	43.542	0.709	1700.99	5.54	131.35	2703.37	6.98	212.40	698.60	3.55	97.83	3115.29	5.05
	180	18	16	61.955	48.634	0.708	1875.12	5.50	145.64	2988.24	6.94	234.78	762.01	3.51	105.14	3502.43	5.13
20	200	14	18	54.642	42.894	0.788	2103.55	6.20	144.70	3343.26	7.82	236.40	863.83	3.98	111.82	3734.10	5.46
	200	16	18	62.013	48.680	0.788	2366.15	6.18	163.65	3760.89	7.79	265.93	971.41	3.96	123.96	4270.39	5.54
	200	18	18	69.301	54.401	0.787	2620.64	6.15	182.22	4164.54	7.75	294.48	1076.74	3.94	135.52	4808.13	5.62
	200	20	18	76.505	60.056	0.787	2867.30	6.12	200.42	4554.55	7.72	322.06	1180.04	3.93	146.55	5347.51	5.69
	200	24	18	90.661	71.168	0.785	3338.25	6.07	236.17	5294.97	7.64	374.41	1381.43	3.90	166.55	6457.16	5.87

注：截面图中的 $r_1=d/3$ 及表中 r 值的数据用于孔型设计，不作为交货条件。

表 2 热轧不等边角钢(GB 9788—88)

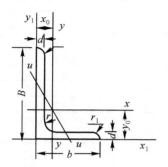

符号意义:

B——长边宽度;　　　　　I——惯性矩;
b——短边宽度;　　　　　i——惯性半径;
d——边厚度;　　　　　　W——弯曲截面系数;
r——内圆弧半径;　　　　x_0——形心坐标;
r_1——边端内圆弧半径;　　y_0——形心坐标

角钢号数	尺 寸(mm)				截面面积 (cm²)	理论重量 (kg/m)	外表面积 (m²/m)	参考数值														
								$x-x$			$y-y$			x_1-x_1		y_1-y_1		$u-u$			
	B	b	d	r				I_x (cm⁴)	i_x (cm)	W_x (cm³)	I_y (cm⁴)	i_y (cm)	W_y (cm³)	I_{x1} (cm⁴)	y_0 (cm)	I_{y1} (cm⁴)	x_0 cm	I_u (cm⁴)	i_u (cm)	W_u (cm³)	$\tan\alpha$
2.5/1.6	25	16	3	3.5	1.162	0.912	0.080	0.70	0.78	0.43	0.22	0.44	0.19	1.56	0.86	0.43	0.42	0.14	0.34	0.16	0.392
	25	16	4	3.5	1.499	1.176	0.079	0.88	0.77	0.55	0.27	0.43	0.24	2.09	0.90	0.59	0.46	0.17	0.34	0.20	0.381
3.2/2	32	20	3	3.5	1.492	1.171	0.102	1.53	1.01	0.72	0.46	0.55	0.30	3.27	1.08	0.82	0.49	0.28	0.43	0.25	0.382
	32	20	4	3.5	1.939	1.522	0.101	1.93	1.00	0.93	0.57	0.54	0.39	4.37	1.12	1.12	0.53	0.35	0.42	0.32	0.374
4/2.5	40	25	3	4	1.890	1.484	0.127	3.08	1.28	1.15	0.93	0.70	0.49	6.39	1.32	1.59	0.59	0.56	0.54	0.40	0.386
	40	25	4	4	2.467	1.936	0.127	3.93	1.26	1.49	1.18	0.69	0.63	8.53	1.37	2.14	0.63	0.71	0.54	0.52	0.381
4.5/2.8	45	28	3	5	2.149	1.687	0.143	4.45	1.44	1.47	1.34	0.79	0.62	9.10	1.47	2.23	0.64	0.80	0.61	0.51	0.383
	45	28	4	5	2.806	2.203	0.143	5.69	1.42	1.91	1.7	0.78	0.80	12.13	1.51	3.00	0.68	1.02	0.60	0.66	0.38
5/3.2	50	32	3	5.5	2.431	1.908	0.161	6.24	1.6	1.84	2.02	0.91	0.82	12.49	1.60	3.31	0.73	1.20	0.70	0.68	0.404
	50	32	4	5.5	3.177	2.494	0.160	8.02	1.59	2.39	2.58	0.90	1.06	16.65	1.65	4.45	0.77	1.53	0.69	0.87	0.402
5.6/3.6	56	36	3	6	2.743	2.153	0.181	8.88	1.8	2.32	2.92	1.03	1.05	17.54	1.78	4.70	0.80	1.73	0.79	0.87	0.408
	56	36	4	6	3.590	2.818	0.180	11.25	1.79	3.03	3.76	1.02	1.37	23.39	1.82	6.33	0.85	2.23	0.79	1.13	0.408
	56	36	5	6	4.415	3.466	0.180	13.86	1.77	3.71	4.49	1.01	1.65	29.25	1.87	7.94	0.88	2.67	0.78	1.36	0.404
6.3/4	63	40	4	7	4.058	3.185	0.202	16.49	2.02	3.87	5.23	1.14	1.70	33.30	2.04	8.63	0.92	3.12	0.88	1.40	0.398
	63	40	5	7	4.993	3.920	0.202	20.02	2.00	4.74	6.31	1.12	2.71	41.63	2.08	10.86	0.95	3.76	0.87	1.71	0.396
	63	40	6	7	5.908	4.638	0.201	23.36	1.96	5.59	7.29	1.11	2.43	49.98	2.12	13.12	0.99	4.34	0.86	1.99	0.393
	63	40	7	7	6.802	5.339	0.201	26.53	1.98	6.40	8.24	1.10	2.78	58.07	2.15	15.47	1.03	4.97	0.86	2.29	0.389
7/4.5	70	45	4	7.5	4.547	3.570	0.226	23.17	2.26	4.86	7.55	1.29	2.17	45.92	2.24	12.26	1.02	4.40	0.98	1.77	0.410
	70	45	5	7.5	5.609	4.403	0.225	27.95	2.23	5.92	9.13	1.28	2.65	57.10	2.28	15.39	1.06	5.40	0.98	2.19	0.407
	70	45	6	7.5	6.647	5.218	0.225	32.54	2.21	6.95	10.62	1.26	3.12	68.35	2.32	18.58	1.09	6.35	0.98	2.59	0.404
	70	45	7	7.5	7.657	6.011	0.225	37.22	2.20	8.03	12.01	1.25	3.57	79.99	2.36	21.84	1.13	7.16	0.97	2.94	0.402
(7.5/5)	75	50	5	8	6.125	4.808	0.245	34.86	2.39	6.83	12.61	1.44	3.30	70.00	2.40	21.04	1.17	7.41	1.10	2.47	0.435
	75	50	6	8	7.260	5.699	0.245	41.12	2.38	8.12	14.70	1.42	3.88	84.30	2.44	25.37	1.21	8.54	1.08	3.19	0.435
	75	50	8	8	9.467	7.431	0.244	52.39	2.35	10.52	18.53	1.40	4.99	112.50	2.52	34.23	1.29	10.87	1.07	4.10	0.429
	75	50	10	8	11.590	9.098	0.244	62.71	2.33	12.79	21.96	1.38	6.04	140.80	2.60	43.43	1.36	13.10	1.06	4.99	0.423

角钢号数	尺 寸(mm)				截面面积 (cm²)	理论重量 (kg/m)	外表面积 (m²/m)	参考数值													
								$x-x$			$y-y$			x_1-x_1		y_1-y_1		$u-u$			
	B	b	d	r				I_x (cm⁴)	i_x (cm)	W_x (cm³)	I_y (cm⁴)	i_y (cm)	W_y (cm³)	I_{x1} (cm⁴)	y_0 (cm)	I_{y1} (cm⁴)	x_0 (cm)	I_u (cm⁴)	i_u (cm)	W_u (cm³)	$\tan\alpha$
8/5	80	50	5	8	6.357	5.005	0.255	41.96	2.56	7.78	12.82	1.42	3.32	85.21	2.60	21.06	1.14	7.66	1.10	2.74	0.388
	80	50	6	8	7.560	5.935	0.255	49.49	2.56	9.25	14.95	1.41	3.91	102.53	2.65	25.41	1.18	8.85	1.08	3.20	0.387
	80	50	7	8	8.724	6.848	0.255	56.16	2.54	10.58	16.96	1.39	4.48	119.33	2.69	29.82	1.21	10.18	1.08	3.70	0.384
	80	50	8	8	9.876	7.745	0.254	62.83	2.52	11.92	18.85	1.38	5.03	136.41	2.73	34.32	1.25	11.38	1.07	4.16	0.381
9/5.6	90	56	5	9	7.212	5.661	0.287	60.45	2.90	9.92	18.32	1.59	4.21	121.32	2.91	29.53	1.25	10.98	1.23	3.49	0.385
	90	56	6	9	8.557	6.717	0.286	71.03	2.88	11.74	21.42	1.58	4.96	145.59	2.95	35.58	1.29	12.90	1.23	4.18	0.384
	90	56	7	9	9.880	7.756	0.286	81.01	2.86	13.49	24.36	1.57	5.70	169.66	3.00	41.71	1.33	14.67	1.22	4.72	0.382
	90	56	8	9	11.183	8.779	0.289	91.03	2.85	15.27	27.15	1.56	6.41	194.17	3.04	47.93	1.36	16.34	1.21	5.29	0.38
10/6.3	100	63	6	10	9.617	7.550	0.320	99.06	3.21	14.64	30.94	1.79	6.35	199.71	3.24	50.50	1.43	18.42	1.38	5.25	0.394
	100	63	7	10	11.111	8.722	0.320	113.45	3.29	16.88	35.26	1.78	7.29	233.00	3.28	59.14	1.47	21.00	1.38	6.02	0.393
	100	63	8	10	12.584	9.878	0.319	127.37	3.18	19.08	39.39	1.77	8.21	266.32	3.32	67.88	1.50	23.50	1.37	6.78	0.391
	100	63	10	10	15.467	12.142	0.319	153.81	3.15	23.32	47.12	1.74	9.98	333.06	3.40	85.73	1.58	28.33	1.35	8.24	0.387
10/8	100	80	6	10	10.637	8.350	0.354	107.04	3.17	15.19	61.24	2.40	10.16	199.83	2.95	102.68	1.97	31.65	1.72	8.37	0.627
	100	80	7	10	12.301	9.656	0.354	122.73	3.16	17.52	70.08	2.39	11.71	233.20	3.00	119.98	2.01	36.17	1.72	9.60	0.626
	100	80	8	10	13.944	10.946	0.353	137.92	3.14	19.81	78.58	2.37	13.21	266.61	3.04	137.37	2.05	40.58	1.71	10.80	0.625
	100	80	10	10	17.167	13.476	0.353	166.87	3.12	24.24	94.65	2.35	16.12	333.63	3.12	172.48	2.13	49.10	1.69	13.12	0.622
11/7	110	70	6	10	10.637	8.350	0.354	133.37	3.54	17.85	42.92	2.01	7.90	265.78	3.53	69.08	1.57	25.36	1.54	6.53	0.403
	110	70	7	10	12.301	9.656	0.354	153.00	3.53	20.60	49.01	2.00	9.09	310.07	3.57	80.82	1.61	28.95	1.53	7.50	0.402
	110	70	8	10	13.944	10.946	0.353	172.04	3.51	23.30	54.87	1.98	10.25	354.39	3.62	92.70	1.65	32.45	1.53	8.45	0.401
	110	70	10	10	17.167	13.467	0.353	208.39	3.48	28.54	65.88	1.96	12.48	443.13	3.70	116.83	1.72	39.2	1.51	10.29	0.397
12.5/8	125	80	7	11	14.096	11.066	0.403	227.98	4.02	26.86	74.42	2.30	12.01	454.99	4.01	120.32	1.80	43.81	1.76	9.92	0.408
	125	80	8	11	15.989	12.551	0.403	256.77	4.01	30.41	83.49	2.28	13.56	519.99	4.06	137.85	1.84	49.15	1.75	11.18	0.407
	125	80	10	11	19.712	15.474	0.402	312.04	3.98	37.33	100.67	2.26	16.56	650.09	4.14	173.40	1.92	59.45	1.74	13.64	0.404
	125	80	12	11	23.351	18.330	0.402	364.41	3.95	44.01	116.67	2.24	19.43	780.39	4.22	209.67	2.00	69.35	1.72	16.01	0.400
14/9	140	90	8	12	18.038	14.160	0.453	365.64	4.50	38.48	120.69	2.59	17.34	730.53	4.50	195.79	2.04	70.83	1.98	14.31	0.411
	140	90	10	12	22.261	17.475	0.452	445.50	4.47	47.31	146.03	2.56	21.22	913.20	4.58	245.92	2.12	85.82	1.96	17.48	0.409
	140	90	12	12	26.400	20.724	0.451	521.59	4.44	55.87	169.79	2.54	24.95	1096.09	4.66	296.89	2.19	100.21	1.95	20.54	0.406
	140	90	14	12	30.456	23.908	0.451	594.10	4.42	64.18	192.10	2.51	28.54	1279.26	4.74	348.82	2.27	114.13	1.94	23.52	0.403
16/10	160	100	10	13	25.315	19.872	0.512	668.69	5.14	62.13	205.03	2.85	26.56	1362.89	5.24	336.59	2.28	121.74	2.19	21.92	0.39
	160	100	12	13	30.054	23.592	0.511	784.91	5.11	73.49	239.06	2.82	31.28	1635.56	5.32	405.94	2.36	142.33	2.17	25.79	0.388
	160	100	14	13	34.709	27.247	0.510	896.30	5.08	84.56	271.20	2.80	35.83	1908.50	5.40	476.42	2.43	162.23	2.16	29.56	0.385
	160	100	16	13	39.281	30.835	0.510	1003.04	5.05	95.33	301.60	2.77	40.24	2181.79	5.48	548.22	2.51	181.57	2.15	33.25	0.382
18/11	180	110	10	14	28.373	22.273	0.571	956.25	5.80	78.96	278.11	3.13	32.49	1940.40	5.89	447.22	2.44	166.50	2.42	26.88	0.376
	180	110	12	14	33.712	26.464	0.571	1124.72	5.78	93.53	325.03	3.10	38.32	2328.38	5.98	538.94	2.52	194.87	2.40	31.66	0.374
	180	110	14	14	38.967	30.589	0.570	1286.91	5.75	107.76	369.55	3.08	43.97	2716.60	6.06	631.95	2.59	222.30	2.39	36.32	0.372
	180	110	16	14	44.139	34.649	0.569	1443.06	5.72	121.64	411.85	3.05	49.44	3105.15	6.14	726.46	2.67	248.94	2.38	40.87	0.369
20/12.5	200	125	12	14	37.912	29.761	0.641	1570.90	6.44	116.73	483.16	3.57	49.99	3193.85	6.54	787.74	2.83	285.79	2.74	41.23	0.392
	200	125	14	14	43.867	34.436	0.640	1800.97	6.41	134.65	550.83	3.54	57.44	3726.17	6.62	922.47	2.91	326.58	2.73	47.34	0.390
	200	125	16	14	49.739	39.045	0.639	2023.35	6.38	152.18	615.44	3.52	64.69	4258.86	6.70	1058.86	2.99	366.21	2.71	53.32	0.388
	200	125	18	14	55.526	43.588	0.639	2238.30	6.35	169.33	677.19	3.49	71.74	4792.00	6.78	1197.13	3.06	404.83	2.70	59.18	0.385

注:1. 括号内型号不推荐使用。2. 截面图中的 $r_1 = d/3$ 及表中 r 值的数据用于孔型设计,不作为交货条件。

表 3　热轧工字钢(GB 706—88)

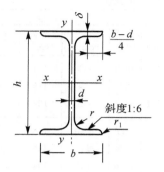

符号意义：

h——高度；　　　　　r_1——腿端圆弧半径；

b——腿宽度；　　　　I——惯性矩；

d——腰厚度；　　　　W——弯曲截面系数；

δ——平均腿厚度；　　i——惯性半径；

r——内圆弧半径；　　S——半截面的静矩

型号	尺　寸 (mm)						截面面积 (cm^2)	理论重量 (kg/m)	参考数值						
									$x-x$				$y-y$		
	h	b	d	δ	r	r_1			I_x (cm^4)	W_x (cm^3)	i_x (cm)	$I_x:S_x$ (cm)	I_y (cm^4)	W_y (cm^3)	i_y (cm)
10	100	68	4.5	7.6	6.5	3.3	14.3	11.2	245	49	4.14	8.59	33	9.72	1.52
12.6	126	74	5	8.4	7	3.5	18.1	14.2	488.43	77.529	5.195	10.85	46.906	12.677	1.609
14	140	80	5.5	9.1	7.5	3.8	21.5	16.9	712	102	5.76	12	64.4	16.1	1.73
16	160	88	6	9.9	8	4	26.1	20.5	1130	141	6.85	13.8	93.1	21.2	1.89
18	180	94	6.5	10.7	8.5	4.3	30.6	24.1	1660	185	7.36	15.4	122	26	2
20a	200	100	7	11.4	9	4.5	35.5	27.9	2370	237	8.15	17.2	158	31.5	2.12
20b	200	102	9	11.4	9	4.5	39.5	31.1	2500	250	7.96	16.9	169	33.1	2.06
22a	200	110	7.5	12.3	9.5	4.8	42	33	3400	309	8.99	18.9	225	40.9	2.31
22b	200	112	9.5	12.3	9.5	4.8	46.4	36.4	3570	325	8.78	18.7	239	42.7	2.27
25a	250	116	8	13	10	5	48.5	38.1	5023.54	401.88	10.18	21.58	280.46	48.283	2.403
25b	250	118	10	13	10	5	53.5	42	5283.96	422.72	9.938	21.27	309.297	52.423	2.404
28a	280	122	8.5	13.7	10.5	5.3	55.45	43.4	7114.14	508.15	11.32	24.62	345.051	56.565	2.495
28b	280	124	10.5	13.7	10.5	5.3	61.05	47.9	7480	534.29	11.08	24.24	379.496	61.209	2.493
a	320	130	9.5	15	11.5	5.8	67.05	52.7	11075.5	692.2	12.84	27.46	459.93	70.758	2.619
32b	320	132	11.5	15	11.5	5.8	73.45	57.7	11621.4	726.33	12.58	27.09	501.53	75.989	2.614
c	320	134	13.5	15	11.5	5.8	79.95	62.8	12167.5	760.47	12.34	26.77	543.81	81.166	2.608
a	360	136	10	15.8	12	6	76.3	59.9	15760	875	14.4	30.7	552	81.2	2.69
36b	360	138	12	15.8	12	6	83.5	65.6	16530	919	14.1	30.3	582	84.3	2.64
c	360	140	14	15.8	12	6	90.7	71.2	17310	962	13.8	29.9	612	87.4	2.6
a	400	142	10.5	16.5	12.5	6.3	86.1	67.6	21720	1090	15.9	34.1	660	93.2	2.77
40b	400	144	12.5	16.5	12.5	6.3	94.1	73.8	22780	1140	15.6	33.6	692	96.2	2.71
c	400	146	14.5	16.5	12.5	6.3	102	80.1	23850	1190	15.2	33.2	727	99.6	2.65

型号	尺　寸（mm）						截面面积（cm²）	理论重量（kg/m）	参考数值						
									x－x				y－y		
	h	b	d	δ	r	r_1			I_x (cm⁴)	W_x (cm³)	i_x (cm)	$I_x : S_x$ (cm)	I_y (cm⁴)	W_y (cm³)	i_y (cm)
a	450	150	11.5	18	13.5	6.8	102	80.4	32240	1430	17.7	38.6	855	114	2.89
45b	450	152	13.5	18	13.5	6.8	111	87.4	33760	1500	17.4	38	894	118	2.84
c	450	154	15.5	18	13.5	6.8	120	94.5	35280	1570	17.1	37.6	938	122	2.79
a	500	158	12	20	14	7	119	93.6	46470	1860	19.7	42.8	1120	142	3.07
50b	500	160	14	20	14	7	129	101	48560	1940	19.4	42.4	1170	146	3.01
c	500	162	16	20	14	7	139	109	50640	2080	19	41.8	1220	151	2.96
a	560	166	12.5	21	14.5	7.3	135.25	106.2	65585.6	2342.31	22.02	47.73	1370.16	165.08	3.182
56b	560	168	14.5	21	14.5	7.3	146.45	115	68512.5	2446.69	21.63	47.17	1486.75	175.25	3.162
c	560	170	16.5	21	14.5	7.3	157.85	123.9	71439.4	2551.41	21.27	46.66	1558.39	183.34	3.158
a	630	176	13	22	15	7.5	154.9	121.6	94916.2	2981.47	24.62	54.17	1700.55	193.24	3.314
63b	630	178	15	22	15	7.5	167.5	131.5	98083.6	3163.38	24.2	53.51	1812.07	203.6	3.289
c	630	180	17	22	15	7.5	180.1	141	102251.1	3298.42	23.82	52.92	1924.91	213.88	3.268

注：截面图和表中标注的圆弧半径 r,r_1 的数据用于孔型设计，不作为交货条件。

表 4　热轧槽钢(GB 707—88)

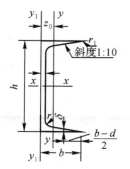

符号意义:

h——高度; $\qquad$ r_1——腿端圆弧半径;

b——腿宽度; $\qquad$ I——惯性矩;

d——腰厚度; $\qquad$ W——弯曲截面系数;

δ——平均腿厚度; $\qquad$ i——惯性半径;

r——内圆弧半径; $\qquad$ z_0——$y-y$ 轴与 y_1-y_1 轴间距

型号	尺　寸(mm)						截面面积 (cm^2)	理论重量 (kg/m)	参考数值							
									$x-x$			$y-y$			y_1-y_1	z_0 (cm)
	h	b	d	δ	r	r_1			W_x (cm^3)	I_x (cm^4)	i_x (cm)	W_y (cm^3)	I_y (cm^4)	i_y (cm)	I_{y1} (cm^4)	
5	50	37	4.5	7	7	3.5	6.93	5.44	10.4	26	1.94	3.55	8.3	1.1	20.9	1.35
6.3	63	40	4.8	7.5	7.5	3.75	8.444	6.63	16.123	50.786	2.453	4.50	11.872	1.185	28.38	1.36
8	80	43	5	8	8	4	10.24	8.04	25.3	101.3	3.15	5.79	16.6	1.27	37.4	1.43
10	100	48	5.3	8.5	8.5	4.25	12.74	10.00	39.7	198.3	3.95	7.8	25.6	1.41	54.9	1.52
12.6	126	53	5.5	9	9	4.5	15.69	12.37	62.137	391.466	4.953	10.242	37.99	1.567	77.09	1.59
14a	140	58	6	9.5	9.5	4.75	18.51	14.53	80.5	563.7	5.52	13.01	53.2	1.7	107.1	1.71
14b	140	60	8	9.5	9.5	4.75	21.31	16.73	87.1	609.4	5.35	14.12	61.1	1.69	120.6	1.67
16a	160	63	6.5	10	10	5	21.95	17.23	108.3	866.2	6.28	16.3	73.3	1.83	144.1	1.8
16	160	65	8.5	10	10	5	25.15	19.74	116.8	934.5	6.1	17.55	83.4	1.82	160.8	1.75
18a	180	68	7	10.5	10.5	5.25	25.69	20.17	141.4	1272.7	7.04	20.03	98.6	1.96	189.7	1.88
18	180	70	9	10.5	10.5	5.25	29.29	22.99	152.2	1369.9	6.84	21.52	111	1.95	210.1	1.84
20a	200	73	7	11	11	5.5	28.83	22.63	178	1780.4	7.86	24.2	128	2.11	244	2.01
20	200	75	9	11	11	5.5	32.83	25.77	191.4	1913.7	7.64	25.88	143.6	2.09	268.4	1.95
22a	220	77	7	11.5	11.5	5.75	31.84	24.99	217.6	2393.9	8.67	28.17	157.8	2.23	298.2	2.1
22	220	79	9	11.5	11.5	5.75	36.24	28.45	233.8	2571.4	8.42	30.05	176.4	2.21	326.3	2.03
25a	250	78	7	12	12	6	34.91	27.47	269.597	3369.62	9.823	30.607	175.529	2.243	322.256	2.065
25b	250	80	9	12	12	6	39.91	31.39	282.402	3530.04	9.405	32.657	196.421	2.218	353.187	1.982
25c	250	82	11	12	12	6	44.91	35.32	259.236	3690.45	9.065	35.926	218.415	2.206	384.133	1.921
28a	280	82	7.5	12.5	12.5	6.25	40.02	31.42	340.328	4764.59	10.91	35.718	217.989	2.333	387.566	2.097
28b	280	84	9.5	12.5	12.5	6.25	45.62	35.81	366.46	5130.45	10.6	37.929	242.144	2.304	427.589	2.016
28c	280	86	11.5	12.5	12.5	6.25	51.22	40.21	392.594	5496.32	10.35	40.301	267.602	2.286	426.597	1.951
32a	320	88	8	14	14	7	48.7	38.22	474.879	7598.06	12.49	46.473	304.787	2.502	552.31	2.242
32b	320	90	10	14	14	7	55.1	43.25	509.012	8144.2	12.15	49.157	336.332	2.471	592.933	2.158
32c	320	92	12	14	14	7	61.5	48.28	543.145	8690.33	11.88	52.642	347.175	2.467	643.299	2.092
36a	360	96	9	16	16	8	60.89	47.8	659.7	11874.2	13.97	63.54	455	2.73	818.4	2.44
36b	360	98	11	16	16	8	68.09	53.45	702.9	12651.8	13.63	66.85	496.7	2.7	880.4	2.37
36c	360	100	13	16	16	8	75.29	50.1	746.1	13429.4	13.36	70.02	536.4	2.67	947.9	2.34
40a	400	100	10.5	18	18	9	75.05	58.91	878.9	17577.9	15.30	78.83	592	2.81	1067.7	2.49
40b	400	102	12.5	18	18	9	83.05	65.19	932.2	18644.5	14.98	82.52	640	2.78	1135.6	2.44
40c	400	104	14.5	18	18	9	91.05	71.47	985.6	19711.2	14.71	86.19	687.8	2.75	1220.7	2.42

注:截面图和表中标注的圆弧半径 r,r_1 的数据用于孔型设计,不作为交货条件。

习题参考答案

第 2 章

2-1 答案略

2-2 $N_1 = -20\text{kN}, N_2 = -10\text{kN}, N_3 = 10\text{kN}, \sigma_1 = -1000\text{MPa}, \sigma_2 = -33.3\text{MPa}, \sigma_3 = 25\text{MPa}$

2-3 $\sigma_{AB} = 50\text{MPa}, \sigma_{BC} = -83.3\text{MPa}, \sigma_{AC} = 66.7\text{MPa}, \sigma_{CD} = -50\text{MPa}$

2-4 $\sigma_{AB} = 41.3\text{MPa}, \tau_{AB} = 49.2\text{MPa}, \sigma_{BC} = 58.7\text{MPa}, \tau_{BC} = -49.2\text{MPa}, \sigma_{max} = 100\text{MPa}, \tau_{max} = 50\text{MPa}$

2-5 0.075mm

2-6 $x = \dfrac{l l_1 E_2 A_2}{l_2 E_1 A_1 + l_1 E_2 A_2}$

2-7 0.0804mm

2-8 0.0911mm

2-9 $\sigma = 5.63\text{MPa}$, 不安全

2-10 $a = 398\text{mm}, b = 228\text{mm}$

2-11 $d = 20\text{mm}$

2-12 强度不够, $[F] = 80\text{kN}$

2-13 $[F] = 40.4\text{kN}$

2-14 54.7°

2-15 26.6°, 50kN

2-16 $\sigma_1 = 127\text{MPa}, \sigma_2 = 26.8\text{MPa}, \sigma_3 = 86.6\text{MPa}$

2-17 $N_1 = 5F/6, N_2 = F/3, N_3 = -F/6$

2-18 $\sigma_{上} = -66.8\text{MPa}, \sigma_{下} = -33.4\text{MPa}$

2-19 $N_1 = N_2 = \dfrac{\delta E_1 A_1 E_3 A_3 \cos^2 \alpha}{l(2E_1 A_1 \cos^3 \alpha + E_3 A_3)}, N_3 = \dfrac{2\delta E_1 A_1 E_3 A_3 \cos^3 \alpha}{l(2E_1 A_1 \cos^3 \alpha + E_3 A_3)}$

2-20 $N_1 = N_2 = N_3 = 0.241\dfrac{\delta EA}{l}, N_4 = 0.139\dfrac{\delta EA}{l}$

第 3 章

3-1 答案略

3-2 $\tau_u = 89.1\text{MPa}$

3-3 不满足，70.7MPa，应改用 $d = 32.6\text{mm}$ 的销钉

3-4 80mm

3-5 $\tau = 105.7\text{MPa} < [\tau]$；$\sigma_{bs} = 141.2\text{MPa} < [\sigma_{bs}]$；$\sigma = 28.9\text{MPa} < [\sigma]$。该铆接头满足强度条件

3-6 $d \geqslant 50\text{mm}$，$b \geqslant 100\text{mm}$

3-7 $b \geqslant 114\text{mm}$；$a \geqslant 44\text{mm}$；$l \geqslant 351\text{mm}$

第 4 章

4-3 $M_A = 1590\text{N} \cdot \text{m}$，$M_B = 477\text{N} \cdot \text{m}$，$M_D = 636\text{N} \cdot \text{m}$；$T_1 = 636\text{N} \cdot \text{m}$，$T_2 = -945\text{N} \cdot \text{m}$，$T_3 = -477\text{N} \cdot \text{m}$；$|T|_{\max} = 954\text{N} \cdot \text{m}$。

4-4 $\tau = 135.3\text{MPa}$

4-5 $\mu = 0.288$

4-6 $\tau_p = 35\text{MPa}$，$\tau_{\max} = 87.6\text{MPa}$，最大应力在轴表面。

4-7 $d = 45\text{mm}$，$d_2 = 46\text{mm}$，$\dfrac{A_{\text{实}}}{A_{\text{空}}} = 1.276$

4-8 $\tau_{\max} = 58.4\text{MPa}$，强度不够。

4-9 $\tau_{\max} = 18.5\text{MPa} < [\tau]$

4-10 $d \geqslant 52.7\text{mm}$

第 5 章

5-1 a) $Q_1 = qa$，$M_1 = -\dfrac{1}{2}qa^2$；$Q_2 = qa$，$M_2 = -\dfrac{1}{2}qa^2$

b) $Q_1 = \dfrac{1}{2}F$，$M_1 = \dfrac{1}{2}Fa$；$Q_2 = \dfrac{1}{2}F$，$M_2 = \dfrac{1}{2}Fa$

c) $Q_1 = -\dfrac{1}{2}F$，$M_1 = -\dfrac{1}{2}Fa$；$Q_2 = F$，$M_2 = -Fa$

d) $Q_1 = -\dfrac{2}{3}qa$，$M_1 = -\dfrac{4}{3}qa^2$；$Q_2 = -\dfrac{2}{3}qa$，$M_2 = \dfrac{2}{3}qa^2$

5-2 a) $Q_{\max} = F$，$M_{\max} = Fa$

b) $Q_{\max} = -qa$，$M_{\max} = -\dfrac{3}{2}qa^2$

c) $Q_{\max} = -qa$，$M_{\max} = -qa^2$

d) $Q_{\max} = 2qa$，$M_{\max} = -3qa^2$

e) $Q_{\max} = -\dfrac{5}{3}F$，$M_{\max} = \dfrac{4}{3}Fa$

f) $Q_{\max} = qa$，$M_{\max} = \dfrac{1}{2}qa^2$

g) $Q_{\max} = 2F$，$M_{\max} = 2Fa$

h) $Q_{\max} = \dfrac{1}{2}qa$，$M_{\max} = \dfrac{1}{4}qa^2$

5-3　略

5-4　$C=0.39a$

5-5　略

5-6　略

5-7～5-8　见下图

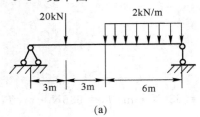 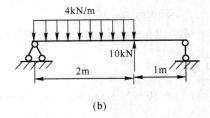

题 5-7 答图

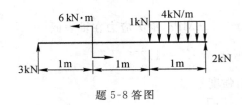

题 5-8 答图

第 6 章

6-1　$Z_C=2mm$　$I_{ZC}=52.55×10^4mm^4$　$I_{YC}=31.13×10^5mm^4$

6-2　$y_c=25.5mm$　$I_Z=53.3cm^4$　$I_y=13.33cm^4$

6-3　$\sigma_a=37.04MPa, \sigma_b=0, \sigma_c=-20.6MPa, \sigma_d=37.04MPa$

6-4　$\sigma_{maxt}=2.88×10^4Pa, \sigma_{maxc}=2.88×10^4Pa$

6-5　$\sigma_{max}=11.69Mpa(拉), \sigma_{max}=10.5Mpa(压)$

6-6　$F_{max}=5.76kN$

6-7　C^- 截面, $\sigma_{c-t}=75.4MPa>[\sigma_t]=40MPa$（强度不够）, $\sigma_c^-{}_c=47.3MPa$
　　C^+ 截面, $\sigma_c^+{}_c=28.4MPa, \sigma_c^+{}_t=45.2MPa$

6-8　$h=934mm$

6-9　按圆形截面设计：$A=151.66cm^2$；按矩形截面设计：$A=106.6cm^2$；按双槽钢设计：$A=51.38cm^2$。按双槽钢设计最省材料。

6-10　14 号工字钢

6-11　$h=215mm, b=141.7mm$

6-12　$[F]=3.15kN, \sigma_{max}=13.1MPa$

6-13　强度足够

6-14　$d=151.1mm$

6-15　略

6-16　取自由端为原点，则截面高度方程为 $h=68.6x$

6-17　$h=\sqrt{\dfrac{3}{2}}\,d\,,b=\dfrac{\sqrt{3}}{3}d$

6-18　14 号工字钢

6-19　$M_u=150.4\mathrm{kN}\cdot\mathrm{m}$

6-20　按塑性设计，$M_u=20.99\mathrm{kN}\cdot\mathrm{m}$，按弹性设计，$M=13.97\mathrm{kN}\cdot\mathrm{m}$，$\dfrac{M_u}{M}=1.50$

第 7 章

7-1　a)$\theta_B=\dfrac{ql^3}{6EI_z}$，$y_B=\dfrac{ql^4}{8EI_z}$　　b)$\theta_B=-\dfrac{Ml}{3EI_z}$，在 $x=\dfrac{1}{\sqrt{3}}$ 处有最大挠度，其值为 $y_{\max}$ $=\dfrac{Ml^2}{9\sqrt{3}\,EI_z}$

7-2　a)$\theta_C=\dfrac{2Fl^2}{3EI_z}$，$y_C=\dfrac{5Fl^3}{12EI_z}$　　b)$\theta_C=-\dfrac{ql^3}{48EI_z}$，$y_C=\dfrac{3ql^4}{192EI_z}$

7-3　略

7-4　略

7-5　a)$\theta_B=\dfrac{-ql^3}{48EI_z}$，$y_{\frac{1}{2}}=\dfrac{ql^4}{192EI_z}$　　b)$\theta_B=\dfrac{5ql^3}{12EI_z}$，$y_{\frac{1}{2}}=\dfrac{49ql^4}{384EI_z}$

7-6　a)$\theta_C=-\dfrac{ql^3}{32EI_z}$，$y_C=\dfrac{ql^4}{96EI_z}$　　b)$\theta_C=\dfrac{ql^3}{192EI_z}$，$y_C=0$

7-7　$\theta_A=-\dfrac{7ql^3}{6EI_{z1}}$，$y_A=\dfrac{41ql^4}{24EI_{z1}}$

7-8　$\dfrac{y_C}{l}=1.25\times10^{-3}<\left[\dfrac{y}{l}\right]$，满足刚度要求

7-9　$d=215\mathrm{mm}$

7-10　槽钢型号：28c

7-11　a)$F_B=\dfrac{11}{16}ql$，$F_A=\dfrac{21}{16}ql$，$M_A=\dfrac{5}{16}ql^2$　　b)$F_C=\dfrac{11}{16}F$，$F_B=\dfrac{13}{32}F$，$F_A=-\dfrac{3}{32}F$

7-12　$F_B=\dfrac{3ql^3A}{2(4Al^2+3I_z)}$内力图略

7-13　$F_B=8.65\mathrm{kN}$　　$F_A=1.35\mathrm{kN}$　　$M_A=1.35\mathrm{kN}\cdot\mathrm{m}$

第 8 章

8-1　a) $\sigma_{45°}=-50\mathrm{MPa}$，$\sigma_{-45°}=350\mathrm{MPa}$，$\tau_{45°}=150\mathrm{MPa}$，$\tau_{-45°}=-150\mathrm{Mpa}$；b) $\sigma_{45°}=-350\mathrm{MPa}$，$\sigma_{-45°}=50\mathrm{Mpa}$，$\tau_{45°}=-150\mathrm{MPa}$；$\tau_{-45°}=-150\mathrm{Mpa}$；c) $\sigma_{35°}=40.2\mathrm{MPa}$，$\sigma_{-55°}=-159.8\mathrm{MPa}$，$\tau_{35°}=-128.2\mathrm{MPa}$，$\tau_{-55°}=128.2\mathrm{MPa}$；d) $\sigma_{60°}=136.6\mathrm{MPa}$，$\sigma_{-30°}=63.4\mathrm{MPa}$，$\tau_{60°}=36.6\mathrm{Mpa}$，$\tau_{-30°}=-36.6\mathrm{MPa}$

8-2

序号	指定斜截面上的应力		主平面与主应力		
	σ_a/MPa	τ_a/MPa	α_0	σ_a/MPa	τ_a/MPa
a	−52	30	45°	60	−60
b	109.6	−23.3	−19.3°	114	−14
c	−27.7	−53.3	−10.9°	33.9	−73.9

8-3 略

8-4 $\sigma_{120°}=-48.14\mathrm{MPa}, \tau_{120°}=63.10\mathrm{MPa}$

8-5 $\sigma_{120°}=7.13\mathrm{MPa}, \tau_{120°}=-30.18\mathrm{MPa}; \sigma_1=93.5\mathrm{MPa}, \sigma_2=0, \sigma_3=-3.40\mathrm{MPa}, \alpha_0=10.78°$

8-6 $F=10\mathrm{kN}$

8-7 $[F]=370\mathrm{kN}$

8-8 $\tau_A=\pm10\mathrm{MPa}$, 作用面与两的横截面成45°。

8-9 $\sigma_x=80.65\mathrm{MPa}, \sigma_y=58.85\mathrm{MPa}$

8-10 a) $\sigma_1=81.62\mathrm{MPa}, \sigma_2=50\mathrm{MPa}, \sigma_3=18.37\mathrm{MPa}, \tau_{\max}=31.63\mathrm{MPa}$ b) $\sigma_1=80\mathrm{MPa}, \sigma_2=50\mathrm{MPa}, \sigma_3=-20\mathrm{MPa}, \tau_{\max}=50\mathrm{MPa}$ c) $\sigma_1=60\mathrm{MPa}, \sigma_2=50\mathrm{MPa}, \sigma_3=-50\mathrm{MPa}, \tau_{\max}=55\mathrm{MPa}$

8-11 a) $\varepsilon_1=0.56\times10^{-3}, \varepsilon_2=-0.156\times10^{-3}, \varepsilon_3=-0.59\times10^{-3}; \theta=-0.00014; v_s=50820\mathrm{N\cdot m}; v_\theta=1306.7\mathrm{N\cdot m}, v_d=49421.7\mathrm{N\cdot m}$ b) $\varepsilon_1=0.533\times10^{-3}, \varepsilon_2=0.267\times10^{-3}, \varepsilon_3=-0.664\times10^{-3}; \theta=-0.00016; v_s=60200\mathrm{N.m}; v_\theta=1813.3\mathrm{N.m}, v_d=58386.7\mathrm{N.m}$

8-12 $\varepsilon_x=\dfrac{\sigma}{E}(3-\mu), \varepsilon_y=\dfrac{\sigma}{E}(3-\mu), \varepsilon_z=-\dfrac{4\mu\sigma}{E}$

8-13 a) $\sigma_{r1}=20\mathrm{MPa}, \sigma_{r2}=26\mathrm{MPa}, \sigma_{r3}=40\mathrm{MPa}, \sigma_{r4}=45\mathrm{MPa}$; b) $\sigma_{r1}=31.93\mathrm{MPa}, \sigma_{r2}=38.51\mathrm{MPa}, \sigma_{r3}=53.86\mathrm{MPa}, \sigma_{r4}=46.91\mathrm{MPa}$; c) $\sigma_{r1}=20\mathrm{MPa}, \sigma_{r2}=21.5\mathrm{MPa}, \sigma_{r3}=40\mathrm{MPa}, \sigma_{r4}=37.75\mathrm{MPa}$

8-14 No. 32a

8-15 $\sigma_{r2}=35.3\mathrm{MPa}<[\sigma_t]; \sigma_{rM}=34.6\mathrm{MPa}<[\sigma_t]$

8-16 $\sigma_{r3}=100\mathrm{MPa}<[\sigma]; \sigma_{r4}=87.5\mathrm{MPa}<[\sigma]$

第9章

9-1 $\sigma_{L\max}=6.75\mathrm{MPa}$ $\sigma_{y\max}=6.99\mathrm{MPa}$

9-2 $\sigma_{\max}=67.5\mathrm{MPa}$

9-3 中性轴:$\alpha=25.47°; \sigma_{\max}=6.56\mathrm{MPa}; f=0.602\mathrm{cm}$, 方向垂直中性轴$\beta=25.47°$。

9-4 选 No. 20 号工字钢

9-5 $\sigma_{\max}=94.84\mathrm{MPa}<[\sigma]$

9-6 $\sigma_{\max}=21.3\mathrm{MPa}$, 应力比192%, $\sigma_{对称}=16.7\mathrm{MPa}$

9-7 $\sigma_{L\max}=18.8\mathrm{MPa}<[\sigma]_L, \sigma_{y\max}=17.6\mathrm{MPa}<[\sigma]_Y$ 安全。若水平纵向力 F_1 改为压

力,不安全。

9-8 $y_F = 100\text{mm}$

9-9 $b = 0.674h$

9-11 $[\sigma] = 105\text{MPa} < [\sigma]$

9-12 $d = 51\text{mm}$

第 10 章

10-3 $l_1/l_2 = \sqrt{3}$,$P_{cr}^1/P_{cr}^2 = \pi/4$

10-4 安全

10-5 $21.26°$

10-6 $171.7\text{kN},68.9\text{kN}$

10-8 $d_{AC} \geqslant 24.2\text{mm},d_{BC} \geqslant 37.2\text{mm}$

10-10 $F = 163.5\text{kN}$。

第 11 章 习题答案

11-1 (a)$\dfrac{M^2 l}{2EI}$,(b)$\dfrac{F^2 l^3}{6EI}$,(c)$\dfrac{1}{EI}\left(\dfrac{F^2 l^3}{6} - \dfrac{FMl^2}{2} + \dfrac{M^2 l}{2}\right)$

11-2 $\delta_{cy} = \dfrac{Fl^2}{12EI}(\downarrow)$

11-3 $\delta_{cy} = \dfrac{F(l_1\sin^2\beta + l_2\sin^2\alpha)}{EA\sin^2(\alpha+\beta)}$,$\delta_{cx} = \dfrac{l_1\cos\beta\sin\beta - l_2\cos\alpha\sin\alpha}{EA\sin^2(\alpha+\beta)}F$

11-4 $\delta_{cy} = \dfrac{F(l_1\sin^2\beta + l_2\sin^2\alpha)}{EA\sin^2(\alpha+\beta)}(\downarrow)$

11-5 $\delta_{cy} = -\dfrac{20}{3EI}(\downarrow)$

主要参考书

1. 范钦珊,殷雅俊.材料力学(第二版).北京:清华大学出版社,2008
2. 杨伯源,李和平,刘一华.材料力学(I).北京:机械工业出版社,2010
3. 孟庆东.材料力学简明教程(中、少学时).北京:机械工业出版社,2011
4. 干光瑜,秦惠民.材料力学(第3版).北京:高等教育出版社,1999
5. 林贤根.土木工程力学(第2版).北京:机械工业出版社,2006
6. 沈养中,董平.材料力学.北京:科学出版社,2001
7. 金康宁,谢群丹.材料力学.北京:北京大学出版社,2006
8. 苟文选.材料力学.北京:科学出版社,2005
9. 刘鸿文.材料力学I.北京:高等教育出版社,2004
10. 武建华.材料力学.重庆:重庆大学出版社,2002
11. 张德润.工程力学.北京:机械工业出版社,2002
12. 袁海庆.材料力学(第二版).武汉:武汉理工大学出版社,2003
13. 樊友景.材料力学学习指导.武汉:武汉工业大学出版社,2000
14. 邱棣华主编.材料力学.北京:高等教育出版社,2004
15. 同济大学.材料力学.上海:同济大学出版社,2005
16. 孙训方,方孝淑,关来泰编.材料力学(第三版)下册.北京:高等教育出版社,2000
17. 陈平.材料力学辅导及习题精解I(第四版).西安:陕西师范大学出版社,2004